工 程 矩 阵 理 论

（第 2 版）

张明淳　编著

东 南 大 学 出 版 社
·南京·

内 容 简 介

本教材是根据1991年全国工科研究生"矩阵论"课程教学研讨会上制订的教学基本要求编写的，主要内容为线性空间与线性映射、内积空间与等距变换、矩阵的相似标准形、Hermite二次型、范数理论、矩阵函数及广义逆矩阵等. 每章有一定数量的习题，部分习题给出了答案或提示.

本书可作为大专院校工科研究生"矩阵论"课程的教材.

图书在版编目（CIP）数据

工程矩阵理论／张明淳编著. －2版. －南京：东南大学出版社，2011.8（2024.2重印）

ISBN 978－7－5641－2955－2

Ⅰ.①工… Ⅱ.①张… Ⅲ.①矩阵—研究生—教材 Ⅳ.①O151.21

中国版本图书馆CIP数据核字（2011）第172604号

工程矩阵理论(第2版)

出版发行 东南大学出版社
社　　址 南京市四牌楼2号（邮编:210096）
出 版 人 江建中
责任编辑 吉雄飞
电　　话 （025）83793169（办公室），83362442（传真）
经　　销 全国各地新华书店
印　　刷 南京京新印刷有限公司
开　　本 700mm×1000mm　1/16
印　　张 13.75
字　　数 211千字
版　　次 2011年8月第2版
印　　次 2024年2月第10次印刷
书　　号 ISBN　978－7－5641－2955－2
印　　数 14001～15500
定　　价 30.00元

本社图书若有印装质量问题，请直接与营销部联系，电话（传真）：025－83791830。

第 2 版说明

本书第 1 版自 1995 年出版以来，作为工科硕士研究生教材，受到使用者的广泛认同和欢迎. 随着教学环境的变化，尤其是研究生培养方案的更动，“矩阵论”课程的要求也已做了调整. 根据新的教学要求，并结合在实践中的一些体会，我们做了些修改，成为第 2 版.

这次修订保持了第 1 版的框架体系和基本特色，仅对部分内容做了修改. 我们增加了判断矩阵相似的充分必要条件的一个定理，并配置了相应的习题；增加了矩阵 Jordan 标准形的应用的一些习题；删掉了对矩阵条件数的要求；对矩阵范数及矩阵函数部分的习题作了调整；广义逆矩阵部分也增加了习题. 除此之外，我们还对一些文字做了调整.

此次修订工作由周建华教授承担. 借此机会，我们对关心本书和对第 1 版的使用提出宝贵意见的老师和同学表示衷心的感谢.

编　者

2011 年 8 月

前　言

本教材是根据1991年全国工科研究生“矩阵论”课程教学研讨会上制订的教学基本要求，在编者多次讲授工科研究生线性代数课程的基础上编写的．它的预备知识是32学时的大学线性代数，使用本教材的教学时数为52～64学时．

为减缓大学线性代数到研究生线性代数课程之间的坡度，本教材特别编写了“复习与引申”一章．通过举例及习题对大学线性代数的有关内容进行复习及引申，重点是引申；并通过几个应用题引出了研究生线性代数课程的新内容，希望它们能诱发学生的学习兴趣．

本教材内容由两大部分组成．前4章是线性代数的基础理论，即线性空间与线性映射、内积空间与等距变换、矩阵的相似标准形、Hermite二次型；第5章与第6章介绍了范数理论、矩阵函数及广义逆．

本教材注重基本理论，希望通过本课程的学习可以提高工科研究生的数学素养．同时考虑到工科学生的特点，定理的证明尽可能地采用简明易懂的推导．本教材每章附有一定数量的习题，书后附有答案，较难题给了提示．为查找方便，最后还附有索引．

本教材主要参考材料是戴昌国教授编著的《线性代数》．在此，对戴老师以及本教材所参考的其它资料的作者表示感谢．

编者水平有限，教材中难免有欠妥之处，欢迎批评指教．

张明淳

1995年1月于东南大学

符　号　说　明

$(\boldsymbol{A})_{ij}$	矩阵 $\boldsymbol{A}$ 的(i,j)元,即位于第 i 行第 j 列之元
$\boldsymbol{A}^{\mathrm{T}}$	$\boldsymbol{A}$ 的转置
$\boldsymbol{A}^{\mathrm{H}}$	$\boldsymbol{A}$ 的共轭转置
$\det\boldsymbol{A}$	方阵 $\boldsymbol{A}$ 的行列式
$\mathrm{adj}\boldsymbol{A}$	方阵 $\boldsymbol{A}$ 的伴随矩阵
$\mathrm{tr}\boldsymbol{A}$	方阵 $\boldsymbol{A}$ 的迹,即 $\boldsymbol{A}$ 的主对角元之和
$r(\boldsymbol{A})$,$\mathrm{rank}\boldsymbol{A}$	$\boldsymbol{A}$ 的秩
$R(\boldsymbol{A})$	$\boldsymbol{A}$ 的值域
$K(\boldsymbol{A})$	$\boldsymbol{A}$ 的核
$\lambda(\boldsymbol{A})$	$\boldsymbol{A}$ 的谱,即方阵 $\boldsymbol{A}$ 的全体特征值之集
$\rho(\boldsymbol{A})$	方阵 $\boldsymbol{A}$ 的谱半径
$\mathrm{diag}(d_1,d_2,\cdots,d_n)$	以 $d_1,d_2,\cdots,d_n$ 为对角元的对角阵
$\boldsymbol{E}_{ij}$	(i,j)元为 1,其余元全为零的矩阵
$F[x]$	数域 F 上全体多项式
$F[x]_n$	数域 F 上次数小于 n 的全体多项式及零多项式
$F^{s\times n}$	数域 F 上全体 $s\times n$ 矩阵
R	实数域
C	复数域
$\mathrm{Re}Z$	Z 的实部
$\mathrm{Im}Z$	Z 的虚部

目　　录

0 复习与引申

本章通过举例及习题来复习并引申与本课程有关的大学线性代数部分内容. 最后介绍若干应用的例子,作为本课程的开场白.

0.1 矩阵的分块

n 阶方阵 $\boldsymbol{A}$ 可逆$\Leftrightarrow \det\boldsymbol{A}\neq 0$,且 $\boldsymbol{A}$ 可逆时,有

$$\boldsymbol{A}^{-1}=(\det\boldsymbol{A})^{-1}\operatorname{adj}\boldsymbol{A}.$$

若 n 阶方阵 $\boldsymbol{A}$ 与 $\boldsymbol{B}$ 满足 $\boldsymbol{AB}=\boldsymbol{I}$,则 $\boldsymbol{A}$ 与 $\boldsymbol{B}$ 均可逆,且互为逆.

例 1 试证可逆上三角阵之逆为上三角阵.

证明 设 $\boldsymbol{A}$ 为 n 阶可逆上三角阵,因此其主对角元必全不为零. 今对 n 作归纳法.

显然,$n=1$ 时命题成立. 设 $(n-1)$ 阶时成立,现考虑 n 阶可逆上三角阵 $\boldsymbol{A}$. 把 $\boldsymbol{A}$ 分为四块:

$$\boldsymbol{A}=\begin{bmatrix} a_{11} & \boldsymbol{\alpha} \\ \boldsymbol{O} & \boldsymbol{B} \end{bmatrix},$$

其中 a_{11} 为 $\boldsymbol{A}$ 的左上角元,$\boldsymbol{B}$ 为 $(n-1)$ 阶上三角阵. 由于主对角元均非零,所以 $\boldsymbol{B}$ 可逆.

$\boldsymbol{A}$ 可逆$\Leftrightarrow$存在 n 阶方阵

$$\begin{bmatrix} x & \boldsymbol{\beta} \\ \boldsymbol{X}_1 & \boldsymbol{X}_2 \end{bmatrix}$$

使

$$\begin{bmatrix} a_{11} & \boldsymbol{\alpha} \\ \boldsymbol{O} & \boldsymbol{B} \end{bmatrix} \begin{bmatrix} x & \boldsymbol{\beta} \\ \boldsymbol{X}_1 & \boldsymbol{X}_2 \end{bmatrix} = \begin{bmatrix} 1 & \boldsymbol{O} \\ \boldsymbol{O} & \boldsymbol{I}_{n-1} \end{bmatrix},$$

$$\Leftrightarrow a_{11}x + \boldsymbol{\alpha}\boldsymbol{X}_1 = 1, a_{11}\boldsymbol{\beta} + \boldsymbol{\alpha}\boldsymbol{X}_2 = \boldsymbol{O}, \boldsymbol{B}\boldsymbol{X}_1 = \boldsymbol{O}, \boldsymbol{B}\boldsymbol{X}_2 = \boldsymbol{I}_{n-1},$$

$$\Leftrightarrow \boldsymbol{X}_2 = \boldsymbol{B}^{-1}, \boldsymbol{X}_1 = \boldsymbol{O}, x = a_{11}^{-1}, \boldsymbol{\beta} = -a_{11}^{-1}\boldsymbol{\alpha}\boldsymbol{B}^{-1},$$

故

$$\boldsymbol{A}^{-1} = \begin{bmatrix} \boldsymbol{a}_{11}^{-1} & -a_{11}^{-1}\boldsymbol{\alpha}\boldsymbol{B}^{-1} \\ \boldsymbol{O} & \boldsymbol{B}^{-1} \end{bmatrix}.$$

由归纳法假设 $\boldsymbol{B}^{-1}$ 为上三角阵，所以 $\boldsymbol{A}^{-1}$ 也是上三角阵.

证毕.

例 2 (1) 记单位阵 $\boldsymbol{I}$ 的第 i 列为 $\boldsymbol{e}_i$，试证：$\boldsymbol{A}\boldsymbol{e}_i$ 为 $\boldsymbol{A}$ 的第 i 列，$\boldsymbol{e}_i^{\mathrm{T}}\boldsymbol{A}$ 为 $\boldsymbol{A}$ 的第 i 行.

(2) 设 n 阶矩阵 $\boldsymbol{N} = \begin{bmatrix} \boldsymbol{O} & \boldsymbol{I}_{n-1} \\ 0 & \boldsymbol{O} \end{bmatrix}_{n\times n}$，试证：

$$\boldsymbol{N}^k = \begin{cases} \begin{bmatrix} \boldsymbol{O} & \boldsymbol{I}_{n-k} \\ \boldsymbol{O} & \boldsymbol{O} \end{bmatrix}, & k < n, \\ 0, & k \geqslant n. \end{cases}$$

证明 (1) 记 $\boldsymbol{A}$ 的第 i 列为 $\boldsymbol{A}_i$，则

$$\boldsymbol{A}\boldsymbol{e}_i = (\boldsymbol{A}_1, \cdots, \boldsymbol{A}_i, \cdots, \boldsymbol{A}_n) \begin{bmatrix} 0 \\ \vdots \\ 0 \\ 1 \\ 0 \\ \vdots \\ 0 \end{bmatrix} = \boldsymbol{A}_i.$$

将 $\boldsymbol{A}$ 按行来分块，则易证 $\boldsymbol{e}_i^{\mathrm{T}}\boldsymbol{A}$ 为 $\boldsymbol{A}$ 的第 i 行，请读者自证.

(2) 对 $k<n$,用归纳法来证.

显然,$k=1$ 时命题正确. 今设$(k-1)$时正确,即

$$\boldsymbol{N}^{k-1}=\begin{bmatrix}\boldsymbol{O} & \boldsymbol{I}_{n-k+1}\\ \boldsymbol{O} & \boldsymbol{O}\end{bmatrix}=(\boldsymbol{0},\cdots,\boldsymbol{0},\boldsymbol{e}_1,\cdots,\boldsymbol{e}_{n-k+1}),$$

于是

$$\begin{aligned}\boldsymbol{N}^k&=\boldsymbol{N}^{k-1}\boldsymbol{N}=\boldsymbol{N}^{k-1}(\boldsymbol{0},\boldsymbol{e}_1,\boldsymbol{e}_2,\cdots,\boldsymbol{e}_{n-1})\\&=(\boldsymbol{0},\boldsymbol{N}^{k-1}\boldsymbol{e}_1,\cdots,\boldsymbol{N}^{k-1}\boldsymbol{e}_{n-1})\\&=(\boldsymbol{0},\cdots,\boldsymbol{0},\boldsymbol{e}_1,\cdots,\boldsymbol{e}_{n-k})\\&=\begin{bmatrix}\boldsymbol{O} & \boldsymbol{I}_{n-k}\\ \boldsymbol{O} & \boldsymbol{O}\end{bmatrix}.\end{aligned}$$

特别,$k=n-1$ 时便得

$$\boldsymbol{N}^{n-1}=\begin{bmatrix}\boldsymbol{O} & 1\\ \boldsymbol{O} & \boldsymbol{O}\end{bmatrix},$$

于是

$$\begin{aligned}\boldsymbol{N}^n&=\boldsymbol{N}^{n-1}\cdot\boldsymbol{N}=\boldsymbol{N}^{n-1}(\boldsymbol{0},\boldsymbol{e}_1,\cdots,\boldsymbol{e}_{n-1})\\&=(\boldsymbol{0},\boldsymbol{N}^{n-1}\boldsymbol{e}_1,\cdots,\boldsymbol{N}^{n-1}\boldsymbol{e}_{n-1})\\&=\boldsymbol{O},\end{aligned}$$

因此,当 $k\geqslant n$ 时 $\boldsymbol{N}^k=\boldsymbol{O}$.

证毕.

例 3 试证:

(1) 若 $\boldsymbol{A}$ 可逆,则 $\begin{vmatrix}\boldsymbol{A} & \boldsymbol{B}\\ \boldsymbol{C} & \boldsymbol{D}\end{vmatrix}=|\boldsymbol{A}|\,|\boldsymbol{D}-\boldsymbol{C}\boldsymbol{A}^{-1}\boldsymbol{B}|$;

(2) 若 $\boldsymbol{A},\boldsymbol{B},\boldsymbol{C},\boldsymbol{D}$ 为同阶方阵,且 $\boldsymbol{AC}=\boldsymbol{CA}$,则

$$\begin{vmatrix}\boldsymbol{A} & \boldsymbol{B}\\ \boldsymbol{C} & \boldsymbol{D}\end{vmatrix}=|\boldsymbol{AD}-\boldsymbol{CB}|.$$

证明 (1) 设 $\boldsymbol{A}$ 为 $k\times k$ 矩阵,$\boldsymbol{D}$ 为 $s\times s$ 矩阵,则

$$\begin{bmatrix}\boldsymbol{A} & \boldsymbol{B}\\ \boldsymbol{C} & \boldsymbol{D}\end{bmatrix}\begin{bmatrix}\boldsymbol{I}_k & -\boldsymbol{A}^{-1}\boldsymbol{B}\\ \boldsymbol{O} & \boldsymbol{I}_s\end{bmatrix}=\begin{bmatrix}\boldsymbol{A} & \boldsymbol{O}\\ \boldsymbol{C} & \boldsymbol{D}-\boldsymbol{C}\boldsymbol{A}^{-1}\boldsymbol{B}\end{bmatrix},$$

取行列式,即得所证.

(2) 先考虑 $\boldsymbol{A}$ 可逆,则由(1)可得

$$\begin{vmatrix}\boldsymbol{A} & \boldsymbol{B}\\ \boldsymbol{C} & \boldsymbol{D}\end{vmatrix}=|\boldsymbol{A}|\,|\boldsymbol{D}-\boldsymbol{C}\boldsymbol{A}^{-1}\boldsymbol{B}|$$
$$=|\boldsymbol{A}\boldsymbol{D}-\boldsymbol{A}\boldsymbol{C}\boldsymbol{A}^{-1}\boldsymbol{B}|=|\boldsymbol{A}\boldsymbol{D}-\boldsymbol{C}\boldsymbol{B}|.$$

再考虑一般情况,作

$$f(t)=\begin{vmatrix}\boldsymbol{A}+t\boldsymbol{I} & \boldsymbol{B}\\ \boldsymbol{C} & \boldsymbol{D}\end{vmatrix}.$$

由于 $\det(\boldsymbol{A}+t\boldsymbol{I})$ 是 t 的多项式,故只有有限多个 t 使 $\det(\boldsymbol{A}+t\boldsymbol{I})=0$. 因此,有无限多个 t 使 $\det(\boldsymbol{A}+t\boldsymbol{I})\neq 0$. 对这些 t,方阵 $\boldsymbol{A}+t\boldsymbol{I}$ 可逆,另一方面 $(\boldsymbol{A}+t\boldsymbol{I})\boldsymbol{C}=\boldsymbol{C}(\boldsymbol{A}+t\boldsymbol{I})$. 于是,利用本段开始的证明可知,有无限多个 t 使

$$\begin{vmatrix}\boldsymbol{A}+t\boldsymbol{I} & \boldsymbol{B}\\ \boldsymbol{C} & \boldsymbol{D}\end{vmatrix}=|(\boldsymbol{A}+t\boldsymbol{I})\boldsymbol{D}-\boldsymbol{C}\boldsymbol{B}|. \tag{$*$}$$

记式($*$)的右端为 $g(t)$,作 $F(t)=f(t)-g(t)$,$F(t)$ 仍是 t 的多项式,而式($*$)意味着 $F(t)$ 有无限多个零点,所以

$$F(t)\equiv 0,$$

即式($*$)对一切 t 成立,特别令 $t=0$,即得所证.

证毕.

例 4 已知 $\boldsymbol{A}^3=3\boldsymbol{A}(\boldsymbol{A}-\boldsymbol{I})$,求证 $\boldsymbol{A}-\boldsymbol{I}$ 可逆,并求其逆.

解 由 $\boldsymbol{A}^3-3\boldsymbol{A}^2+3\boldsymbol{A}=\boldsymbol{O}$,可得

$$-(\boldsymbol{A}-\boldsymbol{I})(\boldsymbol{A}-\boldsymbol{I})^2=\boldsymbol{I},$$

所以 $\boldsymbol{A}-\boldsymbol{I}$ 可逆，且

$$(\boldsymbol{A}-\boldsymbol{I})^{-1}=-(\boldsymbol{A}-\boldsymbol{I})^2.$$

0.2 矩阵的秩、线性方程组及矩阵的满秩分解

> $\boldsymbol{A}$ 的秩 $=r \Leftrightarrow \boldsymbol{A}$ 的行(列)秩为 $r \Leftrightarrow \boldsymbol{A}$ 的不为 0 的子式之最高阶数是 $r \Leftrightarrow$ 存在可逆阵 $\boldsymbol{P},\boldsymbol{Q}$ 使
>
> $$\boldsymbol{A}=\boldsymbol{P}\begin{bmatrix}\boldsymbol{I}_r & \boldsymbol{O}\\ \boldsymbol{O} & \boldsymbol{O}\end{bmatrix}\boldsymbol{Q}.$$
>
> 线性方程组 $\boldsymbol{AX}=\boldsymbol{b}$ 有解 $\Leftrightarrow \boldsymbol{A}$ 与 $(\boldsymbol{A},\boldsymbol{b})$ 的秩相等 $\Leftrightarrow \boldsymbol{b}$ 属于 $\boldsymbol{A}$ 的列空间.
>
> 齐次方程组 $\boldsymbol{AX}=\boldsymbol{0}$ 之解空间的维数 = 未知元个数 $-\boldsymbol{A}$ 的秩.

例 1 试证：

(1) $\boldsymbol{ABX}=\boldsymbol{0}$ 与 $\boldsymbol{BX}=\boldsymbol{0}$ 同解 $\Leftrightarrow r(\boldsymbol{AB})=r(\boldsymbol{B})$；

(2) $r(\boldsymbol{A})=r(\boldsymbol{A}^{\mathrm{H}}\boldsymbol{A})$，其中 $\boldsymbol{A}^{\mathrm{H}}$ 为 $(\bar{\boldsymbol{A}})^{\mathrm{T}}$.

证明 (1) 设 $\boldsymbol{X}\in C^{n\times 1}$，则 $\boldsymbol{ABX}=\boldsymbol{0}$ 与 $\boldsymbol{BX}=\boldsymbol{0}$ 的解空间维数分别是 $n-r(\boldsymbol{AB})$ 与 $n-r(\boldsymbol{B})$. 故当它们同解时，$r(\boldsymbol{AB})=r(\boldsymbol{B})$.

反之，若 $r(\boldsymbol{AB})=r(\boldsymbol{B})=n$，则 $\boldsymbol{ABX}=\boldsymbol{0}$ 与 $\boldsymbol{BX}=\boldsymbol{0}$ 只有零解；若 $r(\boldsymbol{B})=r(\boldsymbol{AB})=r<n$，则由于 $\boldsymbol{BX}_0=\boldsymbol{0}$ 时必有 $\boldsymbol{ABX}_0=\boldsymbol{0}$，故 $\boldsymbol{BX}=\boldsymbol{0}$ 的由 $(n-r)$ 个解构成的基础解系也是 $\boldsymbol{ABX}=\boldsymbol{0}$ 的基础解系，所以它们总是同解.

(2) 考虑齐次方程组 $\boldsymbol{A}^{\mathrm{H}}\boldsymbol{AX}=\boldsymbol{0}$ 与 $\boldsymbol{AX}=\boldsymbol{0}$.

首先，若 $\boldsymbol{AX}_0=\boldsymbol{0}$，则必有 $\boldsymbol{A}^{\mathrm{H}}\boldsymbol{AX}_0=\boldsymbol{0}$；

反之，若 $\boldsymbol{A}^{\mathrm{H}}\boldsymbol{AX}_0=\boldsymbol{0}$，则 $\boldsymbol{X}_0^{\mathrm{H}}\boldsymbol{A}^{\mathrm{H}}\boldsymbol{AX}_0=0$，即 $(\boldsymbol{AX}_0)^{\mathrm{H}}\boldsymbol{AX}_0=0$.

设 $\boldsymbol{AX}_0=(y_1,y_2,\cdots,y_s)^{\mathrm{T}}$，于是

$$0=(\boldsymbol{AX}_0)^{\mathrm{H}}(\boldsymbol{AX}_0)=\sum_{i=1}^{s}|y_i|^2,$$

只能是

$$y_1=y_2\cdots=y_s=0,$$

故 $\boldsymbol{AX}_0=\boldsymbol{0}$.

所以 $\boldsymbol{A}^{\mathrm{H}}\boldsymbol{AX}=\boldsymbol{0}$与 $\boldsymbol{AX}=\boldsymbol{0}$同解. 根据(1)得 $r(\boldsymbol{A}^{\mathrm{H}}\boldsymbol{A})=r(\boldsymbol{A})$.

证毕.

另外，若对 $\boldsymbol{A}^{\mathrm{H}}$ 利用(2)可得 $r(\boldsymbol{A}^{\mathrm{H}})=r(\boldsymbol{AA}^{\mathrm{H}})$. 再从秩的定义，不难知道 $\boldsymbol{A}^{\mathrm{H}}$ 与 $\boldsymbol{A}$ 的秩相等，因此

$$r(\boldsymbol{AA}^{\mathrm{H}})=r(\boldsymbol{A}^{\mathrm{H}})=r(\boldsymbol{A})=r(\boldsymbol{A}^{\mathrm{H}}\boldsymbol{A}).$$

例 2 试证：

(1) $r(\boldsymbol{A}+\boldsymbol{B})\leqslant r(\boldsymbol{A})+r(\boldsymbol{B})$；

(2) $r(\boldsymbol{AB})\leqslant\min[r(\boldsymbol{A}),r(\boldsymbol{B})]$.

证明 (1) 从 $\boldsymbol{A}+\boldsymbol{B}$ 的列向量与 $\boldsymbol{A},\boldsymbol{B}$ 的列向量之间的关系，再利用"若向量组(Ⅰ)可经(Ⅱ)线性表示，则(Ⅰ)的秩≤(Ⅱ)的秩"即可得证，请读者自证.

(2) 由于齐次方程组 $\boldsymbol{BX}=\boldsymbol{0}$的解必是 $\boldsymbol{ABX}=\boldsymbol{0}$的解，又由解空间维数与系数矩阵的关系，即可得 $r(\boldsymbol{AB})\leqslant r(\boldsymbol{B})$.

又 $r(\boldsymbol{AB})=r[(\boldsymbol{AB})^{\mathrm{T}}]=r(\boldsymbol{B}^{\mathrm{T}}\boldsymbol{A}^{\mathrm{T}})$，再利用已证结论，便得

$$r(\boldsymbol{AB})=r(\boldsymbol{B}^{\mathrm{T}}\boldsymbol{A}^{\mathrm{T}})\leqslant r(\boldsymbol{A}^{\mathrm{T}})=r(\boldsymbol{A}).$$

证毕.

例 3 设 $\boldsymbol{A}$ 为 $s\times n$ 矩阵，$\boldsymbol{B}$ 为 $n\times t$ 矩阵，求证：

$$r(\boldsymbol{AB})\geqslant r(\boldsymbol{A})+r(\boldsymbol{B})-n.$$

证明 设 $r(\boldsymbol{A})=r,r(\boldsymbol{B})=k$，则有可逆阵 $\boldsymbol{P},\boldsymbol{Q}$ 使

$$\boldsymbol{A}=\boldsymbol{P}\begin{bmatrix}\boldsymbol{I}_r & \boldsymbol{O}\\ \boldsymbol{O} & \boldsymbol{O}\end{bmatrix}\boldsymbol{Q},$$

于是

$$\boldsymbol{AB}=\boldsymbol{P}\begin{bmatrix}\boldsymbol{I}_r & \boldsymbol{O}\\ \boldsymbol{O} & \boldsymbol{O}\end{bmatrix}\boldsymbol{QB},\quad r(\boldsymbol{QB})=r(\boldsymbol{B})=k.$$

记 $\boldsymbol{QB}=\begin{bmatrix}\boldsymbol{C}_r\\ \boldsymbol{C}_{n-r}\end{bmatrix}$，其中 $\boldsymbol{C}_r$ 为 $r\times t$ 矩阵，于是

$$\boldsymbol{P}\begin{bmatrix}\boldsymbol{I}_r & \boldsymbol{O}\\ \boldsymbol{O} & \boldsymbol{O}\end{bmatrix}\boldsymbol{QB}=\boldsymbol{P}\begin{bmatrix}\boldsymbol{C}_r\\ \boldsymbol{O}\end{bmatrix}.$$

因 $\boldsymbol{P}$ 可逆，故 $\boldsymbol{AB}$ 的秩 $=\begin{bmatrix}\boldsymbol{C}_r\\ \boldsymbol{O}\end{bmatrix}$ 的秩，又 $\begin{bmatrix}\boldsymbol{C}_r\\ \boldsymbol{C}_{n-r}\end{bmatrix}$ 的秩为 k，故 $\boldsymbol{C}_r$ 中至少有 $k-(n-r)$ 行是线性无关的，所以

$$r(\boldsymbol{AB})\geqslant k-n+r=r(\boldsymbol{A})+r(\boldsymbol{B})-n.$$

证毕.

例 4 试证：秩为 r 的 $s\times n$ 矩阵 $\boldsymbol{A}$ 必可分解为

$$\boldsymbol{A}=\boldsymbol{BC},$$

其中 $\boldsymbol{B},\boldsymbol{C}$ 分别是 $s\times r$ 与 $r\times n$ 矩阵. 由于

$$r=r(\boldsymbol{BC})\leqslant\min[r(\boldsymbol{B}),r(\boldsymbol{C})],$$

又 $\boldsymbol{B}$ 为 r 列，$\boldsymbol{C}$ 为 r 行，故它们的秩是 r. 称 $\boldsymbol{A}=\boldsymbol{BC}$ 为 $\boldsymbol{A}$ 的**满秩分解**.

证明 根据题意，有

$$\boldsymbol{A}=\boldsymbol{P}\begin{bmatrix}\boldsymbol{I}_r & \boldsymbol{O}\\ \boldsymbol{O} & \boldsymbol{O}\end{bmatrix}\boldsymbol{Q}=\boldsymbol{P}\begin{bmatrix}\boldsymbol{I}_r\\ \boldsymbol{O}\end{bmatrix}(\boldsymbol{I}_r,\boldsymbol{O})\boldsymbol{Q},$$

记 $\boldsymbol{B}=\boldsymbol{P}\begin{bmatrix}\boldsymbol{I}_r\\ \boldsymbol{O}\end{bmatrix}$，$\boldsymbol{C}=(\boldsymbol{I}_r,\boldsymbol{O})\boldsymbol{Q}$，即得所证.

证毕.

如何找 $\boldsymbol{B}$ 与 $\boldsymbol{C}$？对于简单的矩阵，可用观察法.

例如

$$\boldsymbol{A}=\begin{bmatrix}1 & 0 & 1 & 1\\ 0 & 1 & 2 & -1\\ 0 & 0 & 0 & 0\end{bmatrix},$$

记 $\boldsymbol{A}$ 的列为 $\boldsymbol{A}_1,\boldsymbol{A}_2,\boldsymbol{A}_3,\boldsymbol{A}_4$，容易看出 $\boldsymbol{A}_1,\boldsymbol{A}_2$ 线性无关，$\boldsymbol{A}_3=\boldsymbol{A}_1+2\boldsymbol{A}_2$，$\boldsymbol{A}_4=\boldsymbol{A}_1-\boldsymbol{A}_2$，故

$$\begin{aligned}\boldsymbol{A}&=(\boldsymbol{A}_1,\boldsymbol{A}_2,\boldsymbol{A}_1+2\boldsymbol{A}_2,\boldsymbol{A}_1-\boldsymbol{A}_2)\\&=(\boldsymbol{A}_1,\boldsymbol{A}_2)\begin{bmatrix}1 & 0 & 1 & 1\\ 0 & 1 & 2 & -1\end{bmatrix}\\&=\begin{bmatrix}1 & 0\\ 0 & 1\\ 0 & 0\end{bmatrix}\begin{bmatrix}1 & 0 & 1 & 1\\ 0 & 1 & 2 & -1\end{bmatrix}.\end{aligned}$$

当 $\boldsymbol{A}$ 比较复杂时，设 $\boldsymbol{A}=(\boldsymbol{A}_1,\boldsymbol{A}_2,\cdots,\boldsymbol{A}_n)$，对 $\boldsymbol{A}$ 作初等行变换后化为 $\widetilde{\boldsymbol{A}}=(\boldsymbol{B}_1,\boldsymbol{B}_2,\cdots,\boldsymbol{B}_n)$，由于方程组 $\sum\limits_{i=1}^{n}x_i\boldsymbol{A}_i=\boldsymbol{0}$ 与 $\sum\limits_{i=1}^{n}x_i\boldsymbol{B}_i=\boldsymbol{0}$ 同解，因此，$\boldsymbol{A}$ 的列向量之间的线性关系之系数与 $\widetilde{\boldsymbol{A}}$ 的列向量之间的线性关系之系数相同，于是只要 $\widetilde{\boldsymbol{A}}$ 易于观察，便可求出 $\boldsymbol{A}$ 的满秩分解.

例 5 求

$$\boldsymbol{A}=\begin{bmatrix}1 & 1 & 0 & 1\\ 0 & -1 & 1 & 2\\ -2 & 3 & -5 & -12\\ 1 & 0 & 1 & 3\\ -1 & 2 & -3 & -7\end{bmatrix}$$

的满秩分解.

解 对 $\boldsymbol{A}$ 作初等行变换，有

$$A \to \begin{bmatrix} 1 & 1 & 0 & 1 \\ 0 & -1 & 1 & 2 \\ 0 & 5 & -5 & -10 \\ 0 & -1 & 1 & 2 \\ 0 & 3 & -3 & -6 \end{bmatrix} \to \begin{bmatrix} 1 & 1 & 0 & 1 \\ 0 & -1 & 1 & 2 \\ 0 & 0 & 0 & 0 \\ 0 & 0 & 0 & 0 \\ 0 & 0 & 0 & 0 \end{bmatrix},$$

所以

$$A = \begin{bmatrix} 1 & 0 \\ 0 & 1 \\ -2 & -5 \\ 1 & 1 \\ -1 & -3 \end{bmatrix} \begin{bmatrix} 1 & 1 & 0 & 1 \\ 0 & -1 & 1 & 2 \end{bmatrix}.$$

例 6 试证：$r(\boldsymbol{ABC})+r(\boldsymbol{B})\geqslant r(\boldsymbol{AB})+r(\boldsymbol{BC})$.

证明 设 $r(\boldsymbol{B})=r$，$\boldsymbol{B}$ 的满秩分解为 $\boldsymbol{B}=\boldsymbol{HK}$，于是 $\boldsymbol{ABC}=\boldsymbol{AHKC}$. 利用例 3 的结论，得

$$r(\boldsymbol{ABC})=r(\boldsymbol{AHKC})\geqslant r(\boldsymbol{AH})+r(\boldsymbol{KC})-r, \qquad (*)$$

而 $\boldsymbol{AB}=\boldsymbol{AHK}$，$r(\boldsymbol{AB})\leqslant r(\boldsymbol{AH})$，$\boldsymbol{BC}=\boldsymbol{HKC}$，$r(\boldsymbol{BC})\leqslant r(\boldsymbol{KC})$，代入式$(*)$即得

$$r(\boldsymbol{ABC})\geqslant r(\boldsymbol{AB})+r(\boldsymbol{BC})-r(\boldsymbol{B}).$$

证毕.

0.3 应用举例

例 1 最佳拟合曲线.

设有两个量 x 与 y，由实验得到 x 与 y 的 s 组数字：

$$x=a_i \text{ 时 } y=b_i \quad (i=1,2,\cdots,s), \qquad (0.3.1)$$

又 $\varphi_1(x),\varphi_2(x),\cdots,\varphi_n(x)$ 为已知函数，现在要找系数 $x_1,x_2,\cdots,x_n$，使函数式

$$y=x_1\varphi_1(x)+x_2\varphi_2(x)+\cdots+x_n\varphi_n(x) \tag{0.3.2}$$

能“最佳”地符合条件式(0.3.1).

分别将式(0.3.1)的 s 对值代入式(0.3.2)，记 $\varphi_j(a_i)=a_{ij}$，得到未知量 $x_1,x_2,\cdots,x_n$ 的线性方程组

$$a_{i1}x_1+a_{i2}x_2+\cdots+a_{in}x_n=b_i \quad (i=1,2,\cdots,s).$$

引进矩阵 $\boldsymbol{A}=(a_{ij})_{s\times n}$，$\boldsymbol{b}=(b_1,b_2,\cdots,b_s)^{\mathrm{T}}$，$\boldsymbol{X}=(x_1,x_2,\cdots,x_n)^{\mathrm{T}}$，上述方程组就是

$$\boldsymbol{AX}=\boldsymbol{b}. \tag{0.3.3}$$

线性方程组式(0.3.3)一般是矛盾方程组(不相容)，于是要找 $\boldsymbol{X}$ 使式(0.3.3)的左端与右端“最接近”，也就是 s 维向量 $\boldsymbol{AX}$ 与 $\boldsymbol{b}$“距离”最短，即 $\|\boldsymbol{AX}-\boldsymbol{b}\|$ 最小. 这个问题的通解将在第 6 章利用矩阵 $\boldsymbol{A}$ 的广义逆给出. 由这样的解所得出的曲线(0.3.2)叫做最佳拟合曲线(关于式(0.3.1)确定的 s 个点).

例 2 人口问题的数字模型.

此模型由 Leslie 于 20 世纪 40 年代提出，用来研究某地区女性各种年龄人口随时间增长的分布情况，从而得出合适的生育率.

将女性人口按年龄等间隔地分为 n 个年龄组(例如 5 年一间隔，如果最长寿为 100 岁，则分为 20 组. 以下提到的单位时间就是指这个间隔). 假定已知各年龄组的生育率 b_i 及存活率 $a_i(i=1,2,\cdots,n)$(b_i 是单位时间内第 i 年龄组每人平均生育女孩的数目；a_i 是存活到下一时间间隔的第 i 年龄组的人数与该组总人数之比)，且假定 a_i,b_i 均为常量而 $a_n=0$. 记第 k 个时间间隔时第 i 年龄组人数为 $x_i^{(k)}$，则 $x_i^{(k)}$ 与 $x_i^{(k-1)}$ 的关系为

$$\begin{cases} x_1^{(k)}=b_1x_1^{(k-1)}+b_2x_2^{(k-1)}+\cdots+b_nx_n^{(k-1)}, \\ x_{i+1}^{(k)}=a_ix_i^{(k-1)} \quad (i=1,\cdots,n-1) \end{cases} \quad (k=1,2,\cdots).$$

引进矩阵

$$A=\begin{bmatrix} b_1 & b_2 & \cdots & b_{n-1} & b_n \\ a_1 & 0 & \cdots & 0 & 0 \\ 0 & a_2 & \cdots & 0 & 0 \\ \vdots & \vdots & & \vdots & \vdots \\ 0 & 0 & \cdots & a_{n-1} & 0 \end{bmatrix},\quad X_k=(x_1^{(k)},\cdots,x_n^{(k)})^{\mathrm{T}},$$

则上述方程组即为

$$X_k=AX_{k-1}\quad (k=1,2,\cdots).$$

由于 $\boldsymbol{A}$ 与 k 无关,可得

$$X_k=A^kX_0\quad (k=1,2,\cdots),$$

其中 $\boldsymbol{X}_0$ 为女性人口的初始状态向量.

要研究怎样的生育率才能使人口不致于“爆炸”,即 $\lim\limits_{k\to+\infty}\boldsymbol{A}^k$ 存在. 可以利用第 3 章介绍的 Jordan 标准形及特征值分布来研究上述问题.

例 3　占位游戏取胜的概率.

设有如图 0.1 所示的 5 个格子,游戏者从第 4 格开始,每次由所掷骰子的点数决定左移或右移 1 格:掷到 1 点或 2 点则右移,否则左移. 走到第 1 格为胜,走到第 5 格为负,游戏一直进行到决定胜负为止. 求游戏者取胜的概率.

1	2	3	4	5
胜			开始	负

图 0.1

假定游戏的次数为无限次,于是若第 k 次在 1(或 5)处,则第$(k+1)$次也必在 1(或 5)处. 记第 k 次在第 i 格的概率为 $x_i^{(k)}$,则取胜的概率就是 $\lim\limits_{k\to\infty}x_1^{(k)}$.

利用计算概率的贝叶斯公式可以得 $x_i^{(k)}$ 与 $x_i^{(k-1)}$ 的关系为

$$\begin{aligned}
x_1^{(k)} &= x_1^{(k-1)} + \frac{2}{3}x_2^{(k-1)}, \\
x_2^{(k)} &= \frac{2}{3}x_3^{(k-1)}, \\
x_3^{(k)} &= \frac{1}{3}x_2^{(k-1)} + \frac{2}{3}x_4^{(k-1)}, \\
x_4^{(k)} &= \frac{1}{3}x_3^{(k-1)}, \\
x_5^{(k)} &= \frac{1}{3}x_4^{(k-1)} + x_5^{(k-1)}.
\end{aligned}$$

由于 $x_1^{(k)},x_2^{(k)},x_3^{(k)},x_4^{(k)}$ 与 $x_5^{(k-1)}$ 无关,故只要考虑前 4 个方程.记

$$\boldsymbol{A}=\begin{bmatrix}1 & 2/3 & 0 & 0\\ 0 & 0 & 2/3 & 0\\ 0 & 1/3 & 0 & 2/3\\ 0 & 0 & 1/3 & 0\end{bmatrix},\quad \boldsymbol{X}_k=\begin{bmatrix}x_1^{(k)}\\ x_2^{(k)}\\ x_3^{(k)}\\ x_4^{(k)}\end{bmatrix},$$

则 $\boldsymbol{X}_k=\boldsymbol{A}^k\boldsymbol{X}_0$,而 $\boldsymbol{X}_0=\boldsymbol{e}_4$,要求 $\lim\limits_{k\to\infty}\boldsymbol{X}_k$ 的第 1 分量.

$\det(\lambda\boldsymbol{I}-\boldsymbol{A})=\lambda\left(\lambda-\frac{2}{3}\right)\left(\lambda+\frac{2}{3}\right)(\lambda-1)$,$\boldsymbol{A}$ 的特征值互异,故可相似于对角阵 $\operatorname{diag}\left(0,\frac{2}{3},-\frac{2}{3},1\right)$. 相应的特征向量为

$$\boldsymbol{P}_1=(4,-6,0,3)^{\mathrm{T}},\quad \boldsymbol{P}_2=(-4,2,2,1)^{\mathrm{T}},$$
$$\boldsymbol{P}_3=(-4,10,-10,5)^{\mathrm{T}},\quad \boldsymbol{P}_4=(1,0,0,0)^{\mathrm{T}}.$$

作 $\boldsymbol{P}=(\boldsymbol{P}_1,\boldsymbol{P}_2,\boldsymbol{P}_3,\boldsymbol{P}_4)$,于是

$$\boldsymbol{X}_k=\boldsymbol{A}^k\boldsymbol{X}_0=\boldsymbol{P}\operatorname{diag}\left(0,\left(\frac{2}{3}\right)^k,\left(-\frac{2}{3}\right)^k,1\right)\boldsymbol{P}^{-1}\boldsymbol{X}_0,$$

设 $\boldsymbol{P}^{-1}=(q_{ij})_{4\times4}$,于是

$$
\begin{aligned}
\boldsymbol{P}^{-1}\boldsymbol{e}_4 &= (q_{14}, q_{24}, q_{34}, q_{44})^{\mathrm{T}}, \\
\lim \boldsymbol{X}_k &= \boldsymbol{P}\mathrm{diag}(0,0,0,1)\boldsymbol{P}^{-1}\boldsymbol{e}_4 \\
&= (\boldsymbol{0},\boldsymbol{0},\boldsymbol{0},\boldsymbol{e}_1)(q_{14}, q_{24}, q_{34}, q_{44})^{\mathrm{T}} \\
&= (q_{44},0,0,0)^{\mathrm{T}}.
\end{aligned}
$$

从 $\boldsymbol{P}$ 求出 $q_{44}=\dfrac{P_{44}}{\det\boldsymbol{P}}=\dfrac{4\cdot4\cdot8}{240}=\dfrac{8}{15}$，所以取胜的概率为 $\dfrac{8}{15}$.

当 $\boldsymbol{A}$ 不能相似于对角阵时，计算 $\boldsymbol{A}^k$ 的问题可通过 $\boldsymbol{A}$ 的 Jordan 标准形来解决(第 3 章).

例 4　遗传学中 Markov 链模型.

设某生物分优、混、劣三类. 繁殖时，若父母均为优种，则后代必为优种；若父母均为劣种，则后代必为劣种；若父母之一为优种，另一为混种，则后代为优或混的概率各为 $\dfrac{1}{2}$；若父母之一为优种，另一为劣种，则后代必为混种；若父母均为混种，则后代是优、混、劣的概率各为 $\dfrac{1}{4}$，$\dfrac{1}{2}$，$\dfrac{1}{4}$；若父母之一为混种，另一为劣种，则后代为混种或劣种的概率各为 $\dfrac{1}{2}$.

现在每次随机地取一对来繁殖，又在后代中再随机地取一对来繁殖. 如此下去，研究第 k 代中随机取一对为上述 6 种状态中每一种的概率. 分别将 6 种状态依上述的次序编号，记第 k 代为第 i 状态的概率为 $x_i^{(k)}$，并记 $\boldsymbol{X}_k=(x_1^{(k)},x_2^{(k)},x_3^{(k)},x_4^{(k)},x_5^{(k)},x_6^{(k)})^{\mathrm{T}}$. 利用贝叶斯公式可得

$$\boldsymbol{X}_k=\boldsymbol{A}\boldsymbol{X}_{k-1}=\cdots=\boldsymbol{A}^k\boldsymbol{X}_0,$$

其中

$$\boldsymbol{A}=\begin{bmatrix}\boldsymbol{I}_2 & \boldsymbol{R}\\ \boldsymbol{O} & \boldsymbol{B}\end{bmatrix},\quad \boldsymbol{R}=\begin{bmatrix}\dfrac{1}{4} & 0 & \dfrac{1}{16} & 0\\ 0 & 0 & \dfrac{1}{16} & \dfrac{1}{4}\end{bmatrix},$$

$$\boldsymbol{B}=\begin{bmatrix}1/2 & 0 & 1/4 & 0\\ 0 & 0 & 1/8 & 0\\ 1/4 & 1 & 1/4 & 1/4\\ 0 & 0 & 1/4 & 1/2\end{bmatrix}.$$

容易计算得

$$\boldsymbol{A}^k=\begin{bmatrix}\boldsymbol{I}_2 & \boldsymbol{R}(\boldsymbol{I}+\boldsymbol{B}+\cdots+\boldsymbol{B}^{k-1})\\ \boldsymbol{O} & \boldsymbol{B}^k\end{bmatrix}.$$

在第 3 章我们将证明 $\boldsymbol{B}$ 的特征值之模全小于 1，在第 5 章将会知道

$$\lim_{k\to\infty}\boldsymbol{B}^k=\boldsymbol{O},\quad \lim_{k\to\infty}(\boldsymbol{I}+\boldsymbol{B}+\cdots+\boldsymbol{B}^{k-1})=(\boldsymbol{I}-\boldsymbol{B})^{-1},$$

于是可得

$$\boldsymbol{X}=\lim_{k\to\infty}\boldsymbol{X}_k=\begin{bmatrix}\boldsymbol{I}_2 & \boldsymbol{R}(\boldsymbol{I}-\boldsymbol{B})^{-1}\\ \boldsymbol{O} & \boldsymbol{O}\end{bmatrix}\boldsymbol{X}_0,\tag{0.3.4}$$

经计算得

$$\boldsymbol{R}(\boldsymbol{I}-\boldsymbol{B})^{-1}=\begin{bmatrix}3/4 & 1/2 & 1/2 & 1/4\\ 1/4 & 1/2 & 1/2 & 3/4\end{bmatrix}.$$

例如当 $\boldsymbol{X}_0=\boldsymbol{e}_1$，则求得 $\boldsymbol{X}=\boldsymbol{e}_1$，即两个优种后代全为优的概率为 1；当 $\boldsymbol{X}_0=\boldsymbol{e}_2$ 时，求得 $\boldsymbol{X}=\boldsymbol{e}_2$，即两个劣种的后代全为劣的概率为 1；当 $\boldsymbol{X}_0=\boldsymbol{e}_3$ 时，则 $\boldsymbol{X}=\left(\frac{3}{4},\frac{1}{4},0,0,0,0\right)^{\mathrm{T}}$，即初始为一个优种与一个混种的“最终”后代全为优或劣的概率各为 $\frac{3}{4},\frac{1}{4}$. 对 $\boldsymbol{X}_0$ 的其余情况，类似计算. 由于式(0.3.4)中矩阵的后三行全为 0，所以不论 $\boldsymbol{X}_0$ 怎样，$\boldsymbol{X}$ 的第 3,4,5,6 分量总都是 0，即不论初始状态如何，近亲繁殖的结果总是优或劣. 如果不希望这种情况发生，则就需重新选种.

习 题 0

1. 计算 n 阶行列式 $\begin{vmatrix} a_1 & a_2 & a_3 & \cdots & a_{n-1} & a_n \\ -b_2 & c_2 & 0 & \cdots & 0 & 0 \\ -b_3 & 0 & c_3 & \cdots & 0 & 0 \\ \vdots & \vdots & \vdots & & \vdots & \vdots \\ -b_n & 0 & 0 & \cdots & 0 & c_n \end{vmatrix}$.

2. 化 $\begin{vmatrix} 1 & a_1 & a_2 & \cdots & a_n \\ 0 & x_1+a_1 & a_2 & \cdots & a_n \\ \vdots & \vdots & \vdots & & \vdots \\ 0 & a_1 & a_2 & \cdots & x_n+a_n \end{vmatrix}$ 为第 1 题的形式计算之，并利用它求 $\begin{vmatrix} x_1+a_1 & a_2 & \cdots & a_n \\ a_1 & x_2+a_2 & \cdots & a_n \\ \vdots & \vdots & & \vdots \\ a_1 & a_2 & \cdots & x_n+a_n \end{vmatrix}$ 的值.

3. 由第 2 题的启发求

$$\begin{vmatrix} a_1^2+1 & a_1a_2 & \cdots & a_1a_n \\ a_2a_1 & a_2^2+2 & \cdots & a_2a_n \\ \vdots & \vdots & & \vdots \\ a_na_1 & a_na_2 & \cdots & a_n^2+n \end{vmatrix}.$$

4. 设 $\boldsymbol{A}=(a_{ij})_{n\times n}$，其中 $a_{ij}=|i-j|$，求 $\det\boldsymbol{A}$.

5. 记

$$d_n=\begin{vmatrix} a+b & a & 0 & \cdots & 0 & 0 \\ b & a+b & a & \cdots & 0 & 0 \\ \vdots & \vdots & \vdots & & \vdots & \vdots \\ 0 & 0 & 0 & \cdots & a+b & a \\ 0 & 0 & 0 & \cdots & b & a+b \end{vmatrix},$$

试证 $d_n-ad_{n-1}=b^n$，$d_n-bd_{n-1}=a^n$，并由此求 d_n.

6. 记 $\boldsymbol{A}=\begin{bmatrix} a & b & c & d \\ -b & a & -d & c \\ -c & d & a & -b \\ -d & -c & b & a \end{bmatrix}$，求 $\boldsymbol{A}\boldsymbol{A}^{\mathrm{T}}$ 及 $\det\boldsymbol{A}$.

7. 设 $\boldsymbol{A}=(a_{ij})_{4\times 7}$，其子矩阵 $\boldsymbol{B}=\begin{bmatrix} a_{21} & a_{24} & a_{26} \\ a_{41} & a_{44} & a_{46} \end{bmatrix}$，求 $\boldsymbol{C}$ 与 $\boldsymbol{D}$，使

$$\boldsymbol{B}=\boldsymbol{CAD}.$$

8. 设 n 阶方阵 $\boldsymbol{A}=(\boldsymbol{e}_n,\boldsymbol{e}_1,\cdots,\boldsymbol{e}_{n-1})$，求证：

$$\boldsymbol{A}^k=\begin{bmatrix} \boldsymbol{O} & \boldsymbol{I}_{n-k} \\ \boldsymbol{I}_k & \boldsymbol{O} \end{bmatrix}\quad (k=1,2,\cdots,n-1),\quad \boldsymbol{A}^n=\boldsymbol{I}_n.$$

9. (1) 记 $\boldsymbol{e}=\boldsymbol{e}_1+\boldsymbol{e}_2+\cdots+\boldsymbol{e}_n$，$\boldsymbol{Ae}=(s_1,s_2,\cdots,s_n)^{\mathrm{T}}$，求 $s_i(1\leqslant i\leqslant n)$；

(2) 已知 n 阶方阵 $\boldsymbol{A}$ 的每行元素和为 a，求证：$\boldsymbol{A}^k$ 的每行元素和为 a^k（k 为正整数），且当 $\boldsymbol{A}$ 可逆时，以上命题对 $k=-1$ 也成立.

10. 已知 n 阶 Frobenius 矩阵 $\boldsymbol{F}=(\boldsymbol{e}_2,\boldsymbol{e}_3,\cdots,\boldsymbol{e}_n,-\boldsymbol{\beta})$，其中 $\boldsymbol{\beta}=(a_n,a_{n-1},\cdots,a_1)^{\mathrm{T}}$.

(1) 求证：$\boldsymbol{B}=\boldsymbol{F}^n+a_1\boldsymbol{F}^{n-1}+\cdots+a_n\boldsymbol{I}_n=\boldsymbol{O}$；

(2) 若 $\boldsymbol{A}=(a_{ij})_{n\times n}$ 与 $\boldsymbol{F}$ 乘积可交换，证明：

$$\boldsymbol{A}=a_{n1}\boldsymbol{F}^{n-1}+\cdots+a_{21}\boldsymbol{F}+a_{11}\boldsymbol{I}.$$

11. 称如下形式的矩阵

$$\begin{bmatrix} a_0 & a_1 & a_2 & \cdots & a_{n-2} & a_{n-1} \\ a_{n-1} & a_0 & a_1 & \cdots & a_{n-3} & a_{n-2} \\ \vdots & \vdots & \vdots & & \vdots & \vdots \\ a_2 & a_3 & a_4 & \cdots & a_0 & a_1 \\ a_1 & a_2 & a_3 & \cdots & a_{n-1} & a_0 \end{bmatrix}$$

为循环阵,试证:两循环阵之积为循环阵.

12. (1)Sherman-Morrison 公式:设 $\boldsymbol{B}$ 为 n 阶可逆阵,$\boldsymbol{u},\boldsymbol{v}\in C^n$ 且 $r=1+\boldsymbol{v}^{\mathrm{T}}\boldsymbol{B}^{-1}\boldsymbol{u}\neq 0$,则 $\boldsymbol{A}=\boldsymbol{B}+\boldsymbol{u}\boldsymbol{v}^{\mathrm{T}}$ 可逆,且

$$\boldsymbol{A}^{-1}=\boldsymbol{B}^{-1}-\frac{1}{r}\boldsymbol{B}^{-1}\boldsymbol{u}\boldsymbol{v}^{\mathrm{T}}\boldsymbol{B}^{-1};$$

(2) 若 $\boldsymbol{B}$ 与 $\boldsymbol{B}+\boldsymbol{u}\boldsymbol{v}^{\mathrm{T}}$ 可逆,其中 $\boldsymbol{u},\boldsymbol{v}\in C^n$,$\boldsymbol{B}\in C^{n\times n}$,则

$$1+\boldsymbol{v}^{\mathrm{T}}\boldsymbol{B}^{-1}\boldsymbol{u}\neq 0;$$

(3) 设 $\boldsymbol{B}^{-1}$已知,$\boldsymbol{v}\in C^n$,$\boldsymbol{A}=\boldsymbol{B}+\boldsymbol{e}_k\boldsymbol{v}^{\mathrm{T}}$(即 $\boldsymbol{A}$ 与 $\boldsymbol{B}$ 除第 k 行外,其余完全同)可逆,试用 Sherman-Morrion 公式求 $\boldsymbol{A}^{-1}$(称此法为修正法).

13. (1) 已知 $\boldsymbol{A},\boldsymbol{B}$ 满足 $\boldsymbol{A}+\boldsymbol{B}=\boldsymbol{A}\boldsymbol{B}$,证 $\boldsymbol{A}-\boldsymbol{I}$ 可逆,且求逆;

(2) 已知 $\boldsymbol{A}^2=\boldsymbol{A}$,证 $\boldsymbol{A}-2\boldsymbol{I}$ 可逆,且求其逆.

14. 已知 $\boldsymbol{A}^3=2\boldsymbol{I}$,$\boldsymbol{B}=\boldsymbol{A}^2-2\boldsymbol{A}+2\boldsymbol{I}$,证 $\boldsymbol{B}$ 可逆,且求逆.

15. 试证:秩为 r 的矩阵可分解为 r 个秩为 1 的矩阵之和.

16. 设 $\boldsymbol{A}$ 为 r 阶方阵,$\boldsymbol{B}$ 是秩为 r 的 $r\times n$ 矩阵(称为行满秩),试证:

(1) 若 $\boldsymbol{A}\boldsymbol{B}=\boldsymbol{O}$,则 $\boldsymbol{A}=\boldsymbol{O}$;

(2) 若 $\boldsymbol{A}\boldsymbol{B}=\boldsymbol{B}$,则 $\boldsymbol{A}=\boldsymbol{I}$.

17. 试证:任一方阵可表示为可逆阵与幂等阵(平方等于自身)之积.

18. 求下列矩阵的满秩分解:

(1) $\begin{bmatrix} 1 & 2 & 3 \\ 2 & 4 & 6 \end{bmatrix}$; (2) $\begin{bmatrix} 1 & 2 & 3 & 4 \\ 0 & 1 & 1 & 0 \\ 1 & 1 & 2 & 4 \end{bmatrix}$; (3) $\begin{bmatrix} 1 & 1 & 0 & -1 \\ 3 & 1 & 2 & 1 \\ 4 & 1 & 3 & 2 \end{bmatrix}$.

19. (1) 若 $\boldsymbol{A}$ 可逆,试证:

$$秩\begin{bmatrix}\boldsymbol{A} & \boldsymbol{B}\\ \boldsymbol{C} & \boldsymbol{D}\end{bmatrix}=秩(\boldsymbol{A})+秩(\boldsymbol{D}-\boldsymbol{C}\boldsymbol{A}^{-1}\boldsymbol{B});$$

(2) 设 $\boldsymbol{C}$ 为 $k\times n$ 矩阵,$\boldsymbol{B}$ 为 $n\times k$ 矩阵,试证:

$$n+r(\boldsymbol{I}_k-\boldsymbol{CB})=k+r(\boldsymbol{I}_n-\boldsymbol{BC}).$$

20. 设 $\boldsymbol{A}$ 为 $s\times n$ 矩阵,$\boldsymbol{B}$ 为 $s\times t$ 矩阵,试证:$\boldsymbol{AX}=\boldsymbol{B}$ 有解的充要条件为 $r(\boldsymbol{A})=r(\boldsymbol{A},\boldsymbol{B})$.

21. 试证:幂等阵 $\boldsymbol{A}$(即 $\boldsymbol{A}^2=\boldsymbol{A}$)有 $r(\boldsymbol{A})+r(\boldsymbol{I}_n-\boldsymbol{A})=n$.

22. 试证:若 n 阶方阵 $\boldsymbol{A}$ 满足 $r(\boldsymbol{A})+r(\boldsymbol{I}_n-\boldsymbol{A})=n$,则 $\boldsymbol{A}^2=\boldsymbol{A}$.

23. 若 $\boldsymbol{A}^2=\boldsymbol{I}$,则称 $\boldsymbol{A}$ 为对合阵,试证:n 阶方阵 $\boldsymbol{A}$ 为对合阵的充要条件为 $r(\boldsymbol{I}+\boldsymbol{A})+r(\boldsymbol{I}-\boldsymbol{A})=n$.

24. 设 $\boldsymbol{A},\boldsymbol{B}$ 为 n 阶对合阵,且 $\det\boldsymbol{AB}<0$,试证:存在非零列向量 $\boldsymbol{X}$,使 $\boldsymbol{BAX}+\boldsymbol{X}=\boldsymbol{0}$.

25. 设 n 阶方阵 $\boldsymbol{B}_1,\cdots,\boldsymbol{B}_k$ 满足 $\prod\limits_{t=1}^{k}\boldsymbol{B}_t=\boldsymbol{O}$,试证:

$$\sum_{t=1}^{k} r(\boldsymbol{B}_t)\leqslant(k-1)n.$$

1 线性空间与线性变换

线性空间与线性变换是线性代数中最基本的两个概念，它们分别是 n 维向量空间 F^n 与线性变换 $\boldsymbol{Y}=\boldsymbol{AX}$ 的推广.

1.1 线性空间的基本概念

大学线性代数中已讨论过以 n 元有序数组 $(x_1,x_2,\cdots,x_n)$ 为元素的 n 维向量空间 F^n，在 F^n 上定义了加法以及数域 F 中数与向量的乘法（统称为线性运算）. 在线性运算的基础上，F^n 中每一个向量都可以用 n 个标准单位向量 $\boldsymbol{e}_1,\boldsymbol{e}_2,\cdots,\boldsymbol{e}_n$ 线性表出. 当 $n=3,F=R$ 时，F^n 就是熟知的三维几何空间.

有些其它的系统也有类似于 n 维向量空间 F^n 的结构，例如 $R[x]_n=\{a_0+a_1x+\cdots+a_{n-1}x^{n-1}\mid\forall a_i\in R,i=0,1,\cdots,n-1\}$，在其上有多项式的加法运算以及实数与多项式的乘法，且任一多项式可经 n 个多项式：$1,x,\cdots,x^{n-1}$ 线性表出，它关于线性运算的结构与 R^n 本质上相同.

现在我们不考虑集合中元素的具体属性，而只研究它们关于线性运算的性质. 下面引进线性空间的概念.

定义 1.1.1 设 V 是一个非空集合，F 是一个数域. 如果

A_0：V 上定义了一个叫加法的运算，即给定一法则，使 V 中任两元素（也叫向量）$\boldsymbol{\alpha}$ 与 $\boldsymbol{\beta}$ 均有唯一 $\boldsymbol{\gamma}\in V$ 与之对应. 称 $\boldsymbol{\gamma}$ 为 $\boldsymbol{\alpha}$ 与 $\boldsymbol{\beta}$ 之和，记 $\boldsymbol{\gamma}=\boldsymbol{\alpha}+\boldsymbol{\beta}$，并说 V 关于加法封闭.

加法还满足：

A_1：$\forall\boldsymbol{\alpha},\boldsymbol{\beta}\in V,\boldsymbol{\alpha}+\boldsymbol{\beta}=\boldsymbol{\beta}+\boldsymbol{\alpha}$；（交换律）

A_2：$\forall\boldsymbol{\alpha},\boldsymbol{\beta},\boldsymbol{\gamma}\in V,(\boldsymbol{\alpha}+\boldsymbol{\beta})+\boldsymbol{\gamma}=\boldsymbol{\alpha}+(\boldsymbol{\beta}+\boldsymbol{\gamma})$；（结合律）

A_3:存在$\mathbf{0}\in V$,使得对任何 $\boldsymbol{\alpha}\in V$ 均有 $\boldsymbol{\alpha}+\mathbf{0}=\boldsymbol{\alpha}$;(称$\mathbf{0}$为零元素,也叫零向量)

A_4:$\forall\boldsymbol{\alpha}\in V$, $\exists\boldsymbol{\beta}\in V$,使 $\boldsymbol{\alpha}+\boldsymbol{\beta}=\mathbf{0}$;(称 $\boldsymbol{\beta}$ 为 $\boldsymbol{\alpha}$ 的负元素,也叫负向量)

M_0:定义了一个数乘运算,即给定一法则,使 F 中任一数 k 与 V 中任一元 $\boldsymbol{\alpha}$ 均有 V 中唯一 $\boldsymbol{\delta}$ 与之对应,记 $\boldsymbol{\delta}=k\boldsymbol{\alpha}$,并说 V 关于数乘封闭.

数乘与加法还满足:

M_1:$\forall\boldsymbol{\alpha}\in V$, $1\boldsymbol{\alpha}=\boldsymbol{\alpha}$;

M_2:$\forall k,l\in F$, $\forall\boldsymbol{\alpha}\in V$, $k(l\boldsymbol{\alpha})=(kl)\boldsymbol{\alpha}$;

M_3:$\forall k,l\in F$, $\forall\boldsymbol{\alpha}\in V$, $(k+l)\boldsymbol{\alpha}=k\boldsymbol{\alpha}+l\boldsymbol{\alpha}$;

M_4:$\forall k\in F$, $\forall\boldsymbol{\alpha},\boldsymbol{\beta}\in V$, $k(\boldsymbol{\alpha}+\boldsymbol{\beta})=k\boldsymbol{\alpha}+k\boldsymbol{\beta}$.

则称 V 是数域 F 上的**线性空间**,记为 $V(F)$. 加法和数乘统称为线性运算.

注:定义 1.1.1 中 A_1 可从 A_2,A_3,A_4 及 M_1,M_3,M_4 推出(证明可参看复旦大学数学系主编的《高等代数》,1987 年第 1 版),故可删去. 这里为避免较长的证明及运用方便,因此仍保留了 A_1.

用定义 1.1.1,不难一一验证下列例子都是指定数域上的线性空间.

例 1 $F^n=\{(x_1,x_2,\cdots,x_n)\mid\forall x_i\in F, i=1,2,\cdots,n\}$,关于通常意义的向量加法与数乘构成 F 上线性空间.

例 2 $F[x]=\{a_0+a_1x+\cdots+a_nx^n\mid\forall a_i\in F, i=0,1,\cdots,n;\forall n\in N\}$ 关于多项式加法与数乘构成 F 上线性空间,其中 N 为自然数集.

例 3 $F^{s\times n}=\{(a_{ij})_{s\times n}\mid\forall a_{ij}\in F\}$关于矩阵的加法及数乘构成 F 上线性空间.

例 4 全体实函数,关于函数的加法及数乘构成 R 上线性空间.

例 5 全体正实数 R^+,定义加法为 $a\oplus b=ab$, $\forall a,b\in R^+$;定义数乘为 $k\otimes a=a^k$, $\forall k\in R$, $\forall a\in R^+$. $R^+(R)$是一个线性空间.

这里只证明满足 A_3 与 M_3,其余请读者自证之.

A_3:$\exists 1\in R^+$, $\forall a\in R^+$, $a\oplus 1=a\times 1=a$,故 A_3 成立.

M_3: $\forall k,l\in R$, $\forall a\in R^+$, $(k+l)\otimes a=a^{k+l}=a^ka^l=a^k\oplus a^l=k\otimes a\oplus l\otimes a$,故 M_3 成立.

例 6 $V=\{\boldsymbol{\alpha}\}$,定义 $\boldsymbol{\alpha}+\boldsymbol{\alpha}=\boldsymbol{\alpha}, k\boldsymbol{\alpha}=\boldsymbol{\alpha}, \forall k\in F$. 则不难验证 $V(F)$是一个线性空间,$\boldsymbol{\alpha}$ 就是 V 的零向量,$\boldsymbol{\alpha}$ 的负向量仍是 $\boldsymbol{\alpha}$.

称只含零向量的线性空间为**零空间**.

一般的线性空间 $V(F)$,若它至少有一个非零向量,那么是否一定有无穷多个向量呢? 先来讨论线性空间的性质.

定理 1.1.1 设 $V(F)$为线性空间,则

1° 零向量唯一;

2° 任一向量的负向量唯一;

3° $0\boldsymbol{\alpha}=\mathbf{0}$;

4° $k\,\mathbf{0}=\mathbf{0}$;

5° $(-1)\boldsymbol{\alpha}=-\boldsymbol{\alpha}$($-\boldsymbol{\alpha}$ 为 $\boldsymbol{\alpha}$ 的负向量),$(-k)\boldsymbol{\alpha}=-k\boldsymbol{\alpha}$;

6° 若 $k\boldsymbol{\alpha}=\mathbf{0}$,则或 $k=0$ 或 $\boldsymbol{\alpha}=\mathbf{0}$.

证明 1° 设$\mathbf{0}_1$ 与$\mathbf{0}_2$ 均为 V 的零向量,于是由 A_3 及 A_1 有

$$\mathbf{0}_1=\mathbf{0}_1+\mathbf{0}_2=\mathbf{0}_2+\mathbf{0}_1=\mathbf{0}_2.$$

2° 设 $\boldsymbol{\beta}_1$ 与 $\boldsymbol{\beta}_2$ 均 $\boldsymbol{\alpha}$ 的负向量,于是由 A_4,A_3,A_2 及 A_1 有

$$\begin{aligned}\boldsymbol{\beta}_1&=\boldsymbol{\beta}_1+\mathbf{0}=\boldsymbol{\beta}_1+(\boldsymbol{\alpha}+\boldsymbol{\beta}_2)\\&=(\boldsymbol{\beta}_1+\boldsymbol{\alpha})+\boldsymbol{\beta}_2=(\boldsymbol{\alpha}+\boldsymbol{\beta}_1)+\boldsymbol{\beta}_2\\&=\mathbf{0}+\boldsymbol{\beta}_2=\boldsymbol{\beta}_2+\mathbf{0}=\boldsymbol{\beta}_2.\end{aligned}$$

今以$-\boldsymbol{\alpha}$ 表示$\boldsymbol{\alpha}$ 的负向量,且定义减法:$\boldsymbol{\alpha}-\boldsymbol{\beta}=\boldsymbol{\alpha}+(-\boldsymbol{\beta})$.

3° 根据 M_1,M_3,有

$$\boldsymbol{\alpha}+0\boldsymbol{\alpha}=1\boldsymbol{\alpha}+0\boldsymbol{\alpha}=(1+0)\boldsymbol{\alpha}=1\boldsymbol{\alpha}=\boldsymbol{\alpha},$$

两端分别加$(-\boldsymbol{\alpha})$,即得 $0\boldsymbol{\alpha}=\mathbf{0}$.

4° $k\boldsymbol{\alpha}+k\mathbf{0}=k(\boldsymbol{\alpha}+\mathbf{0})=k\boldsymbol{\alpha}$,两端分别加 $k\boldsymbol{\alpha}$ 的负向量,即得

$$k\mathbf{0}=\mathbf{0}.$$

5° 因 $\boldsymbol{\alpha}+(-1)\boldsymbol{\alpha}=1\boldsymbol{\alpha}+(-1)\boldsymbol{\alpha}=[1+(-1)]\boldsymbol{\alpha}=0\boldsymbol{\alpha}=\mathbf{0}$,故

$$(-1)\boldsymbol{\alpha}=-\boldsymbol{\alpha}.$$

同理 $k\boldsymbol{\alpha}+(-k)\boldsymbol{\alpha}=[k+(-k)]\boldsymbol{\alpha}=0\boldsymbol{\alpha}=\mathbf{0}$,故

$$(-k)\boldsymbol{\alpha}=-k\boldsymbol{\alpha}.$$

(请读者想一想:4°和 5°的每一个等号根据什么?)

6° 如果 $k\neq 0$,则$\frac{1}{k}\in F$,根据 M_1,M_2 及 4°有

$$\boldsymbol{\alpha}=1\boldsymbol{\alpha}=\left(\frac{1}{k}k\right)\boldsymbol{\alpha}=\frac{1}{k}(k\boldsymbol{\alpha})=\frac{1}{k}\mathbf{0}=\mathbf{0}.$$

证毕.

定义 1.1.2 设 $V(F)$为线性空间,$W\subset V$,若 W 关于 V 上线性运算也构成 F 上线性空间,则称 W 是 V 的**子空间**,记为 $W\leqslant V$.

例如 $F^{n\times n}$中一切对角阵的集合 D_n 关于矩阵的加法及与数的乘法仍是 F 上线性空间,故 D_n 是 $F^{n\times n}$的子空间.

如果 W 是线性空间的子集,那么在 W 上 A_1,A_2 及 M_1 至 M_4 必定满足. 如果 W 非空,又关于线性运算封闭,那么根据定理 1.1.1 的 3°及 5°,$\forall\boldsymbol{\alpha}\in W$,$0\boldsymbol{\alpha}=\mathbf{0}\in W$,$(-1)\boldsymbol{\alpha}=-\boldsymbol{\alpha}\in W$,因此在 W 上 A_3,A_4 也成立,故有下面的定理.

定理 1.1.2 线性空间 $V(F)$的非空子集 W 是 V 的子空间,其充分必要条件是 W 关于 V 的线性运算封闭. 即 $\forall\boldsymbol{\alpha},\boldsymbol{\beta}\in W$,有 $\boldsymbol{\alpha}+\boldsymbol{\beta}\in W$; $\forall\boldsymbol{\alpha}\in W$, $\forall k\in F$,有 $k\boldsymbol{\alpha}\in W$. 或合并为 $\forall k,l\in F$, $\forall\boldsymbol{\alpha},\boldsymbol{\beta}\in W$,有 $k\boldsymbol{\alpha}+l\boldsymbol{\beta}\in W$.

任一线性空间都有两个特殊的子空间,一个是本身,另一个是由单个零向量组成的零子空间,记为$\{\mathbf{0}\}$.

例 7 $S_n=\{\boldsymbol{A}\mid\boldsymbol{A}^{\mathrm{T}}=\boldsymbol{A},\boldsymbol{A}\in F^{n\times n}\}$是 $F^{n\times n}$的子空间,这是因为 $\forall\boldsymbol{A},\boldsymbol{B}\in S_n$,$(k\boldsymbol{A}+l\boldsymbol{B})^{\mathrm{T}}=k\boldsymbol{A}^{\mathrm{T}}+l\boldsymbol{B}^{\mathrm{T}}=k\boldsymbol{A}+l\boldsymbol{B}$,故 $k\boldsymbol{A}+l\boldsymbol{B}\in S_n$.

根据定理 1.1.2,容易验证以下各例.

例 8 $R[x]_n=\{a_0+a_1x+\cdots+a_{n-1}x^{n-1}\mid\forall a_i\in R\}$是 $R[x]$的子空间.

例 9 $S_A=\{\boldsymbol{X}\mid\boldsymbol{AX}=\boldsymbol{0},\boldsymbol{X}\in F^n\}$,其中 $\boldsymbol{A}\in F^{s\times n}$,则 S_A 为 F^n 的子空间.

例 10 设 $\boldsymbol{\alpha}_1,\cdots,\boldsymbol{\alpha}_k$ 为线性空间 $V(F)$中向量,作

$$W=\left\{\sum_{i=1}^{k}x_i\boldsymbol{\alpha}_i\,\middle|\,\forall x_i\in F\right\}$$

则 W 为 V 的子空间. 称此 W 为向量组$\{\boldsymbol{\alpha}_i\}_1^k$ 所生成的子空间,$\{\boldsymbol{\alpha}_i\}_1^k$ 为 W 的**生成系**,$\boldsymbol{\alpha}_i$ 为**生成元**,可记 W 为

$$L[\boldsymbol{\alpha}_1,\boldsymbol{\alpha}_2,\cdots,\boldsymbol{\alpha}_k]\quad\text{或}\quad\mathrm{span}\{\boldsymbol{\alpha}_1,\boldsymbol{\alpha}_2,\cdots,\boldsymbol{\alpha}_k\}.$$

n 维向量空间 R^n 可看作是$\{\boldsymbol{e}_i\}_1^n$ 生成的. 一般的线性空间是否也有类似的结构?

1.2 基、维数与坐标变换

首先引进线性相关与线性无关的概念.

定义 1.2.1 设$\{\boldsymbol{\alpha}_i\}_1^k$ 为线性空间 $V(F)$中 k 个向量,若存在不全为零的 $c_1,c_2,\cdots,c_k\in F$ 使 $\sum\limits_{i=1}^{k}c_i\boldsymbol{\alpha}_i=c_1\boldsymbol{\alpha}_1+c_2\boldsymbol{\alpha}_2+\cdots+c_k\boldsymbol{\alpha}_k=\boldsymbol{0}$,则称向量组$\{\boldsymbol{\alpha}_i\}_1^k$ **线性相关**;否则为**线性无关**,即 $\sum\limits_{i=1}^{k}c_i\alpha_i=\boldsymbol{0}$当且仅当 $c_1=c_2\cdots=c_k=0$.

根据定义易见:由单个向量 $\boldsymbol{\alpha}_1$ 组成的向量组线性无关的充要条件是 $\boldsymbol{\alpha}_1\neq\boldsymbol{0}$. $k\geqslant2$ 时,$\{\boldsymbol{\alpha}_i\}_1^k$ 线性相关的充要条件是至少有一向量可经组中其余向量线性表出;$\{\boldsymbol{\alpha}_i\}_1^k$ 线性无关的充要条件是每一向量都不可表示为组中其余向量的线性组合. 这与我们对"相关"或"无关"的感性认识是一致的.

由于以上概念与 n 维向量空间中的相应概念在本质上是相同的，故 n 维向量空间中有关线性相关的性质完全可以搬到抽象的线性空间中，其证明也类似. 这里不再多讲，只将其中一条重要的定理证明如下.

设线性空间 V 中有两组向量：(Ⅰ)：$\boldsymbol{\alpha}_1, \boldsymbol{\alpha}_2, \cdots, \boldsymbol{\alpha}_s$；(Ⅱ)：$\boldsymbol{\beta}_1, \boldsymbol{\beta}_2, \cdots, \boldsymbol{\beta}_t$.

定理 1.2.1 若向量组(Ⅰ)线性无关，且(Ⅰ)可经(Ⅱ)线性表示，则 $s \leqslant t$.

证明 设

$$\boldsymbol{\alpha}_i = \sum_{j=1}^{t} b_{ij}\boldsymbol{\beta}_j \quad (i=1,2,\cdots,s), \tag{1.2.1}$$

作线性组合 $\sum\limits_{i=1}^{s} x_i\boldsymbol{\alpha}_i$，将式(1.2.1)代入得

$$\begin{aligned}\sum_{i=1}^{s} x_i\boldsymbol{\alpha}_i &= \sum_{i=1}^{s} x_i \sum_{j=1}^{t} b_{ij}\boldsymbol{\beta}_j = \sum_{i=1}^{s}\sum_{j=1}^{t} x_i b_{ij}\boldsymbol{\beta}_j \\ &= \sum_{j=1}^{t}\Big(\sum_{i=1}^{s} x_i b_{ij}\Big)\boldsymbol{\beta}_j.\end{aligned} \tag{1.2.2}$$

考虑齐次方程组

$$\sum_{i=1}^{s} b_{ij}x_i = 0 \quad (j=1,2,\cdots,t), \tag{1.2.3}$$

若 $t<s$，则式(1.2.3)的未知元个数 s 多于方程个数 t，于是式(1.2.3)有非零解 $x_1, x_2, \cdots, x_s$，将这些不全为零的 $x_1, x_2, \cdots, x_s$ 代入式(1.2.2)得 $\sum\limits_{i=1}^{s} x_i\boldsymbol{\alpha}_i = \mathbf{0}$，与已知 $\boldsymbol{\alpha}_1, \cdots, \boldsymbol{\alpha}_s$ 线性无关矛盾，故 $s \leqslant t$.

证毕.

由定理 1.2.1 不难得到下列推论.

推论 1 若向量组(Ⅰ)与(Ⅱ)都是线性无关的，且(Ⅰ)与(Ⅱ)可以相互线性表示，则 $s=t$.

推论 2 若向量组(Ⅰ)可经(Ⅱ)线性表示，且 $s>t$，则(Ⅰ)必线性相关.

根据推论 1 可知，若线性空间 V 由 n 个向量 $\boldsymbol{\alpha}_1,\boldsymbol{\alpha}_2,\cdots,\boldsymbol{\alpha}_n$ 生成，且 $\{\boldsymbol{\alpha}_i\}_1^n$ 线性无关，那么 V 的任意一个线性无关生成系所含向量的个数都是 n. 又由推论 2 可知，此时 V 中任意$(n+1)$个向量都是线性相关的. 可见这个量“n”反映了 V 的线性无关的“程度”；并且生成系所含向量的个数也不可能再少，故这个“n”又反映了 V 的“大小”.

定义 1.2.2　若线性空间 V 由 n 个线性无关的向量 $\boldsymbol{\alpha}_1,\boldsymbol{\alpha}_2,\cdots,\boldsymbol{\alpha}_n$ 生成，则称向量组 $\boldsymbol{\alpha}_1,\boldsymbol{\alpha}_2,\cdots,\boldsymbol{\alpha}_n$ 为 V 的**基**，每个 $\boldsymbol{\alpha}_i$ 为**基向量**；称 n 为 V 的**维数**，记为 $\dim V=n$；规定零子空间的维数为 0.

若线性空间 V 不存在由有限多个元构成的生成系，即对任何整数 n，都存在 n 个线性无关的向量，则称 V 是**无限维**的.（本课程主要讨论有限维线性空间，但凡没有注明是有限维的命题，不言而喻，对无限维也成立）

例如在 $R[X]$中，不论 n 多大，n 个多项式：$1,x,\cdots,x^{n-1}$ 总是线性无关的，故 $R[X]$是无限维的.

例 1　$R[X]_n$ 是 n 维的，可取多项式 $1,x,\cdots,x^{n-1}$ 为它的基.

例 2　$F^{s\times n}$ 中任一矩阵可经 $\boldsymbol{E}_{11},\boldsymbol{E}_{12},\cdots,\boldsymbol{E}_{1n},\boldsymbol{E}_{21},\cdots,\boldsymbol{E}_{2n},\cdots,\boldsymbol{E}_{sn}$ 线性表示，易证$\{\boldsymbol{E}_{ij}\mid i=1,2,\cdots,s;j=1,2,\cdots,n\}$这 $s\times n$ 个矩阵线性无关，所以它是 $F^{s\times n}$ 的基，于是 $\dim F^{s\times n}=s\times n$.

例 3　$S_A=\{\boldsymbol{X}\mid \boldsymbol{AX}=\boldsymbol{0},\boldsymbol{X}\in F^n\}$，其中 $\boldsymbol{A}\in F^{s\times n}$，$r(\boldsymbol{A})=r$，则 $\boldsymbol{AX}=\boldsymbol{0}$的基础解系为 S_A 的基；$\dim S_A=n-r$.

例 4　第 1.1 节中例 5，$R^+(R)$中任一元素 $a\in R^+$，有

$$a=\mathrm{e}^{\ln a}=(\ln a)\otimes \mathrm{e},$$

e 是 $R^+(R)$中的非零元素，线性无关，故 e 是 R^+ 的基；$\dim R^+=1$.

例 5　$W(F)=\{\boldsymbol{B}\mid \boldsymbol{AB}=\boldsymbol{BA},\boldsymbol{B}\in F^{n\times n}\}$，其中

$$\boldsymbol{A}=\operatorname{diag}(1,2,\cdots,n).$$

设 $\boldsymbol{B}_1,\boldsymbol{B}_2\in W$，则

$$\boldsymbol{A}(k\boldsymbol{B}_1+l\boldsymbol{B}_2)=k\boldsymbol{AB}_1+l\boldsymbol{AB}_2=k\boldsymbol{B}_1\boldsymbol{A}+l\boldsymbol{B}_2\boldsymbol{A}=(k\boldsymbol{B}_1+l\boldsymbol{B}_2)\boldsymbol{A},$$

故

$$k\boldsymbol{B}_1+l\boldsymbol{B}_2\in W,$$

因此 W 是线性空间.

设 $\boldsymbol{B}=(b_{ij})_{n\times n}\in W$. 由 $\boldsymbol{AB}=\boldsymbol{BA}$ 得

$$ib_{ij}=jb_{ij},$$

所以 $i\neq j$ 时,$b_{ij}=0$.

因此,W 是一切 n 阶对角阵的集合. 任一 n 阶对角阵

$$\operatorname{diag}(x_1,x_2,\cdots,x_n)=\sum_{i=1}^{n}x_i\boldsymbol{E}_{ii},$$

易证 $\{\boldsymbol{E}_{ii}\}_1^n$ 线性无关,所以它们是 W 的基,且 $\dim W=n$.

线性空间的维数与基还有下面的关系.

定理 1.2.2 设 V 是 n 维线性空间,则 V 中任意 n 个线性无关的向量都构成 V 的基.

证明 设 $\{\boldsymbol{\beta}_i\}_1^n$ 为 V 中线性无关的向量组. 任取 V 中向量 $\boldsymbol{\alpha}$,由于 $\dim V=n$,任意$(n+1)$个向量必线性相关,故 $\boldsymbol{\alpha},\boldsymbol{\beta}_1,\cdots,\boldsymbol{\beta}_n$ 线性相关,于是存在不全为零的数 $c,c_1,\cdots,c_n$ 使

$$c\boldsymbol{\alpha}+c_1\boldsymbol{\beta}_1+\cdots+c_n\boldsymbol{\beta}_n=\boldsymbol{0}.$$

若 $c=0$,则 $c_1,\cdots,c_n$ 不全为零,且 $\sum\limits_{i=1}^{n}c_i\boldsymbol{\beta}_i=\boldsymbol{0}$,与$\{\boldsymbol{\beta}_i\}_1^n$ 线性无关矛盾,故 $c\neq 0$. 于是根据线性空间定义中的 M_2,M_1,M_4,A_2 及定理 1.1.1 等便得

$$\boldsymbol{\alpha}=\sum_{i=1}^{n}\left(-\frac{c_i}{c}\right)\boldsymbol{\beta}_i,$$

因此,根据定义 1.2.2,$\{\boldsymbol{\beta}_i\}_1^n$ 为 V 的基.

证毕.

线性空间 V 的基与 V 的子空间的基有何关系?

定理 1.2.3　设 W 是 n 维线性空间 V 的子空间,若 $\boldsymbol{\alpha}_1,\cdots,\boldsymbol{\alpha}_r$ 为 W 是基,则 V 中必存在 $(n-r)$ 个向量 $\boldsymbol{\alpha}_{r+1},\cdots,\boldsymbol{\alpha}_n$ 使 $\boldsymbol{\alpha}_1,\cdots,\boldsymbol{\alpha}_n$ 为 V 的基,即可扩充 W 的基为 V 的基.

证明　对 $(n-r)$ 用归纳法.

当 V 的维数为 r 时,根据定理 1.2.2 向量组 $\boldsymbol{\alpha}_1,\cdots,\boldsymbol{\alpha}_r$ 是 V 的基,故 $n-r=0$ 时命题正解.

现在假定 $n-r=k\geqslant 0$ 时命题正确,考虑 $n-r=k+1$ 的情况.

设 $\boldsymbol{\xi}_1,\cdots,\boldsymbol{\xi}_n$ 为 V 的基.若对一切 $i(1\leqslant i\leqslant n)$,向量组 $\boldsymbol{\xi}_i,\boldsymbol{\alpha}_1,\cdots,\boldsymbol{\alpha}_r$ 都是线性相关的,那么从定理 1.2.2 的证明可知 $\boldsymbol{\xi}_i$ 可经 $\{\boldsymbol{\alpha}_i\}_1^r$ 线性表出,又 $n>r$,根据推论 2,$\{\boldsymbol{\xi}_i\}_1^n$ 线性相关,与 $\{\boldsymbol{\xi}_i\}_1^n$ 为 V 的基矛盾.因此,存在 $i(1\leqslant i\leqslant n)$,使 $\boldsymbol{\alpha}_1,\cdots,\boldsymbol{\alpha}_r,\boldsymbol{\xi}_i$ 线性无关.而向量组 $\boldsymbol{\alpha}_1,\cdots,\boldsymbol{\alpha}_r,\boldsymbol{\xi}_i$ 生成的子空间是 $(r+1)$ 维,又 $n-(r+1)=k$,根据归纳法假设,可扩充 $\boldsymbol{\alpha}_1,\cdots,\boldsymbol{\alpha}_r,\boldsymbol{\xi}_i$ 为 V 的基.

证毕.

类似于解析几何,下面引进线性空间中向量的坐标概念.容易证明 V 中向量经线性无关的向量组线性表出时系数唯一(作为习题).

定义 1.2.3　设 $\boldsymbol{\alpha}_1,\cdots,\boldsymbol{\alpha}_n$ 为线性空间 V 的基,若 V 中向量

$$\boldsymbol{\xi}=\sum_{i=1}^{n}x_i\boldsymbol{\alpha}_i,$$

则称 n 元有序数组 $(x_1,x_2,\cdots,x_n)$ 为 $\boldsymbol{\xi}$ 在基 $\{\boldsymbol{\alpha}_i\}_1^n$ 下的**坐标**,列向量 $(x_1,\cdots,x_n)^{\mathrm{T}}$ 为 $\boldsymbol{\xi}$ 的**坐标向量**.

从定义 1.2.3 可见,若 V 是数域 F 上 n 维线性空间,则 V 中向量的坐标向量是 F^n 的元素.

现在研究线性空间 V 中向量组的秩与它们的坐标向量组秩的关系.

定理 1.2.4　设 $\{\boldsymbol{\alpha}_i\}_1^n$ 为线性空间 V 的基,V 中向量 $\boldsymbol{\xi}_j$ 在基 $\{\boldsymbol{\alpha}_i\}_1^n$ 下坐标向量为 $\boldsymbol{X}_j=(x_{1j},x_{2j},\cdots,x_{nj})^{\mathrm{T}}(j=1,2,\cdots,r)$,则 $\boldsymbol{\xi}_1,\cdots,\boldsymbol{\xi}_r$ 线性无关

的充要条件为矩阵$(\boldsymbol{X}_1,\boldsymbol{X}_2,\cdots,\boldsymbol{X}_r)$的秩为 r.

证明 将 $\boldsymbol{\xi}_j$ 的坐标代入 $\boldsymbol{\xi}_1,\boldsymbol{\xi}_2,\cdots,\boldsymbol{\xi}_r$ 的线性组合

$$\sum_{j=1}^{r} c_j\boldsymbol{\xi}_j=\sum_{j=1}^{r} c_j \sum_{i=1}^{n} x_{ij}\boldsymbol{\alpha}_i=\sum_{i=1}^{n}\left(\sum_{j=1}^{r} c_j x_{ij}\right)\boldsymbol{\alpha}_i$$

中,由于$\{\boldsymbol{\alpha}_i\}_1^n$ 线性无关,故

$$\sum_{j=1}^{r} c_j\boldsymbol{\xi}_j=\mathbf{0}\Leftrightarrow \sum_{j=1}^{r} x_{ij}c_j=0 \quad (i=1,2,\cdots,n), \tag{1.2.4}$$

因此,$\boldsymbol{\xi}_1,\cdots,\boldsymbol{\xi}_r$ 线性无关$\Leftrightarrow$齐次方程组(1.2.4)只有零解$\Leftrightarrow$系数矩阵$(\boldsymbol{X}_1,\boldsymbol{X}_2,\cdots,\boldsymbol{X}_r)$的秩为 r.

证毕.

例如设 $\boldsymbol{\alpha}_1,\boldsymbol{\alpha}_2,\boldsymbol{\alpha}_3,\boldsymbol{\alpha}_4,\boldsymbol{\alpha}_5$ 为五维线性空间 V 的基,且

$$\boldsymbol{\beta}_1=\boldsymbol{\alpha}_1+\boldsymbol{\alpha}_2-4\boldsymbol{\alpha}_3+\boldsymbol{\alpha}_4+2\boldsymbol{\alpha}_5,$$
$$\boldsymbol{\beta}_2=\boldsymbol{\alpha}_1+\boldsymbol{\alpha}_2+3\boldsymbol{\alpha}_3-\boldsymbol{\alpha}_4-\boldsymbol{\alpha}_5.$$

由于坐标向量$(1,1,-4,1,2)^{\mathrm{T}}$,$(1,1,3,-1,-1)^{\mathrm{T}}$ 线性无关,所以 $\boldsymbol{\beta}_1,\boldsymbol{\beta}_2$ 也线性无关. 下面我们利用定理 1.2.4 将 $\boldsymbol{\beta}_1,\boldsymbol{\beta}_2$ 扩充为 V 的基(不唯一).

在矩阵$\begin{bmatrix}1&1\\1&1\\-4&3\\1&-1\\2&-1\end{bmatrix}$中二阶子式$\begin{vmatrix}1&1\\-4&3\end{vmatrix}\neq0$,于是五阶行列式

$$\begin{vmatrix}1&1&0&0&0\\1&1&1&0&0\\-4&3&0&0&0\\1&-1&0&1&0\\2&-1&0&0&1\end{vmatrix}=-\begin{vmatrix}1&1\\-4&3\end{vmatrix}\neq0,$$

故相应矩阵的秩为5. 而V中以后面三列为坐标向量的向量是$\boldsymbol{\alpha}_2,\boldsymbol{\alpha}_4,\boldsymbol{\alpha}_5$，根据定理1.2.4，$\boldsymbol{\beta}_1,\boldsymbol{\beta}_2,\boldsymbol{\alpha}_2,\boldsymbol{\alpha}_4,\boldsymbol{\alpha}_5$线性无关，所以它们可作为$V$的一组基.

下面研究类似于解析几何中坐标变换的问题.

设$\{\boldsymbol{\alpha}_i\}_1^n$与$\{\boldsymbol{\beta}_i\}_1^n$为$V$的两组基，$\boldsymbol{\beta}_j$在基$\{\boldsymbol{\alpha}_i\}_1^n$下坐标向量为$\boldsymbol{P}_j=(p_{1j},p_{2j},\cdots,p_{nj})^{\mathrm{T}}$. 于是

$$\begin{cases}\boldsymbol{\beta}_1=p_{11}\boldsymbol{\alpha}_1+p_{21}\boldsymbol{\alpha}_2+\cdots+p_{n1}\boldsymbol{\alpha}_n,\\ \boldsymbol{\beta}_2=p_{12}\boldsymbol{\alpha}_1+p_{22}\boldsymbol{\alpha}_2+\cdots+p_{n2}\boldsymbol{\alpha}_n,\\ \vdots\\ \boldsymbol{\beta}_n=p_{1n}\boldsymbol{\alpha}_1+p_{2n}\boldsymbol{\alpha}_2+\cdots+p_{nn}\boldsymbol{\alpha}_n.\end{cases}\tag{1.2.5}$$

为书写及运算方便，引进形式上写法，将式(1.2.5)表示为

$$(\boldsymbol{\beta}_1,\boldsymbol{\beta}_2,\cdots,\boldsymbol{\beta}_n)=(\boldsymbol{\alpha}_1,\boldsymbol{\alpha}_2,\cdots,\boldsymbol{\alpha}_n)\begin{bmatrix}p_{11}&p_{12}&\cdots&p_{1n}\\p_{21}&p_{22}&\cdots&p_{2n}\\\vdots&\vdots&&\vdots\\p_{n1}&p_{n2}&\cdots&p_{nn}\end{bmatrix},\tag{1.2.6}$$

即把向量当作是矩阵的元素，按矩阵运算规则运算. 可以证明这种形式写法满足矩阵的运算律. 以后我们常用形式写法进行运算.

称式(1.2.6)右端的矩阵$\boldsymbol{P}=(p_{ij})_{n\times n}$为基$\{\boldsymbol{\alpha}_i\}_1^n$到基$\{\boldsymbol{\beta}_i\}_1^n$的过渡矩阵. 根据定理1.2.4知$\boldsymbol{P}$是可逆阵.

设

$$\boldsymbol{\xi}=\sum_{i=1}^n x_i\boldsymbol{\alpha}_i=(\boldsymbol{\alpha}_1,\boldsymbol{\alpha}_2,\cdots,\boldsymbol{\alpha}_n)\boldsymbol{X},\quad \text{其中 } \boldsymbol{X}=(x_1,x_2,\cdots,x_n)^{\mathrm{T}};$$

$$\boldsymbol{\xi}=\sum_{i=1}^n y_i\boldsymbol{\beta}_i=(\boldsymbol{\beta}_1,\boldsymbol{\beta}_2,\cdots,\boldsymbol{\beta}_n)\boldsymbol{Y},\quad \text{其中 } \boldsymbol{Y}=(y_1,y_2,\cdots,y_n)^{\mathrm{T}}.$$

将式(1.2.6)代入即得

$$(\boldsymbol{\alpha}_1,\boldsymbol{\alpha}_2,\cdots,\boldsymbol{\alpha}_n)\boldsymbol{X}=(\boldsymbol{\alpha}_1,\boldsymbol{\alpha}_2,\cdots,\boldsymbol{\alpha}_n)\boldsymbol{P}\boldsymbol{Y},$$

由于$\{\boldsymbol{\alpha}_i\}_1^n$线性无关，故

$$\boldsymbol{X}=\boldsymbol{P}\boldsymbol{Y} \quad 或 \quad \boldsymbol{Y}=\boldsymbol{P}^{-1}\boldsymbol{X}. \tag{1.2.7}$$

以上两式就是坐标变换公式.

1.3 子空间的和与交

有时需把维数高的线性空间分解为维数低的子空间之直和来研究.

定义 1.3.1 设V_1, V_2是线性空间V的子空间，则称

$$V_1+V_2=\{\boldsymbol{\alpha}_1+\boldsymbol{\alpha}_2 \mid \forall\boldsymbol{\alpha}_1\in V_1, \forall\boldsymbol{\alpha}_2\in V_2\}$$

为V_1与V_2之和；

$$V_1\cap V_2=\{\boldsymbol{\alpha}\mid\boldsymbol{\alpha}\in V_1 \text{ 且 } \boldsymbol{\alpha}\in V_2\}$$

为V_1与V_2之交.

定理 1.3.1 线性空间V的子空间V_1与V_2的和V_1+V_2与交$V_1\cap V_2$都是V的子空间.

证明 首先V_1+V_2显然是V的非空子集；其次$\forall\boldsymbol{\alpha},\boldsymbol{\beta}\in V_1+V_2$，有$\boldsymbol{\alpha}=\boldsymbol{\alpha}_1+\boldsymbol{\alpha}_2, \boldsymbol{\beta}=\boldsymbol{\beta}_1+\boldsymbol{\beta}_2$，其中$\boldsymbol{\alpha}_i, \boldsymbol{\beta}_i\in V_i(i=1,2)$. 于是

$$\begin{aligned}k\boldsymbol{\alpha}+l\boldsymbol{\beta}&=k(\boldsymbol{\alpha}_1+\boldsymbol{\alpha}_2)+l(\boldsymbol{\beta}_1+\boldsymbol{\beta}_2)\\&=(k\boldsymbol{\alpha}_1+l\boldsymbol{\beta}_1)+(k\boldsymbol{\alpha}_2+l\boldsymbol{\beta}_2)\in V_1+V_2,\end{aligned}$$

所以

$$V_1+V_2\leqslant V.$$

再看$V_1\cap V_2$. 显然$\boldsymbol{0}\in V_1\cap V_2$，故$V_1\cap V_2$是$V$的非空子集. 又$\forall\boldsymbol{\alpha},\boldsymbol{\beta}\in V_1\cap V_2$，有$\boldsymbol{\alpha},\boldsymbol{\beta}\in V_1$且$\in V_2$，于是$k\boldsymbol{\alpha}+l\boldsymbol{\beta}\in V_1$且$\in V_2$，即

$$k\boldsymbol{\alpha}+l\boldsymbol{\beta}\in V_1\cap V_2,$$

所以

$$V_1 \cap V_2 \leqslant V.$$

证毕.

定理 1.3.2(维数定理)　设 V_1, V_2 是线性空间 V 的两个有限维子空间,则

$$\dim V_1 + \dim V_2 = \dim(V_1 + V_2) + \dim(V_1 \cap V_2).$$

证明　设 $\boldsymbol{\alpha}_1, \cdots, \boldsymbol{\alpha}_r$ 为 $V_1 \cap V_2$ 的一组基,$r \geqslant 0$(当 $V_1 \cap V_2$ 为$\{\mathbf{0}\}$时,$r=0$).

$\{\boldsymbol{\alpha}_i\}_1^r$ 在 V_1 中,由定理 1.2.3 可以扩充为 V_1 的基,设为

$$(\text{Ⅰ})\ \boldsymbol{\alpha}_1, \cdots, \boldsymbol{\alpha}_r, \boldsymbol{\beta}_{r+1}, \cdots, \boldsymbol{\beta}_s, \quad \text{其中 } s \geqslant r;$$

又$\{\boldsymbol{\alpha}_i\}_1^r$ 在 V_2 中,把它扩充为 V_2 的基,设为

$$(\text{Ⅱ})\ \boldsymbol{\alpha}_1, \cdots, \boldsymbol{\alpha}_r, \boldsymbol{\delta}_{r+1}, \cdots, \boldsymbol{\delta}_t, \quad \text{其中 } t \geqslant r.$$

于是

$$V_1 + V_2 = \mathrm{span}\{\boldsymbol{\alpha}_1, \cdots, \boldsymbol{\alpha}_r, \boldsymbol{\beta}_{r+1}, \cdots, \boldsymbol{\beta}_s, \boldsymbol{\delta}_{r+1}, \cdots, \boldsymbol{\delta}_t\}.$$

下面证明(Ⅲ):$\boldsymbol{\alpha}_1, \cdots, \boldsymbol{\alpha}_r, \boldsymbol{\beta}_{r+1}, \cdots, \boldsymbol{\beta}_s, \boldsymbol{\delta}_{r+1}, \cdots, \boldsymbol{\delta}_t$ 线性无关.

若

$$\sum_{i=1}^{r} a_i \boldsymbol{\alpha}_i + \sum_{i=r+1}^{s} b_i \boldsymbol{\beta}_i + \sum_{i=r+1}^{t} c_i \boldsymbol{\delta}_i = \mathbf{0}, \tag{1.3.1}$$

则

$$\sum_{i=1}^{r} a_i \boldsymbol{\alpha}_i + \sum_{i=r+1}^{s} b_i \boldsymbol{\beta}_i = -\sum_{i=r+1}^{t} c_i \boldsymbol{\delta}_i. \tag{1.3.2}$$

式(1.3.2)的左端向量属于 V_1,右端向量属于 V_2,故属于 V_1 与 V_2 之交,因此可经 $V_1 \cap V_2$ 的基线性表示,于是有

$$-\sum_{i=r+1}^{t} c_i \boldsymbol{\delta}_i = \sum_{i=1}^{r} c_i \boldsymbol{\alpha}_i, \tag{1.3.3}$$

而向量组(Ⅱ)是 V_2 的基,故有 $c_1=\cdots=c_t=0$. 将此结果代入式(1.3.2),又向量组(Ⅰ)是 V_1 的基,故 $a_1=\cdots=a_r=b_{r+1}=\cdots=b_s=0$. 即式(1.3.1)仅当系数全为 0 时成立,所以向量组(Ⅲ)线性无关. 即得

$$\dim(V_1+V_2)=s+t-r=\dim V_1+\dim V_2-\dim(V_1\cap V_2).$$

证毕.

例 1 已知 $W_1=\left\{\begin{bmatrix}x & y\\ z & t\end{bmatrix}\middle| x=y\right\}$, $W_2=\left\{\begin{bmatrix}x & y\\ z & t\end{bmatrix}\middle| x+y+z=0\right\}$. W_1, W_2 均为 $F^{2\times 2}$ 的子空间,不难看出 $\dim W_1=3$, $\dim W_2=3$. 因为

$$W_1\cap W_1=\left\{\begin{bmatrix}x & y\\ z & t\end{bmatrix}\middle| x=y \text{ 且 } x+y+z=0\right\},$$

故 $\dim(W_1\cap W_2)=2$. 于是根据维数定理得 $\dim(W_1+W_2)=4$. 又 $W_1+W_2\leqslant F^{2\times 2}$,所以 $W_1+W_2=F^{2\times 2}$.

事实上任一矩阵可分解为

$$\begin{bmatrix}x & y\\ z & t\end{bmatrix}=\begin{bmatrix}x & x\\ z-x+y & t\end{bmatrix}+\begin{bmatrix}0 & y-x\\ x-y & 0\end{bmatrix},$$

其中

$$\begin{bmatrix}x & x\\ z-x+y & t\end{bmatrix}\in W_1,\quad \begin{bmatrix}0 & y-x\\ x-y & 0\end{bmatrix}\in W_2.$$

不难作出其它形式的分解,即这种分解不唯一. 今后有用的是分解形式唯一的那种分解.

定义 1.3.2 设 V_1, V_2 为线性空间 V 的子空间,若 V_1+V_2 中任一向量 $\boldsymbol{\alpha}$ 分解为 V_1 中向量与 V_2 中向量的和时,分解式唯一(即若 $\boldsymbol{\alpha}=\boldsymbol{\alpha}_1+\boldsymbol{\alpha}_2=\boldsymbol{\beta}_1+\boldsymbol{\beta}_2$,其中 $\boldsymbol{\alpha}_i$, $\boldsymbol{\beta}_i\in V_i$,则必有 $\boldsymbol{\alpha}_i=\boldsymbol{\beta}_i(i=1,2)$),则称和 V_1+V_2 为**直和**,记为 $V_1\oplus V_2$.

定理 1.3.3 设 V_1, V_2 是线性空间 V 的子空间,下列命题等价:

1° V_1+V_2 是直和；

2° V_1+V_2 中零向量的分解式唯一，即若 $\boldsymbol{\alpha}_i\in V_i(i=1,2)$，又 $\boldsymbol{\alpha}_1+\boldsymbol{\alpha}_2=\mathbf{0}$，则必有 $\boldsymbol{\alpha}_1=\boldsymbol{\alpha}_2=\mathbf{0}$；

3° $V_1\cap V_2=\{\mathbf{0}\}$.

若 V_1 与 V_2 为有限维，则以上命题与 4°等价：

4° $\dim V_1+\dim V_2=\dim(V_1+V_2)$.

证明 对 1°，2°，3°采用循环证法.

1°⇒2°：2°是 1°的特例.

2°⇒3°：$\forall\boldsymbol{\alpha}\in V_1\cap V_2$，由于 $V_1\cap V_2$ 是线性空间，故 $-\boldsymbol{\alpha}$ 也属于 $V_1\cap V_2$，于是 $\boldsymbol{\alpha}+(-\boldsymbol{\alpha})=\mathbf{0}$，而 $\boldsymbol{\alpha}\in V_1$，$-\boldsymbol{\alpha}\in V_2$，根据 2°知 $\boldsymbol{\alpha}=\mathbf{0}$.

3°⇒1°：$\forall\boldsymbol{\alpha}\in V_1+V_2$，若 $\boldsymbol{\alpha}=\boldsymbol{\alpha}_1+\boldsymbol{\alpha}_2=\boldsymbol{\beta}_1+\boldsymbol{\beta}_2$，其中 $\boldsymbol{\alpha}_i\in V_i$，$\boldsymbol{\beta}_i\in V_i(i=1,2)$，则

$$\boldsymbol{\alpha}_1-\boldsymbol{\beta}_1=\boldsymbol{\beta}_2-\boldsymbol{\alpha}_2,$$

上式左端向量属于 V_1，右端向量属于 V_2，所以属于 $V_1\cap V_2$，又根据 3°知

$$\boldsymbol{\alpha}_1-\boldsymbol{\beta}_1=\boldsymbol{\beta}_2-\boldsymbol{\alpha}_2=\mathbf{0},$$

即 $\boldsymbol{\alpha}_1=\boldsymbol{\beta}_1,\boldsymbol{\alpha}_2=\boldsymbol{\beta}_2$.

再证 4°与 3°等价. 当 V_1 与 V_2 为有限维，根据维数定理

$$\dim V_1+\dim V_2=\dim(V_1+V_2)+\dim(V_1\cap V_2),$$

所以

$$\begin{aligned}&\dim V_1+\dim V_2=\dim(V_1+V_2)\\&\Leftrightarrow\dim(V_1\cap V_2)=0\\&\Leftrightarrow V_1\cap V_2=\{\mathbf{0}\}.\end{aligned}$$

证毕.

定理 1.3.4 设 W_1 为 n 维线性空间 V 的 r 维子空间，则必存在 V 的 $(n-r)$ 维子空间 W_2，使 $V=W_1\oplus W_2$.

证明 设 $\boldsymbol{\alpha}_1,\cdots,\boldsymbol{\alpha}_r$ 为 W_1 的基，由定理 1.2.3 可它可以扩充为 V 的基，设为

$$\boldsymbol{\alpha}_1,\cdots,\boldsymbol{\alpha}_r,\boldsymbol{\alpha}_{r+1},\cdots,\boldsymbol{\alpha}_n.$$

作

$$W_2=\mathrm{span}\{\boldsymbol{\alpha}_{r+1},\cdots,\boldsymbol{\alpha}_n\},$$

则 $\dim W_2=n-r$，且

$$V=W_1+W_2.$$

又根据维数的关系有 $\dim(W_1+W_2)=n=\dim W_1+\dim W_2$，由定理 1.3.3 即得 W_1+W_2 是直和.

证毕.

下面研究多个子空间的和. 由于子空间的和仍是子空间，因此多个子空间的和不必重新定义. 又因为线性空间的向量加法满足结合律，因此表示多个子空间的和时不必加括号.

定义 1.3.3 设 $V_1,V_2,\cdots,V_s$ 为线性空间 V 的子空间，若对和 $V_1+V_2+\cdots+V_s$ 中任一向量 $\boldsymbol{\alpha}$，每个 V_i 中都存在唯一 $\boldsymbol{\alpha}_i$ 使

$$\boldsymbol{\alpha}=\boldsymbol{\alpha}_1+\boldsymbol{\alpha}_2+\cdots+\boldsymbol{\alpha}_s,$$

则称和 $V_1+V_2+\cdots+V_s$ 为直和，记为 $V_1\oplus V_2\oplus\cdots\oplus V_s$.

对于多个空间的直和，有类似于定理 1.3.3 的结果.

定理 1.3.5 设 $V_i(i=1,2,\cdots,s)$ 为线性空间 V 的子空间，以下命题等价：

1° $V_1+V_2+\cdots+V_s$ 为直和；

2° 若 V_i 中向量 $\boldsymbol{\alpha}_i(i=1,2,\cdots,s)$ 使 $\boldsymbol{\alpha}_1+\boldsymbol{\alpha}_2+\cdots+\boldsymbol{\alpha}_s=\mathbf{0}$，则 $\boldsymbol{\alpha}_1=\boldsymbol{\alpha}_2=\cdots=\boldsymbol{\alpha}_s=\mathbf{0}$；

3° $V_k\cap\sum\limits_{\substack{i=1\\i\neq k}}^{s}V_i=\{\mathbf{0}\},k=1,2,\cdots,s.$

若 $V_1,\cdots,V_s$ 为有限维，则以上命题与4°等价：

4° $\dim V_1+\dim V_2+\cdots+\dim V_s=\dim(V_1+V_2+\cdots+V_s)$.

（证略）

对于多个子空间的和，仅有两两交为$\{\mathbf{0}\}$是不能保证和为直和的. 例如，R^2 的三个子空间

$$V_1=\{(x,0)\mid\forall x\in R\},$$
$$V_2=\{(x,x)\mid\forall x\in R\},$$
$$V_3=\{(x,2x)\mid\forall x\in R\},$$

虽然它们两两之交为$\{\mathbf{0}\}$，但 $V_1+V_2+V_3$ 不是直和. 事实上，$V_1+V_2+V_3=R^2$，和的维数 2，而维数的和却是 3.

例 2 设 $C^{2\times 2}$ 的子空间

$$V_1=\left\{\begin{pmatrix}x & -x\\ y & -y\end{pmatrix}\middle|\ \forall x,y\in C\right\},\quad V_2=\left\{\begin{pmatrix}x & y\\ x & y\end{pmatrix}\middle|\ \forall x,y\in C\right\},$$

分别求 $V_1,V_2,V_1\cap V_2$ 及 V_1+V_2 的基.

解 V_1 中任一向量为

$$\begin{pmatrix}x & -x\\ y & -y\end{pmatrix}=x\begin{pmatrix}1 & -1\\ 0 & 0\end{pmatrix}+y\begin{pmatrix}0 & 0\\ 1 & -1\end{pmatrix},$$

式中$\begin{pmatrix}1 & -1\\ 0 & 0\end{pmatrix}$，$\begin{pmatrix}0 & 0\\ 1 & -1\end{pmatrix}$线性无关，故它们可作为 V_1 的基.

同理，V_2 的基可取$\begin{pmatrix}1 & 0\\ 1 & 0\end{pmatrix}$，$\begin{pmatrix}0 & 1\\ 0 & 1\end{pmatrix}$.

对 $V_1\cap V_2$，设

$$\begin{pmatrix}x_1 & x_2\\ x_3 & x_4\end{pmatrix}\in V_1\cap V_2\Leftrightarrow x_2=-x_1,x_4=-x_3,x_1=x_3,x_2=x_4$$

$$\Leftrightarrow x_2=-x_1=x_4=-x_3,$$

故 $\dim(V_1 \cap V_2)=1$，基为 $\begin{pmatrix} 1 & -1 \\ 1 & -1 \end{pmatrix}$.

又 $\dim(V_1+V_2)=\dim V_1+\dim V_2-\dim(V_1 \cap V_2)=3$，而

$$V_1+V_2=\operatorname{span}\left\{\begin{pmatrix} 1 & -1 \\ 0 & 0 \end{pmatrix},\begin{pmatrix} 0 & 0 \\ 1 & -1 \end{pmatrix},\begin{pmatrix} 1 & 0 \\ 1 & 0 \end{pmatrix},\begin{pmatrix} 0 & 1 \\ 0 & 1 \end{pmatrix}\right\},$$

生成系中任意三个线性无关元素都可作为 V_1+V_2 的基.

因为 $\begin{pmatrix} 0 & 1 \\ 0 & 1 \end{pmatrix}=\begin{pmatrix} 1 & 0 \\ 1 & 0 \end{pmatrix}-\begin{pmatrix} 1 & -1 \\ 0 & 0 \end{pmatrix}-\begin{pmatrix} 0 & 0 \\ 1 & -1 \end{pmatrix}$，故可取它们之中任意三个作为 V_1+V_2 的基.

例 3 设 $\boldsymbol{A} \in F^{n\times n}$，且 $\boldsymbol{A}^2=\boldsymbol{A}$. 作 F^n 子空间：

$$V_1=\{\boldsymbol{X} \mid \boldsymbol{AX}=\boldsymbol{0},\boldsymbol{X} \in F^n\}, \quad V_2=\{\boldsymbol{X} \mid \boldsymbol{AX}=\boldsymbol{X},\boldsymbol{X} \in F^n\},$$

试证：$F^n=V_1 \oplus V_2$.

证明 先证 $V_1 \cap V_2=\{\boldsymbol{0}\}$.

$\forall \boldsymbol{X} \in V_1 \cap V_2$，有 $\boldsymbol{X}=\boldsymbol{AX}=\boldsymbol{0}$，所以 $V_1 \cap V_2=\{\boldsymbol{0}\}$.

其次，$\forall \boldsymbol{X} \in F^n$ 有

$$\boldsymbol{X}=\boldsymbol{X}-\boldsymbol{AX}+\boldsymbol{AX},$$

而

$$\boldsymbol{A}(\boldsymbol{X}-\boldsymbol{AX})=\boldsymbol{AX}-\boldsymbol{A}^2\boldsymbol{X}=\boldsymbol{0},$$

故

$$\boldsymbol{X}-\boldsymbol{AX} \in V_1.$$

而

$$\boldsymbol{A}(\boldsymbol{AX})=\boldsymbol{A}^2\boldsymbol{X}=\boldsymbol{AX},$$

故

$$AX \in V_2.$$

所以 $F^n \subset V_1 + V_2$，又 $V_1 + V_2 \leqslant F^n$. 综上即得

$$F^n = V_1 \oplus V_2.$$

证毕.

1.4 线性映射

映射是实数域上函数概念的推广.

定义 1.4.1 设 S 和 T 是两个集合，f 是一个法则，使对 S 中每一元素 s 在 T 中必存在唯一元素 t 与之对应，则称 f 是 S 到 T 的**映射**，记为

$$f: S \to T, f(s) = t.$$

称 t 为 s 的象，s 为 t 的原象（注意：t 的原象未必唯一）. S 在映射 f 下的全体象记为 $f(S)$. 由定义可见 $f(S) \subset T$. 称 S 到 S 的映射为 S 上的**变换**.

若 $f(S) = T$，则称 f 为**满射**. S 上任一映射必是 S 到 $f(S)$ 的满射. 若 $\forall s_1, s_2 \in S$，当 $f(s_1) = f(s_2)$ 时必有 $s_1 = s_2$，则称 f 为**单射**. 若 f 既是满射又是单射，则称 f 为**双射**，此时 f 确定了集合 S 与 T 之间的一一对应.

例 1 设 N 为全体自然数，E 为全体正偶数，则 $f(n) = 2n$ 是 N 到 E 的一个双射. f 也是 N 到 N 的映射，是单射，但不是满射.

例 2 若 $f(\boldsymbol{A}) = \det \boldsymbol{A}, \forall \boldsymbol{A} \in R^{n \times n}$，则 f 是 $R^{n \times n}$ 到 R 的一个满射，但不是单射.

例 3 若 $f[p(x)] = p'(x), p(x) \in R[x]$，则 f 是 $R[x]$ 到 $R[x]$ 的一个满射. 对于 $R[x]_n$ 而言，f 是 $R[x]_n$ 到 $R[x]_n$ 的一个变换，但不是满射，也不是单射，也不是单射. f 是 $R[x]_n$ 到 $R[x]_{n-1}$ 的满射.

例 4 设 $V(F)$ 为 n 维线性空间，$\boldsymbol{\alpha}_1, \boldsymbol{\alpha}_2, \cdots, \boldsymbol{\alpha}_n$ 为 V 的一组基，$\forall \boldsymbol{\xi} \in V, \boldsymbol{\xi} = \sum_{i=1}^{n} x_i \boldsymbol{\alpha}_i$. 令

$$f(\boldsymbol{\xi})=(x_1,x_1,\cdots,x_n)^{\mathrm{T}} \quad (\forall \boldsymbol{\xi}\in V),$$

则 f 是 V 到 F^n 的一个双射.

以上各例只给出了结论,它们的证明请读者完成.

例 5 若 $f(\boldsymbol{X})=\begin{bmatrix}1 & 2 & 3\\ 2 & 4 & 6\end{bmatrix}\boldsymbol{X}, \forall \boldsymbol{X}\in F^3$,则 f 是 F^3 到 F^2 的一个映射. 设$(x_1,x_2,x_3)^{\mathrm{T}}$ 是 F^3 的任一向量,则

$$f(x_1,x_2,x_3)^{\mathrm{T}}=\begin{bmatrix}x_1+2x_2+3x_3\\ 2x_1+4x_2+6x_3\end{bmatrix}=(x_1+2x_2+3x_3)\begin{bmatrix}1\\ 2\end{bmatrix}.$$

可见 $f(F^3)=\mathrm{span}\left\{\begin{bmatrix}1\\ 2\end{bmatrix}\right\}$,它不是满射,例如 F^2 中$\begin{bmatrix}1\\ 0\end{bmatrix}$就不在 $f(F^3)$中;它也不是单射,例如$\begin{bmatrix}2\\ 0\\ 0\end{bmatrix}$与$\begin{bmatrix}0\\ 1\\ 0\end{bmatrix}$的象相等,都是$\begin{bmatrix}2\\ 4\end{bmatrix}$.

定义 1.4.2 若线性空间 $V(F)$到 $U(F)$的映射 f 满足

$$f(k\boldsymbol{\alpha}+l\boldsymbol{\beta})=kf(\boldsymbol{\alpha})+lf(\boldsymbol{\beta}) \quad (\forall \boldsymbol{\alpha},\boldsymbol{\beta}\in V, \forall k,l\in F),$$

则称 f 是**线性映射**;当 $V(F)=U(F)$时,则称 f 是 V 上**线性变换**.

记 $V(F)$到 $U(F)$的一切线性映射之集合为 $\mathrm{Hom}(V,U)$.

根据定义 1.4.2,不难证明上述例 3 是线性变换,例 4 与例 5 是线性映射,例 2 不是线性的. 下面研究线性映射的性质.

设 $f\in \mathrm{Hom}(V,U)$,则根据定义 1.4.2,有

$$f(\boldsymbol{0}_V)=f(0\boldsymbol{\alpha})=0f(\boldsymbol{\alpha})=\boldsymbol{0}_U,$$

$$f(-\boldsymbol{\alpha})=f[(-1)\boldsymbol{\alpha}]=-f(\boldsymbol{\alpha}),$$

$$f\Big(\sum_{i=1}^{k} c_i\boldsymbol{\alpha}_i\Big)=\sum_{i=1}^{k} f(c_i\boldsymbol{\alpha}_i)=\sum_{i=1}^{k} c_i f(\boldsymbol{\alpha}_i),$$

因此,若向量组$\{\boldsymbol{\alpha}_i\}_1^k$ 线性相关,则$\{f(\boldsymbol{\alpha}_i)\}_1^k$ 也线性相关.

在线性映射中有两个特殊的映射，一个叫**零映射**，记为 0，它把 V 中每一向量都映射为 U 的零向量；另一个叫**恒等变换**，记为 I，它把 V 中每一向量映射为本身. 显然，零映射及恒等变换满足定义 1.4.2.

下面给出映射运算的定义.

首先要指出，S 到 T 的两个映射 f 与 g 相等是指对 S 中一切元素 s 均有 $f(s)=g(s)$.

定义 1.4.3 设 f 与 g 是线性空间 $V(F)$ 到 $U(F)$ 的映射，k 为 F 中数，则数乘积 kf 及和 $f+g$ 是指

$$(kf)(\boldsymbol{\alpha})=kf(\boldsymbol{\alpha}) \quad (\forall \boldsymbol{\alpha}\in V),$$
$$(f+g)(\boldsymbol{\alpha})=f(\boldsymbol{\alpha})+g(\boldsymbol{\alpha}) \quad (\forall \boldsymbol{\alpha}\in V).$$

设 f 是 $V(F)$ 到 $U(F)$ 的映射，φ 是 $U(F)$ 到 $W(F)$ 的映射，则映射之积 φf 是指

$$\varphi f(\boldsymbol{\alpha})=\varphi[f(\boldsymbol{\alpha})] \quad (\forall \boldsymbol{\alpha}\in V).$$

记 k 个线性变换 f 之积为 f^k，特别规定 f^0 为恒等变换.

定理 1.4.1 线性映射的数乘积、和以及积都是线性映射.

证明 以积为例来证明.

设 f 与 φ 分别是线性空间 $V(F)$ 到 $U(F)$ 及 $U(F)$ 到 $W(F)$ 的线性映射，于是 $\forall \boldsymbol{\alpha},\boldsymbol{\beta}\in V$，$\forall k,l\in F$ 有

$$\begin{aligned}\varphi f(k\boldsymbol{\alpha}+l\boldsymbol{\beta})&=\varphi[f(k\boldsymbol{\alpha}+l\boldsymbol{\beta})]=\varphi[kf(\boldsymbol{\alpha})+lf(\boldsymbol{\beta})]\\&=\varphi[kf(\boldsymbol{\alpha})]+\varphi[lf(\boldsymbol{\beta})]=k\varphi f(\boldsymbol{\alpha})+l\varphi f(\boldsymbol{\beta}).\end{aligned}$$

证毕.

若 f 是 S 到 T 的双射，则由于 f 是满射，故对 T 中每一个 t，必存在 $s\in S$ 使 $f(s)=t$，又由于 f 是单射，故这个 s 是唯一的. 因此根据映射的定义，这个 t 与 s 的对应规律定义了一个 T 到 S 的映射，记为 ψ，由 ψ 的定义可知，$\forall s\in S$ 有

$$\psi[f(s)]=\psi(t)=s,$$

以及$\forall t\in T$有

$$f[\psi(t)]=f(s)=t.$$

即ψf为S上恒等变换，$f\psi$为T上恒等变换，称ψ为f的**逆映射**，记为f^{-1}. 此时称f为可逆的. 请注意，双射才是可逆的.

定理 1.4.2 可逆线性映射之逆映射也是线性的.

证明 设线性映射$f:V\to U$，则$f^{-1}:U\to V$.

$\forall\boldsymbol{\xi},\boldsymbol{\eta}\in U$，记$f^{-1}(\boldsymbol{\xi})=\boldsymbol{\alpha}$，$f^{-1}(\boldsymbol{\eta})=\boldsymbol{\beta}$，则$f(\boldsymbol{\alpha})=\boldsymbol{\xi}$，$f(\boldsymbol{\beta})=\boldsymbol{\eta}$. 于是

$$k\boldsymbol{\xi}+l\boldsymbol{\eta}=kf(\boldsymbol{\alpha})+lf(\boldsymbol{\beta})=f(k\boldsymbol{\alpha}+l\boldsymbol{\beta}),$$

用f^{-1}作用，即得

$$\begin{aligned}f^{-1}(k\boldsymbol{\xi}+l\boldsymbol{\eta})&=f^{-1}[f(k\boldsymbol{\alpha}+l\boldsymbol{\beta})]=k\boldsymbol{\alpha}+l\boldsymbol{\beta}\\&=kf^{-1}(\boldsymbol{\xi})+lf^{-1}(\boldsymbol{\eta}),\end{aligned}$$

所以f^{-1}是线性的.

证毕.

例 4 的线性映射是双射，故可逆. 它建立了$V(F)$与F^n之间一一对应的关系.

1.5 线性映射的矩阵

本节在有限维线性空间中讨论.

设f是n维线性空间$V(F)$到s维线性空间$U(F)$的线性映射. 在V上取一组基$\boldsymbol{\alpha}_1,\boldsymbol{\alpha}_2,\cdots,\boldsymbol{\alpha}_n$，在$U$上取一组基$\boldsymbol{\beta}_1,\boldsymbol{\beta}_2,\cdots,\boldsymbol{\beta}_s$. 则对$V$中任一向量$\boldsymbol{\alpha}=\sum\limits_{i=1}^{n}x_i\boldsymbol{\alpha}_i$，有$f(\boldsymbol{\alpha})=\sum\limits_{i=1}^{n}x_if(\boldsymbol{\alpha}_i)$. 故只要基向量的象$f(\boldsymbol{\alpha}_1),f(\boldsymbol{\alpha}_2),\cdots,f(\boldsymbol{\alpha}_n)$确定后，$f(\boldsymbol{\alpha})$就完全确定了. 而$f(\boldsymbol{\alpha}_1),\cdots,f(\boldsymbol{\alpha}_n)$在$U$中，可经$U$的基$\{\boldsymbol{\beta}_i\}_1^s$线性表示，设

$$\begin{cases} f(\boldsymbol{\alpha}_1)=a_{11}\boldsymbol{\beta}_1+a_{21}\boldsymbol{\beta}_2+\cdots+a_{s1}\boldsymbol{\beta}_s, \\ \vdots \\ f(\boldsymbol{\alpha}_n)=a_{1n}\boldsymbol{\beta}_1+a_{2n}\boldsymbol{\beta}_2+\cdots+a_{sn}\boldsymbol{\beta}_s. \end{cases} \tag{1.5.1}$$

式(1.5.1)从形式上可表示为

$$(f(\boldsymbol{\alpha}_1),f(\boldsymbol{\alpha}_2),\cdots,f(\boldsymbol{\alpha}_n))=(\boldsymbol{\beta}_1,\boldsymbol{\beta}_2,\cdots,\boldsymbol{\beta}_s)\begin{bmatrix} a_{11} & a_{12} & \cdots & a_{1n} \\ a_{21} & a_{22} & \cdots & a_{2n} \\ \vdots & \vdots & & \vdots \\ a_{s1} & a_{s2} & \cdots & a_{sn} \end{bmatrix}. \tag{1.5.2}$$

式(1.5.2)左端也简记为 $f(\boldsymbol{\alpha}_1,\boldsymbol{\alpha}_2,\cdots,\boldsymbol{\alpha}_n)$.

称式(1.5.2)右端矩阵 $\boldsymbol{A}=(a_{ij})_{s\times n}$ 为 f 在基偶$\{\boldsymbol{\alpha}_i\}_1^n$ 与$\{\boldsymbol{\beta}_i\}_1^s$ 下的**矩阵(表示)**. 特别当 $U=V,\boldsymbol{\beta}_i=\boldsymbol{\alpha}_i(i=1,2,\cdots,n)$时,式(1.5.2)为

$$(f(\boldsymbol{\alpha}_1),f(\boldsymbol{\alpha}_2),\cdots,f(\boldsymbol{\alpha}_n))=(\boldsymbol{\alpha}_1,\boldsymbol{\alpha}_2,\cdots,\boldsymbol{\alpha}_n)\begin{bmatrix} a_{11} & a_{12} & \cdots & a_{1n} \\ a_{21} & a_{22} & & a_{2n} \\ \vdots & \vdots & & \vdots \\ a_{n1} & a_{n2} & \cdots & a_{nn} \end{bmatrix}. \tag{1.5.3}$$

称式(1.5.3)右端矩阵 $\boldsymbol{A}=(a_{ij})_{n\times n}$ 为线性变换 f 在基$\{\boldsymbol{\alpha}_i\}_1^n$ 下的**矩阵(表示)**.

由此不难看出,零映射在任何基偶下的矩阵为零矩阵;恒等变换在任何基下的矩阵为单位阵.

另外,如果 V 中向量 $\boldsymbol{\xi}$ 在基 $\boldsymbol{\alpha}_1,\boldsymbol{\alpha}_2,\cdots,\boldsymbol{\alpha}_n$ 下坐标向量为 $\boldsymbol{X}$,则由式(1.5.2)可得 $f(\boldsymbol{\xi})$在基 $\boldsymbol{\beta}_1,\boldsymbol{\beta}_2,\cdots,\boldsymbol{\beta}_s$ 下坐标向量 $\boldsymbol{Y}$ 有

$$\boldsymbol{Y}=\boldsymbol{AX}. \tag{1.5.4}$$

由此可见,矩阵为零矩阵的线性映射是零映射,矩阵是单位阵的线性

变换是恒等变换.

例 1 在 $R[x]_n$ 中作 $D[p(x)]=p'(x)$，$p(x)\in R[x]_n$，求 D 在基 $1, x, \cdots, x^{n-1}$ 下的矩阵.

解 逐个求出每个基向量的象：

$$D[1]=0, D[x]=1, \cdots, D[x^k]=kx^{k-1}, \cdots, D[x^{n-1}]=(n-1)x^{n-2},$$

于是 D 的矩阵

$$\boldsymbol{A}=\begin{bmatrix} 0 & 1 & 0 & \cdots & 0 \\ 0 & 0 & 2 & \cdots & 0 \\ \vdots & \vdots & \vdots & & \vdots \\ 0 & 0 & 0 & \cdots & n-1 \\ 0 & 0 & 0 & \cdots & 0 \end{bmatrix}.$$

例 2 设 $D[p(x)]=p'(x)$，$\forall\, p(x)\in R[x]_n$，则 D 也可以看作是 $R[x]_n$ 到 $R[x]_{n-1}$ 的线性映射. 若在 $R[x]_n$ 上取基 $1, x, \cdots, x^{n-1}$，在 $R[x]_{n-1}$ 上取基 $1, x, \cdots, x^{n-2}$，则 D 在上述基偶下的矩阵为

$$\begin{bmatrix} 0 & 1 & 0 & \cdots & 0 \\ 0 & 0 & 2 & \cdots & 0 \\ \vdots & \vdots & \vdots & & \vdots \\ 0 & 0 & 0 & \cdots & n-1 \end{bmatrix}.$$

例 3 设 $\boldsymbol{A}\in F^{s\times n}$，作 $f(\boldsymbol{X})=\boldsymbol{AX}$，$\forall\, \boldsymbol{X}\in F^n$，则 f 是 F^n 到 F^s 的线性映射. 在 F^n 上取基 $\boldsymbol{e}_1, \boldsymbol{e}_2, \cdots, \boldsymbol{e}_n$（$\boldsymbol{e}_i$ 为 n 维标准单位向量），在 F^s 上取基 $\tilde{\boldsymbol{e}}_1, \tilde{\boldsymbol{e}}_2 \cdots, \tilde{\boldsymbol{e}}_s$（$\tilde{\boldsymbol{e}}_i$ 为 s 维标准单位向量），则 $f(\boldsymbol{e}_i)=\boldsymbol{Ae}_i$，为 $\boldsymbol{A}$ 的第 i 列，所以 f 在两组标准单位向量构成的基偶下矩阵就是 $\boldsymbol{A}$ 本身.

线性映射在两对基偶下的矩阵有什么关系？

定理 1.5.1 设 $f\in \mathrm{Hom}(V,U)$，V 的一组基 $\boldsymbol{\alpha}_1, \boldsymbol{\alpha}_2, \cdots, \boldsymbol{\alpha}_n$ 到另一组基 $\boldsymbol{\beta}_1, \boldsymbol{\beta}_2, \cdots, \boldsymbol{\beta}_n$ 的过渡矩阵为 $\boldsymbol{P}$；U 的一组基 $\boldsymbol{\xi}_1, \boldsymbol{\xi}_2, \cdots, \boldsymbol{\xi}_s$ 到另一组基 $\boldsymbol{\eta}_1$,

$\boldsymbol{\eta}_2,\cdots,\boldsymbol{\eta}_s$ 的过渡矩阵为 $\boldsymbol{Q}$. 若 f 在基偶 $\{\boldsymbol{\alpha}_i\}_1^n$ 与 $\{\boldsymbol{\xi}_i\}_1^s$ 下矩阵为 $\boldsymbol{A}$,在基偶 $\{\boldsymbol{\beta}_i\}_1^n$ 与 $\{\boldsymbol{\eta}_i\}_1^s$ 下矩阵为 $\boldsymbol{B}$,则

$$\boldsymbol{B}=\boldsymbol{Q}^{-1}\boldsymbol{A}\boldsymbol{P}.$$

证明 已知条件即为

$$(\boldsymbol{\beta}_1,\boldsymbol{\beta}_2,\cdots,\boldsymbol{\beta}_n)=(\boldsymbol{\alpha}_1,\boldsymbol{\alpha}_2,\cdots,\boldsymbol{\alpha}_n)\boldsymbol{P}, \tag{1.5.5}$$

$$(\boldsymbol{\eta}_1,\boldsymbol{\eta}_2,\cdots,\boldsymbol{\eta}_s)=(\boldsymbol{\xi}_1,\boldsymbol{\xi}_2,\cdots,\boldsymbol{\xi}_s)\boldsymbol{Q}, \tag{1.5.6}$$

$$f(\boldsymbol{\alpha}_1,\boldsymbol{\alpha}_2,\cdots,\boldsymbol{\alpha}_n)=(\boldsymbol{\xi}_1,\boldsymbol{\xi}_2,\cdots,\boldsymbol{\xi}_s)\boldsymbol{A}, \tag{1.5.7}$$

$$f(\boldsymbol{\beta}_1,\boldsymbol{\beta}_2,\cdots,\boldsymbol{\beta}_n)=(\boldsymbol{\eta}_1,\boldsymbol{\eta}_2,\cdots,\boldsymbol{\eta}_n)\boldsymbol{B}. \tag{1.5.8}$$

用 f 作用于式(1.5.5),再将式(1.5.7)代入,得

$$f(\boldsymbol{\beta}_1,\boldsymbol{\beta}_2,\cdots,\boldsymbol{\beta}_n)=f(\boldsymbol{\alpha}_1,\boldsymbol{\alpha}_2,\cdots,\boldsymbol{\alpha}_n)\boldsymbol{P}=(\boldsymbol{\xi}_1,\boldsymbol{\xi}_2,\cdots,\boldsymbol{\xi}_s)\boldsymbol{A}\boldsymbol{P}, \tag{1.5.9}$$

再将式(1.5.8)与式(1.5.6)代入式(1.5.9)的左端,得

$$(\boldsymbol{\xi}_1,\boldsymbol{\xi}_2,\cdots,\boldsymbol{\xi}_s)\boldsymbol{Q}\boldsymbol{B}=(\boldsymbol{\xi}_1,\boldsymbol{\xi}_2,\cdots,\boldsymbol{\xi}_s)\boldsymbol{A}\boldsymbol{P},$$

因为 $\boldsymbol{\xi}_1,\boldsymbol{\xi}_2,\cdots,\boldsymbol{\xi}_n$ 线性无关,所以 $\boldsymbol{Q}\boldsymbol{B}=\boldsymbol{A}\boldsymbol{P}$,又 $\boldsymbol{Q}$ 可逆,即得

$$\boldsymbol{B}=\boldsymbol{Q}^{-1}\boldsymbol{A}\boldsymbol{P}.$$

证毕.

特别当 $f\in \mathrm{Hom}(V,V)$,$\boldsymbol{\alpha}_i=\boldsymbol{\xi}_i$,$\boldsymbol{\beta}_i=\boldsymbol{\eta}_i$ 时,由定理 1.5.1 即得下面的定理.

定理 1.5.2 设 $f\in \mathrm{Hom}(V,V)$,V 的一组基 $\boldsymbol{\alpha}_1,\boldsymbol{\alpha}_2,\cdots,\boldsymbol{\alpha}_n$ 到另一组基 $\boldsymbol{\beta}_1,\boldsymbol{\beta}_2,\cdots,\boldsymbol{\beta}_n$ 的过渡矩阵为 $\boldsymbol{P}$,f 在基 $\boldsymbol{\alpha}_1,\boldsymbol{\alpha}_2,\cdots,\boldsymbol{\alpha}_n$ 下矩阵为 $\boldsymbol{A}$,在基 $\boldsymbol{\beta}_1,\boldsymbol{\beta}_2,\cdots,\boldsymbol{\beta}_n$ 下矩阵为 $\boldsymbol{B}$,则 $\boldsymbol{B}=\boldsymbol{P}^{-1}\boldsymbol{A}\boldsymbol{P}$.

下面研究线性变换运算的矩阵.

为叙述方便,记线性变换 f 的矩阵为 $[f]$. 直接由线性变换矩阵的定

义,可证如下定理.

定理 1.5.3 设 $f,g\in \mathrm{Hom}(V,V)$,则

$$[f+g]=[f]+[g],$$
$$[kf]=k[f],$$
$$[fg]=[f][g].$$

若 f 可逆,则

$$[f^{-1}]=[f]^{-1}.$$

例 4 设 $f\in \mathrm{Hom}(V,V)$,$\dim V=n$,且 $f^2=\boldsymbol{I}$,试证:f 的矩阵必相似于

$$\begin{bmatrix} \boldsymbol{I}_r & \boldsymbol{O} \\ \boldsymbol{O} & -\boldsymbol{I}_{n-r} \end{bmatrix} \quad (0\leqslant r\leqslant n).$$

证明 作

$$V_1=\{\boldsymbol{\alpha}\mid f(\boldsymbol{\alpha})=\boldsymbol{\alpha},\boldsymbol{\alpha}\in V\},$$
$$V_2=\{\boldsymbol{\alpha}\mid f(\boldsymbol{\alpha})=-\boldsymbol{\alpha},\boldsymbol{\alpha}\in V\},$$

不难证明 V_1,V_2 均为 V 的子空间.

$\forall \boldsymbol{\alpha}\in V_1\cap V_2$,必有 $\boldsymbol{\alpha}=f(\boldsymbol{\alpha})=-\boldsymbol{\alpha}$,所以 $\boldsymbol{\alpha}=\boldsymbol{0}$,即 $V_1\cap V_2=\{\boldsymbol{0}\}$. 又对每一 $\boldsymbol{\alpha}\in V$,$\boldsymbol{\alpha}=\dfrac{1}{2}[f(\boldsymbol{\alpha})+\boldsymbol{\alpha}]+\dfrac{1}{2}[\boldsymbol{\alpha}-f(\boldsymbol{\alpha})]$,由于

$$f[f(\boldsymbol{\alpha})+\boldsymbol{\alpha}]=f^2(\boldsymbol{\alpha})+f(\boldsymbol{\alpha})=\boldsymbol{\alpha}+f(\boldsymbol{\alpha}),$$

故 $\dfrac{1}{2}[f(\boldsymbol{\alpha})+\boldsymbol{\alpha}]$ 属于 V_1;

$$f[\boldsymbol{\alpha}-f(\boldsymbol{\alpha})]=f(\boldsymbol{\alpha})-f^2(\boldsymbol{\alpha})=-[\boldsymbol{\alpha}-f(\boldsymbol{\alpha})],$$

故 $\dfrac{1}{2}[\boldsymbol{\alpha}-f(\boldsymbol{\alpha})]$ 属于 V_2.

因此

$$V=V_1+V_2=V_1\oplus V_2.$$

设 V_1 的一组基为 $\boldsymbol{\alpha}_1,\boldsymbol{\alpha}_2,\cdots,\boldsymbol{\alpha}_r(0\leqslant r\leqslant n)$，$V_2$ 的一组基为 $\boldsymbol{\beta}_{r+1},\cdots,\boldsymbol{\beta}_n$，于是 $\boldsymbol{\alpha}_1,\cdots,\boldsymbol{\alpha}_r,\boldsymbol{\beta}_{r+1},\cdots,\boldsymbol{\beta}_n$ 为 V 的一组基.

由于 $f(\boldsymbol{\alpha}_i)=\boldsymbol{\alpha}_i(i=1,\cdots,r)$，$f(\boldsymbol{\beta}_j)=-\boldsymbol{\beta}_j(j=r+1,\cdots,n)$，所以 f 在基 $\boldsymbol{\alpha}_1,\cdots,\boldsymbol{\alpha}_r,\boldsymbol{\beta}_{r+1},\cdots,\boldsymbol{\beta}_n$ 下的矩阵为

$$\boldsymbol{B}=\begin{bmatrix}\boldsymbol{I}_r & \boldsymbol{O}\\ \boldsymbol{O} & -\boldsymbol{I}_{n-r}\end{bmatrix}.$$

根据定理 1.5.2，f 在任一组基下的矩阵必与 $\boldsymbol{B}$ 相似.

证毕.

下面介绍不变子空间及其对化简线性变换矩阵的作用.

定义　设 $f\in \mathrm{Hom}(V,V)$，$W\leqslant V$，若 $\forall\,\boldsymbol{\alpha}\in W$，有 $f(\boldsymbol{\alpha})\in W$，则称 W 为 V 的关于 f 的不变子空间，简称为 f 的**不变子空间**.

若 W 是 f 的不变子空间，那么 f 也可看作是 W 上的线性变换，定义在 W 上的 f，记为 $f|_W$.

例如上面例 4 中的 V_1 与 V_2 都是 f 的不变子空间；另外对任一线性变换 f，V 及 $\{\mathbf{0}\}$ 都是 f 不变子空间. 还有两个重要的不变子空间，它们将在下一节中介绍.

若 $f\in \mathrm{Hom}(V,V)$，$\dim V=n$，$V=V_1\oplus V_2$ 且 V_1,V_2 均为 f 的不变子空间，那么分别取 V_1 与 V_2 的一组基，设为 $\boldsymbol{\alpha}_1,\cdots,\boldsymbol{\alpha}_r$ 与 $\boldsymbol{\beta}_{r+1},\cdots,\boldsymbol{\beta}_n$，则 $\boldsymbol{\alpha}_1,\cdots,\boldsymbol{\alpha}_r,\boldsymbol{\beta}_{r+1},\cdots,\boldsymbol{\beta}_n$ 是 V 的一组基. 而 $f(\boldsymbol{\alpha}_i)\in V_1$，可经 $\{\boldsymbol{\alpha}_i\}_1^r$ 线性表示；$f(\boldsymbol{\beta}_j)\in V_2$，可经 $\{\boldsymbol{\beta}_j\}_{r+1}^n$ 线性表示. 所以 f 在基 $\boldsymbol{\alpha}_1,\cdots,\boldsymbol{\alpha}_r,\boldsymbol{\beta}_{r+1},\cdots,\boldsymbol{\beta}_n$ 下的矩阵为准对角阵

$$\begin{bmatrix}\boldsymbol{A}_1 & \boldsymbol{O}\\ \boldsymbol{O} & \boldsymbol{A}_2\end{bmatrix},$$

其中，$\boldsymbol{A}_1$ 是 $f|_{V_1}$ 在基 $\boldsymbol{\alpha}_1,\cdots,\boldsymbol{\alpha}_r$ 下矩阵，为 r 阶的；$\boldsymbol{A}_2$ 是 $f|_{V_2}$ 在基 $\boldsymbol{\beta}_{r+1},\cdots,\boldsymbol{\beta}_n$ 下矩阵，为 $(n-r)$ 阶的.

1.6 线性映射的值域与核

定义 设 $f\in \mathrm{Hom}(V,U)$，称 $f(V)$ 为 f 的**值域**，也记为 $R(f)$；称 $K(f)=\{\boldsymbol{\alpha}\mid f(\boldsymbol{\alpha})=\mathbf{0}_U,\boldsymbol{\alpha}\in V\}$ 为 f 的**核**.

定理 1.6.1 设 $f\in \mathrm{Hom}(V,U)$，则 $R(f)\leqslant U$，$K(f)\leqslant V$，且当 $U=V$ 时 $R(f)$，$K(f)$ 为 f 的不变子空间.

证明 $\forall \boldsymbol{\beta}_1,\boldsymbol{\beta}_2\in R(f)$，$\exists \boldsymbol{\alpha}_1,\boldsymbol{\alpha}_2\in V$，使 $\boldsymbol{\beta}_i=f(\boldsymbol{\alpha}_i)\,(i=1,2)$，于是

$$\begin{aligned}c_1\boldsymbol{\beta}_1+c_2\boldsymbol{\beta}_2 &=c_1f(\boldsymbol{\alpha}_1)+c_2f(\boldsymbol{\alpha}_2)\\&=f(c_1\boldsymbol{\alpha}_1+c_2\boldsymbol{\alpha}_2)\in R(f),\end{aligned}$$

所以 $R(f)\leqslant U$.

$\forall \boldsymbol{\alpha}_1,\boldsymbol{\alpha}_2\in K(f)$，有 $f(\boldsymbol{\alpha}_1)=f(\boldsymbol{\alpha}_2)=\mathbf{0}$，于是

$$f(c_1\boldsymbol{\alpha}_1+c_2\boldsymbol{\alpha}_2)=c_1f(\boldsymbol{\alpha}_1)+c_2f(\boldsymbol{\alpha}_2)=\mathbf{0},$$

故

$$c_1\boldsymbol{\alpha}_1+c_2\boldsymbol{\alpha}_2\in K(f),$$

所以 $K(f)\leqslant V$.

当 $U=V$ 时，下面证 $R(f)$ 与 $K(f)$ 都是 f 的不变子空间.

$\forall \boldsymbol{\beta}\in R(f)\subset V$，显然 $f(\boldsymbol{\beta})\in R(f)$，所以 $R(f)$ 是 f 的不变子空间；

$\forall \boldsymbol{\alpha}\in K(f)$，由于 $f(\boldsymbol{\alpha})=\mathbf{0}\in K(f)$，所以 $K(f)$ 是 f 的不变子空间.

证毕.

例如等 1.4 节中例 3 之 $R(f)=R[x]$，$K(f)=R$，例 4 之 $R(f)=F^n$，$K(f)=\{\mathbf{0}_V\}$；第 1.5 节中例 1 之 $R(f)=R[x]_{n-1}$，$K(f)=R$.

由于 $K(f)$ 中向量在 f 下的象为$\mathbf{0}$，因此，若把 $K(f)$ 的基向量取入 V 的一组基中，那么对化简 f 的矩阵将有很大作用，很自然就想到 $K(f)$ 与 $R(f)$ 的维数与 V 的维数有什么关系. 先看一个例子.

例 1 设 $\boldsymbol{A}\in F^{s\times n}$，秩为 r，作 $f(\boldsymbol{X})=\boldsymbol{AX}$，$\forall \boldsymbol{X}\in F^n$，则 f 是 F^n 到 F^s

的线性映射：

$$R(f)=\{\boldsymbol{AX}\mid\forall\boldsymbol{X}\in F^n\}\subset F^s.$$

由于 $F^n=\text{span}\{\boldsymbol{e}_1,\boldsymbol{e}_2,\cdots,\boldsymbol{e}_n\}$，又 $\boldsymbol{Ae}_i=\boldsymbol{A}$ 的第 i 列，故 $R(f)$ 是 $\boldsymbol{A}$ 的列向量组所生成的子空间，叫做 $\boldsymbol{A}$ 的列空间，所以

$$\dim R(f)=\boldsymbol{A}\text{ 的秩 }r,$$

$$K(f)=\{\boldsymbol{X}\mid\boldsymbol{AX}=\boldsymbol{0},\boldsymbol{X}\in F^n\}\subset F^n,$$

即 $K(f)$ 是齐次方程组 $\boldsymbol{AX}=\boldsymbol{0}$ 的解空间，所以 $\dim K(f)=n-r$，因此

$$\dim R(f)+\dim K(f)=\dim F^n.$$

注：通常把例 1 之 $R(f)$ 记为 $R(\boldsymbol{A})$，且称 $R(\boldsymbol{A})$ 为 **$\boldsymbol{A}$ 的值域**；$K(f)$ 记为 $K(\boldsymbol{A})$，且称 $K(\boldsymbol{A})$ 为 **$\boldsymbol{A}$ 的核**.

下面研究一般线性空间 $V(F)$ 到 $U(F)$ 的线性映射 f 其值域与核的维数的关系.

定理 1.6.2 设 $f\in\text{Hom}(V,U)$，V 为有限维，则

$$\dim R(f)+\dim K(f)=\dim V.$$

证明 设 $\boldsymbol{\alpha}_1,\cdots,\boldsymbol{\alpha}_k$ 为 $K(f)$ 的一组基（当 $K(f)$ 为零子空间时，$k=0$）. 将 $\boldsymbol{\alpha}_1,\cdots,\boldsymbol{\alpha}_k$ 扩充为 V 的一组基，设为

$$\boldsymbol{\alpha}_1,\cdots,\boldsymbol{\alpha}_k,\boldsymbol{\alpha}_{k+1},\cdots,\boldsymbol{\alpha}_n,$$

则

$$\begin{aligned}R(f)&=\text{span}\{f(\boldsymbol{\alpha}_1),\cdots,f(\boldsymbol{\alpha}_k),f(\boldsymbol{\alpha}_{k+1}),\cdots,f(\boldsymbol{\alpha}_n)\}\\&=\text{span}\{f(\boldsymbol{\alpha}_{k+1}),\cdots,f(\boldsymbol{\alpha}_n)\}.\end{aligned}$$

若 $\sum\limits_{i=k+1}^{n}c_if(\boldsymbol{\alpha}_i)=\boldsymbol{0}$，即 $f\left(\sum\limits_{k+1}^{n}c_i\boldsymbol{\alpha}_i\right)=\boldsymbol{0}$，故 $\sum\limits_{i=k+1}^{n}c_i\alpha_i$ 在 $K(f)$ 中，于是

$$c_{k+1}\boldsymbol{\alpha}_{k+1}+\cdots+c_n\boldsymbol{\alpha}_n=c_1\boldsymbol{\alpha}_1+\cdots+c_k\boldsymbol{\alpha}_k,$$

而 $\boldsymbol{\alpha}_1,\cdots,\boldsymbol{\alpha}_k,\boldsymbol{\alpha}_{k+1},\cdots,\boldsymbol{\alpha}_n$ 线性无关，所以

$$c_{k+1}=\cdots=c_n=0,$$

因此 $f(\boldsymbol{\alpha}_{k+1}),\cdots,f(\boldsymbol{\alpha}_n)$线性无关,故

$$\dim R(f)=n-k=\dim V-\dim K(f).$$

证毕.

例 2 设 $\boldsymbol{A}=\begin{bmatrix}1 & 1\\ 1 & 1\end{bmatrix}$, $f(\boldsymbol{X})=\boldsymbol{AX}$, $\forall\, \boldsymbol{X}\in C^{2\times 2}$,分别求 $R(f)$及 $K(f)$的一基,并问 $R(f)+K(f)$是否是直和.

解 在 $C^{2\times 2}$中取一组基 $\boldsymbol{E}_{11},\boldsymbol{E}_{21},\boldsymbol{E}_{12},\boldsymbol{E}_{22}$,则

$$R(f)=\text{span}\{f(\boldsymbol{E}_{11}),f(\boldsymbol{E}_{21}),f(\boldsymbol{E}_{12}),f(\boldsymbol{E}_{22})\},$$

而

$$f(\boldsymbol{E}_{11})=\begin{bmatrix}1 & 1\\ 1 & 1\end{bmatrix}\begin{bmatrix}1 & 0\\ 0 & 0\end{bmatrix}=\begin{bmatrix}1 & 0\\ 1 & 0\end{bmatrix}=\boldsymbol{E}_{11}+\boldsymbol{E}_{21},$$

$$f(\boldsymbol{E}_{21})=\begin{bmatrix}1 & 1\\ 1 & 1\end{bmatrix}\begin{bmatrix}0 & 0\\ 1 & 0\end{bmatrix}=\begin{bmatrix}1 & 0\\ 1 & 0\end{bmatrix}=\boldsymbol{E}_{11}+\boldsymbol{E}_{21},$$

$$f(\boldsymbol{E}_{12})=\begin{bmatrix}1 & 1\\ 1 & 1\end{bmatrix}\begin{bmatrix}0 & 1\\ 0 & 0\end{bmatrix}=\begin{bmatrix}0 & 1\\ 0 & 1\end{bmatrix}=\boldsymbol{E}_{12}+\boldsymbol{E}_{22},$$

$$f(\boldsymbol{E}_{22})=\begin{bmatrix}1 & 1\\ 1 & 1\end{bmatrix}\begin{bmatrix}0 & 0\\ 0 & 1\end{bmatrix}=\begin{bmatrix}0 & 1\\ 0 & 1\end{bmatrix}=\boldsymbol{E}_{12}+\boldsymbol{E}_{22},$$

又 $\boldsymbol{E}_{11}+\boldsymbol{E}_{21}$与 $\boldsymbol{E}_{12}+\boldsymbol{E}_{22}$线性无关,故 $R(f)$的一组基为

$$\begin{bmatrix}1 & 0\\ 1 & 0\end{bmatrix},\quad \begin{bmatrix}0 & 1\\ 0 & 1\end{bmatrix},$$

$$K(f)=\{\boldsymbol{X}\mid \boldsymbol{AX}=\boldsymbol{0},\boldsymbol{X}\in C^{2\times 2}\}.$$

设 $\boldsymbol{X}=\begin{bmatrix}x_1 & x_2\\ x_3 & x_4\end{bmatrix}$,则

$$f(\boldsymbol{X})=\begin{bmatrix}1&1\\1&1\end{bmatrix}\begin{bmatrix}x_1&x_2\\x_3&x_4\end{bmatrix}=\begin{bmatrix}x_1+x_3&x_2+x_4\\x_1+x_3&x_2+x_4\end{bmatrix}=\begin{bmatrix}0&0\\0&0\end{bmatrix},$$

得

$$\begin{cases}x_1+x_3=0,\\x_2+x_4=0,\end{cases}$$

所以

$$\boldsymbol{X}=\begin{bmatrix}x_1&x_2\\-x_1&-x_2\end{bmatrix}=x_1\begin{bmatrix}1&0\\-1&0\end{bmatrix}+x_2\begin{bmatrix}0&1\\0&-1\end{bmatrix}.$$

$\boldsymbol{E}_{11}-\boldsymbol{E}_{21}$与$\boldsymbol{E}_{12}-\boldsymbol{E}_{22}$线性无关，所以$K(f)$的一组基为

$$\begin{bmatrix}1&0\\-1&0\end{bmatrix},\quad\begin{bmatrix}0&1\\0&-1\end{bmatrix}.$$

为研究$R(f)+K(f)$是否是直和，只要考察它们的基之并集是否线性无关. 列出$\boldsymbol{E}_{11}+\boldsymbol{E}_{21}$，$\boldsymbol{E}_{12}+\boldsymbol{E}_{22}$，$\boldsymbol{E}_{11}-\boldsymbol{E}_{21}$，$\boldsymbol{E}_{12}-\boldsymbol{E}_{22}$在基$\{\boldsymbol{E}_{11},\boldsymbol{E}_{12},\boldsymbol{E}_{21},\boldsymbol{E}_{22}\}$下的坐标向量组成的矩阵，并对它作初等列变换

$$\begin{bmatrix}1&0&1&0\\0&1&0&1\\1&0&-1&0\\0&1&0&-1\end{bmatrix}\to\begin{bmatrix}2&0&1&0\\0&2&0&1\\0&0&-1&0\\0&0&0&-1\end{bmatrix},$$

易知上述矩阵的秩为 4，根据定理 1. 2. 4 便得$R(f)$的基与$K(f)$的基之并集是线性无关的，故$R(f)+K(f)$为直和.

请读者想一想：例 2 中$R(f)+K(f)$是否就是$C^{2\times 2}$？一般情况，若$f\in\mathrm{Hom}(V,V)$，那么$R(f)+K(f)=V$吗？等式成立的充要条件是什么？

1.7 几何空间线性变换的例子

在几何空间 R^3 中,设有坐标系$\{O,\boldsymbol{e}_1,\boldsymbol{e}_2,\boldsymbol{e}_3\}$,其中矢量 $\boldsymbol{e}_1,\boldsymbol{e}_2,\boldsymbol{e}_3$ 不共面(未必两两正交). 设矢量$\overrightarrow{OP}$坐标向量为$(x_1,x_2,x_3)^{\mathrm{T}}$,作变换后的坐标向量为$(y_1,y_2,y_3)^{\mathrm{T}}$.

例 1 辑射相似变换.

取坐标原点 O 为相似中心,作变换

$$f(\overrightarrow{OP})=k\overrightarrow{OP}\quad(k>0),\tag{1.7.1}$$

则

$$\begin{aligned}f(\overrightarrow{OP}_1+\overrightarrow{OP}_2)&=k(\overrightarrow{OP}_1+\overrightarrow{OP}_2)=k\overrightarrow{OP}_1+k\overrightarrow{OP}_2\\&=f(\overrightarrow{OP}_1)+f(\overrightarrow{OP}_2),\end{aligned}$$

又

$$f(a\overrightarrow{OP})=k(a\overrightarrow{OP})=a(k\overrightarrow{OP})=af(\overrightarrow{OP}),$$

所以 f 是R^3 的线性变换. 由于$|k\overrightarrow{OP}|=k|\overrightarrow{OP}|$,$k>1$ 时是放大的相似变换,$0<k<1$ 时是压缩的相似变换.

由式(1.7.1)容易求出 $f(\overrightarrow{OP})$与$\overrightarrow{OP}$的坐标满足

$$y_i=kx_i\quad(i=1,2,3),$$

又

$$f(\boldsymbol{e}_i)=k\boldsymbol{e}_i\quad(i=1,2,3),$$

故 f 在基$\{\boldsymbol{e}_1,\boldsymbol{e}_2,\boldsymbol{e}_3\}$下矩阵为 $k\boldsymbol{I}$. 可见,f 的矩阵与基无关. 此 f 实际上就是数乘变换.

例 2 平行于某矢量的投影变换.

平行于 $\boldsymbol{e}_3$ 向 x_1Ox_2 平面作投影,则

$$f(\overrightarrow{OP})=x_1\boldsymbol{e}_1+x_2\boldsymbol{e}_2. \tag{1.7.2}$$

设

$$\overrightarrow{OP}_1=a_1\boldsymbol{e}_1+a_2\boldsymbol{e}_2+a_3\boldsymbol{e}_3,\quad \overrightarrow{OP}_2=b_1\boldsymbol{e}_1+b_2\boldsymbol{e}_2+b_3\boldsymbol{e}_3,$$

于是

$$k\overrightarrow{OP}_1+l\overrightarrow{OP}_2=(ka_1+lb_1)\boldsymbol{e}_1+(ka_2+lb_2)\boldsymbol{e}_2+(ka_3+lb_3)\boldsymbol{e}_3,$$

因此

$$\begin{aligned}f(k\overrightarrow{OP}_1+l\overrightarrow{OP}_2)&=(ka_1+lb_1)\boldsymbol{e}_1+(ka_2+lb_2)\boldsymbol{e}_2\\&=k(a_1\boldsymbol{e}_1+a_2\boldsymbol{e}_2)+l(b_1\boldsymbol{e}_1+b_2\boldsymbol{e}_2)\\&=kf(\overrightarrow{OP}_1)+lf(\overrightarrow{OP}_2),\end{aligned}$$

故 f 是线性变换.

由式(1.7.2)容易得坐标变换公式为

$$\begin{cases}y_1=x_1,\\y_2=x_2,\\y_3=0.\end{cases}$$

f 在基 $\boldsymbol{e}_1,\boldsymbol{e}_2,\boldsymbol{e}_3$ 下矩阵为 $\begin{bmatrix}\boldsymbol{I}_2 & \boldsymbol{O}\\ \boldsymbol{O} & \boldsymbol{O}\end{bmatrix}_{3\times3}$，值域 $R(f)=\mathrm{span}\{\boldsymbol{e}_1,\boldsymbol{e}_2\}$，核 $K(f)=\mathrm{span}\{\boldsymbol{e}_3\}$.

例 3　平行于某一方向的压缩(或延伸).

取该方向为 $\boldsymbol{e}_3$，设 $a>0$. 作

$$f(\overrightarrow{OP})=x_1\boldsymbol{e}_1+x_2\boldsymbol{e}_2+ax_3\boldsymbol{e}_3, \tag{1.7.3}$$

易证 f 是线性变换. 在此变换下，“球面” $x_1^2+x_2^2+x_3^2=1$ 变为“椭球面”

$$y_1^2+y_2^2+\frac{y_3^2}{a^2}=1,$$

它在基 $\boldsymbol{e}_1,\boldsymbol{e}_2,\boldsymbol{e}_3$ 下矩阵为 $\mathrm{diag}(1,1,a)$，是可逆的线性变换.

例 4 平行于某方向的推移.

$$\begin{cases} y_1 = x_1 + a x_2 \quad (a \neq 0), \\ y_2 = x_2, \\ y_3 = x_3. \end{cases} \tag{1.7.4}$$

这是一个线性变换，$f(\overrightarrow{OP})$与$\overrightarrow{OP}$的第二、第三坐标相同. 在 $\boldsymbol{e}_1$ 方向坐标增加(当 $a>0$)了 ax_2，在 x_1Ox_2 平面上矢量的终点变化如图 1.1，其中$\overrightarrow{OP'}=f(\overrightarrow{OP})$.

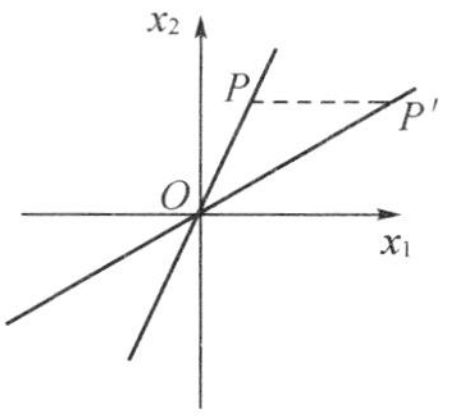

图 1.1

从式(1.7.4)容易得

$$f(\boldsymbol{e}_1)=\boldsymbol{e}_1,$$
$$f(\boldsymbol{e}_2)=a\boldsymbol{e}_1+\boldsymbol{e}_2,$$
$$f(\boldsymbol{e}_3)=\boldsymbol{e}_3,$$

故 f 在基 $\boldsymbol{e}_1,\boldsymbol{e}_2,\boldsymbol{e}_3$ 下矩阵为

$$\begin{bmatrix} 1 & a & 0 \\ 0 & 1 & 0 \\ 0 & 0 & 1 \end{bmatrix}.$$

在第 2 章将介绍其它例子，如旋转、镜象变换.

1.8 线性空间的同构

从本章前面的研究中可以看到，线性空间 F^n 中的许多命题在 n 维线性空间 $V(F)$ 中也成立. 它们有相同的结构，这在数学上称为同构.

定义 设 V 与 U 是数域 F 上线性空间，如果存在 V 到 U 的一个双射 σ，且 σ 又是线性映射，则称 V 与 U **同构**. σ 是 V 到 U 的一个**同构映射**，

记为$V\cong U$.

例如第1.4节例4中$V(F)$与F^n是同构的.同构有以下性质.

定理1.8.1　设σ是线性空间V到U的同构映射,则V中向量$\boldsymbol{\alpha}_1$,$\boldsymbol{\alpha}_2$,…,$\boldsymbol{\alpha}_k$线性无关的充分必要条件是$\sigma(\boldsymbol{\alpha}_1)$,$\sigma(\boldsymbol{\alpha}_2)$,…,$\sigma(\boldsymbol{\alpha}_k)$线性无关.

证明　先证必要性.

若$c_1\sigma(\boldsymbol{\alpha}_1)+\cdots+c_k\sigma(\boldsymbol{\alpha}_k)=\mathbf{0}_U$,则由于$\sigma$是线性的,可得

$$\sigma\left(\sum_{i=1}^{k} c_i\boldsymbol{\alpha}_i\right)=\mathbf{0}_U,$$

又由于σ是单射,故$\sum\limits_{i=1}^{k} c_i\boldsymbol{\alpha}_i=\mathbf{0}_V$,而$\boldsymbol{\alpha}_1$,…,$\boldsymbol{\alpha}_k$线性无关,所以$c_1=\cdots=c_k=0$,即$\sigma(\boldsymbol{\alpha}_1)$,…,$\sigma(\boldsymbol{\alpha}_k)$线性无关.

再证充分性.

若$\sum\limits_{i=1}^{k} c_i\boldsymbol{\alpha}_i=\mathbf{0}_V$,以$\sigma$作用,注意到$\sigma$是线性的,即得$\sum\limits_{i=1}^{k} c_i\sigma(\boldsymbol{\alpha}_i)=\mathbf{0}_U$,由于$\sigma(\boldsymbol{\alpha}_1)$,…,$\sigma(\boldsymbol{\alpha}_k)$线性无关,故$c_1=c_2=\cdots=c_k=0$,所以$\boldsymbol{\alpha}_1$,$\boldsymbol{\alpha}_2$,…,$\boldsymbol{\alpha}_k$线性无关.

证毕.

定理1.8.2　数域F上两个有限维线性空间V与U同构的充分必要条件为$\dim V=\dim U$.

证明　先证必要性.

设$\dim V=n$,σ为V到U的同构映射.因σ是满射,故

$$R(\sigma)=U,$$

又σ是单射,因此若$\sigma(\boldsymbol{\alpha})=\mathbf{0}_U=\sigma(\mathbf{0}_V)$,则$\boldsymbol{\alpha}=\mathbf{0}_V$,故

$$K(\sigma)=\{\mathbf{0}\},$$

于是

$$\dim V=\dim R(\sigma)+\dim K(\sigma)=\dim U.$$

再证充分性.

设 $\dim V=\dim U=n$,分别取 V 与 U 的一组基各为

$$\boldsymbol{\alpha}_1,\boldsymbol{\alpha}_2,\cdots,\boldsymbol{\alpha}_n \quad 与 \quad \boldsymbol{\xi}_1,\boldsymbol{\xi}_2,\cdots,\boldsymbol{\xi}_n,$$

对 V 中任一向量 $\boldsymbol{\alpha}=\sum_{i=1}^{n} c_i\boldsymbol{\alpha}_i$,令 $\sigma(\boldsymbol{\alpha})=\sum_{i=1}^{n} c_i\boldsymbol{\xi}_i$,下面证 σ 是 V 到 U 的一个同构映射.

首先对 U 中任一向量 $\boldsymbol{\xi}=\sum_{i=1}^{n} x_i\boldsymbol{\xi}_i$,$V$ 中存在

$$\boldsymbol{\alpha}=\sum_{i=1}^{n} x_i\boldsymbol{\alpha}_i,$$

根据 σ 的定义知 $\sigma(\boldsymbol{\alpha})=\boldsymbol{\xi}$,故 σ 是满射.

其次,设 V 中任两向量 $\boldsymbol{\alpha}$ 与 $\boldsymbol{\beta}$ 为

$$\boldsymbol{\alpha}=\sum_{i=1}^{n} a_i\boldsymbol{\alpha}_i, \quad \boldsymbol{\beta}=\sum_{i=1}^{n} b_i\boldsymbol{\alpha}_i,$$

于是 $\sigma(\boldsymbol{\alpha})=\sum_{i=1}^{n} a_i\boldsymbol{\xi}_i$,$\sigma(\boldsymbol{\beta})=\sum_{i=1}^{n} b_i\boldsymbol{\xi}_i$. 若 $\sigma(\boldsymbol{\alpha})=\sigma(\boldsymbol{\beta})$,则必有 $a_i=b_i(i=1,2,\cdots,n)$,所以 $\boldsymbol{\alpha}=\boldsymbol{\beta}$. 这说明 σ 是单射.

又

$$\begin{aligned}\sigma(k\boldsymbol{\alpha}+l\boldsymbol{\beta})&=\sum_{i=1}^{n}(ka_i+lb_i)\boldsymbol{\xi}_i=k\sum_{i=1}^{n} a_i\boldsymbol{\xi}_i+l\sum_{i=1}^{n} b_i\boldsymbol{\xi}_i\\&=k\sigma(\boldsymbol{\alpha})+l\sigma(\boldsymbol{\beta}),\end{aligned}$$

因此,σ 又是线性的,所以 σ 是 V 到 U 的一个同构映射,故

$$V\cong U.$$

证毕.

例如,第 1.1 节中例 5 之 $R^+(R)$ 与 $R(R)$ 都是实数域上一维线性空间,根据定理 1.8.2 它们是同构的. 可以找出如下同构映射:

$$\sigma(x)=\ln x \quad (\forall x\in R^+).$$

习题 1

1. 下列集合是否是指定数域上线性空间,证明之.

(1) $V=\{(n_1,n_2,\cdots,n_k)\mid n_i$ 为整数$\}$,数域为实数域 R,加法与数乘为通常的运算.

(2) $V=\{(x_1,x_2)\mid x_1,x_2\in R\}$,数域为 R,加法$\oplus$与数乘$\otimes$定义为

$$(x_1,x_2)\oplus(y_1,y_2)=(x_1+2y_1,x_2+2y_2),$$
$$k\otimes(x_1,x_2)=(kx_1,2kx_2).$$

(3) $V=R^+$,数域为 R,加法$\oplus$与数乘$\otimes$定义为

$$a\oplus b=ab,$$
$$k\otimes a=a^k.$$

(4) $V=R^2=\{(x_1,x_2)\mid \forall x_i\in R\}$,加法$\oplus$与数乘$\otimes$定义为

$$(x_1,x_2)\oplus(y_1,y_2)=(x_1+y_1,x_2+y_2+x_1y_1),$$
$$k\otimes(x_1,x_2)=\left(kx_1,kx_2+\frac{k(k-1)}{2}x_1^2\right) \quad (\forall k,x_i,y_i\in R).$$

2. 设 $\boldsymbol{\alpha}$ 为线性空间 $V(F)$ 中非零向量,若 F 中数 k_1 与 k_2 不等,试证:$k_1\boldsymbol{\alpha}\neq k_2\boldsymbol{\alpha}$.(由于任一数域均含无穷多个数,故任一有非零向量的线性空间含有无穷多个向量)

3. 试证:若 $\boldsymbol{\alpha}_1,\cdots,\boldsymbol{\alpha}_r$ 线性无关,$\boldsymbol{\alpha}_1,\cdots,\boldsymbol{\alpha}_r,\boldsymbol{\beta}$ 线性相关,则 $\boldsymbol{\beta}$ 可经 $\boldsymbol{\alpha}_1,\cdots,\boldsymbol{\alpha}_r$ 线性表出,且系数唯一.

4. 求下列线性空间的维数及一组基.

(1) $F^{n\times n}$ 中全体对称阵所构成 F 上线性空间;

(2) $C^{n\times n}$ 中全体上三角阵所构成 C 上线性空间;

(3) $V(F)=\{(x_1,x_2,\cdots,x_{2n-1},x_{2n})\mid x_2=x_4=\cdots=x_{2n},\forall x_i\in F\}$;

(4) $\boldsymbol{A}=\mathrm{diag}(1,\omega,\omega^2)$,其中 $\omega^3=1$,但 $\omega\neq 1$,且

$$V(R)=\{f(\boldsymbol{A})\mid \forall f(x)\in R[x]\}.$$

5. 设 $\boldsymbol{A}\in C^{n\times n}$.

(1) 若 $V=\{\boldsymbol{B}\mid \boldsymbol{AB}=\boldsymbol{BA},\boldsymbol{B}\in C^{n\times n}\}$,证 V 为 $C^{n\times n}$ 的子空间;

(2) 若 $\boldsymbol{A}=\boldsymbol{I}$,求(1)问中的 V;

(3) 若 $\boldsymbol{A}=\mathrm{diag}(1,2,\cdots,n)$,求(1)问中 V 的一组基;

(4) 当 $n=3$,$\boldsymbol{A}=\begin{bmatrix}3&0&0\\0&1&0\\0&1&2\end{bmatrix}$,求(1)问中 V 的一组基.

6. 已知

$$\boldsymbol{\alpha}_1=(1,2,1,0),\quad \boldsymbol{\alpha}_2=(-1,1,1,1),$$
$$\boldsymbol{\beta}_1=(2,-1,0,1),\quad \boldsymbol{\beta}_2=(1,-1,3,7),$$
$$V_1=\mathrm{span}\{\boldsymbol{\alpha}_1,\boldsymbol{\alpha}_2\},\quad V_2=\mathrm{span}\{\boldsymbol{\beta}_1,\boldsymbol{\beta}_2\},$$

分别求 V_1+V_2 及 $V_1\cap V_2$ 的一组基.

7. 已知 $C^{2\times 2}$ 的子空间:

$$V_1=\left\{\begin{bmatrix}x&y\\y&x\end{bmatrix}\,\middle|\,\forall x,y\in C\right\},$$
$$V_2=\left\{\begin{bmatrix}x&y\\x&y\end{bmatrix}\,\middle|\,\forall x,y\in C\right\},$$

分别求 $V_1\cap V_2$ 及 V_1+V_2 的基.

8. 设 $V_1=\{\boldsymbol{A}\mid \boldsymbol{A}^{\mathrm{T}}=\boldsymbol{A},\boldsymbol{A}\in C^{n\times n}\}$,$V_2=\{\boldsymbol{A}\mid \boldsymbol{A}^{\mathrm{T}}=-\boldsymbol{A},\boldsymbol{A}\in C^{n\times n}\}$,试证:$C^{n\times n}=V_1\oplus V_2$.

9. 设 $V(R)$ 为一切实连续函数所构成的线性空间,作 $V(R)$ 的子空间:

$$V_1=\{f(x)\mid f(-x)=f(x)\},$$

$$V_2=\{f(x)\mid f(-x)=-f(x)\},$$

试证:$V=V_1\oplus V_2$.

10. 设

$$V_1=\{(x_1,\cdots,x_n)\mid x_1+\cdots+x_n=0\},$$
$$V_2=\{(x_1,\cdots,x_n)\mid x_1=x_2=\cdots=x_n\},$$

试证:$C^n=V_1\oplus V_2$.

11. 设 $\boldsymbol{A},\boldsymbol{B}\in F^{n\times n}$,且 $\boldsymbol{AB}=\boldsymbol{O},\boldsymbol{B}^2=\boldsymbol{B}$. 又

$$V_1=\{\boldsymbol{X}\mid\boldsymbol{AX}=\boldsymbol{0},\boldsymbol{X}\in F^n\},\quad V_2=\{\boldsymbol{X}\mid\boldsymbol{BX}=\boldsymbol{0},\boldsymbol{X}\in F^n\}.$$

试证:(1) $F^n=V_1+V_2$;

(2) $F^n=V_1\oplus V_2\Leftrightarrow r(\boldsymbol{A})+r(\boldsymbol{B})=n$.

12. 已知 $\boldsymbol{A}=\begin{bmatrix}1&1&3\\0&1&1\\-1&2&0\\0&1&1\end{bmatrix}$,分别求 $R(\boldsymbol{A})$ 及 $K(\boldsymbol{A})$ 的一组基.

13. 在 $F^{2\times2}$ 中定义线性变换 $f(\boldsymbol{X})=\begin{bmatrix}a&b\\c&d\end{bmatrix}\boldsymbol{X},\forall\boldsymbol{X}\in F^{2\times2}$,分别求 f 在基$\{\boldsymbol{E}_{11},\boldsymbol{E}_{12},\boldsymbol{E}_{21},\boldsymbol{E}_{22}\}$与基$\{\boldsymbol{E}_{11},\boldsymbol{E}_{21},\boldsymbol{E}_{12},\boldsymbol{E}_{22}\}$下的矩阵.

14. 设线性变换 f 在基 $\boldsymbol{\varepsilon}_1,\boldsymbol{\varepsilon}_2,\boldsymbol{\varepsilon}_3$ 下矩阵为 $\boldsymbol{A}=(a_{ij})_{3\times3}$.

(1) 求 f 在基 $\boldsymbol{\varepsilon}_3,\boldsymbol{\varepsilon}_2,\boldsymbol{\varepsilon}_1$ 下矩阵;

(2) 求 f 在基 $\boldsymbol{\varepsilon}_1+k\boldsymbol{\varepsilon}_2,\boldsymbol{\varepsilon}_2,\boldsymbol{\varepsilon}_3$ 下矩阵.

15. 证明下列映射是线性映射,并自选基偶,求线性映射的矩阵.

(1) $f(\boldsymbol{A})=\mathrm{tr}\boldsymbol{A},\forall\boldsymbol{A}\in R^{n\times n},f:R^{n\times n}\to R$;

(2) $R[x]_3=\{a_0+a_1x+a_2x^2\mid\forall a_i\in R\},h(x,t)=x^2+tx$,且

$$f[p(x)]=\int_0^1 p(t)h(x,t)\mathrm{d}t\quad(\forall p(x)\in R[x]_3).$$

16. 分别求第 15 题中 f 的值域及核的一组基.

17. 设 $f\in \mathrm{Hom}(V,V)$.

(1) 试证：f 是单射$\Leftrightarrow K(f)=\{\mathbf{0}\}$；

(2) 若 $\dim V=n$，试证：f 是单射$\Leftrightarrow f$ 是满射$\Leftrightarrow f$ 可逆.

18. 设 $f\in \mathrm{Hom}(V,V)$，$\dim V=n$，且 $f^2=f$. 试证：f 的矩阵必相似于

$$\begin{bmatrix} \boldsymbol{I}_r & \boldsymbol{O} \\ \boldsymbol{O} & \boldsymbol{O} \end{bmatrix}_{n\times n}, \quad 其中\ r=\dim R(f).$$

19. 设 V_1 为 n 维线性空间 V 的 r 维子空间，又

$$V=V_1\oplus V_2,$$

于是 $\forall \boldsymbol{\alpha}\in V$，存在唯一 $\boldsymbol{\alpha}_i\in V_i(i=1,2)$，使 $\boldsymbol{\alpha}=\boldsymbol{\alpha}_1+\boldsymbol{\alpha}_2$. 定义

$$f(\boldsymbol{\alpha})=a\boldsymbol{\alpha}_1+b\boldsymbol{\alpha}_2 \quad (\forall \boldsymbol{\alpha}\in V),$$

试证：f 为线性变换，且 f 的矩阵必相似于

$$\begin{bmatrix} a\boldsymbol{I}_r & \boldsymbol{O} \\ \boldsymbol{O} & b\boldsymbol{I}_{n-r} \end{bmatrix}.$$

20. 已知线性变换 f 与 g 满足 $f^2=f$，$g^2=g$，试证：

(1) f 与 g 有相同的值域$\Leftrightarrow fg=g$，$gf=f$；

(2) f 与 g 有相同的核$\Leftrightarrow fg=f$，$gf=g$.

2 内积空间与等距变换

线性空间的具体模型是三维几何空间，但是几何空间中的度量概念——向量的长度及向量间夹角在第1章的线性空间中还没有体现，而这种度量概念在有些问题中是需要的. 本章将引进与几何空间中向量的数量积相对应的内积，在此基础上定义向量的长度、夹角，最后介绍几何空间中直角坐标变换相对应的等距变换.

2.1 内积空间基本概念

定义 2.1.1 设 V 为数域 F(R 或 C)上线性空间，若有一法则使 V 中任两向量 $\boldsymbol{\alpha},\boldsymbol{\beta}$ 确定 F 中唯一的数，记为 $\langle\boldsymbol{\alpha},\boldsymbol{\beta}\rangle$，且 $\langle\boldsymbol{\alpha},\boldsymbol{\beta}\rangle$ 满足：

1° $\langle\boldsymbol{\beta},\boldsymbol{\alpha}\rangle=\overline{\langle\boldsymbol{\alpha},\boldsymbol{\beta}\rangle}$, $\forall\boldsymbol{\alpha},\boldsymbol{\beta}\in V$;(共轭对称性)

2° $\langle\boldsymbol{\alpha}+\boldsymbol{\beta},\boldsymbol{\gamma}\rangle=\langle\boldsymbol{\alpha},\boldsymbol{\gamma}\rangle+\langle\boldsymbol{\beta},\boldsymbol{\gamma}\rangle$, $\forall\boldsymbol{\alpha},\boldsymbol{\beta},\boldsymbol{\gamma}\in V$;

3° $\langle k\boldsymbol{\alpha},\boldsymbol{\beta}\rangle=k\langle\boldsymbol{\alpha},\boldsymbol{\beta}\rangle$, $\forall k\in F$, $\forall\boldsymbol{\alpha},\boldsymbol{\beta}\in V$;

4° $\langle\boldsymbol{\alpha},\boldsymbol{\alpha}\rangle\geqslant 0$，且等号成立当且仅当 $\boldsymbol{\alpha}=\mathbf{0}$.

则称 $\langle\boldsymbol{\alpha},\boldsymbol{\beta}\rangle$ 为 $\boldsymbol{\alpha}$ 与 $\boldsymbol{\beta}$ 的**内积**，V 为**内积空间**.

特别 $F=C$ 时，称 $V(C)$ 为**酉空间**(Unitary Space)；$F=R$ 时，称 $V(R)$ 为**欧氏空间**(Euclidean Space).

注：从定义不难推出，在内积空间中有

$$\langle\boldsymbol{\alpha},\boldsymbol{\beta}+\boldsymbol{\gamma}\rangle=\langle\boldsymbol{\alpha},\boldsymbol{\beta}\rangle+\langle\boldsymbol{\alpha},\boldsymbol{\gamma}\rangle,$$

$$\langle\boldsymbol{\alpha},k\boldsymbol{\beta}\rangle=\bar{k}\langle\boldsymbol{\alpha},\boldsymbol{\beta}\rangle,$$

$$\langle\boldsymbol{\alpha},\boldsymbol{\theta}\rangle=\langle\boldsymbol{\theta},\boldsymbol{\alpha}\rangle=0.$$

例 1 在 R^n 中定义 $\langle\boldsymbol{X},\boldsymbol{Y}\rangle=\boldsymbol{Y}^{\mathrm{T}}\boldsymbol{X}$，$R^n$ 为欧氏空间.

例 2 在 C^n 中定义 $\langle \boldsymbol{X},\boldsymbol{Y}\rangle=\overline{\boldsymbol{Y}}^{\mathrm{T}}\boldsymbol{X}$，$C^n$ 为酉空间.

以上两个例子的内积叫标准内积. 一般情况下，如不作声明，则 C^n（或 R^n）上内积均指标准内积.

例 3 在 R^n 中定义 $\langle \boldsymbol{X},\boldsymbol{Y}\rangle=\boldsymbol{Y}^{\mathrm{T}}\boldsymbol{A}\boldsymbol{X}$，其中 $\boldsymbol{A}$ 为 n 阶正定阵. 根据定义 2.1.1，不难证明 R^n 是欧氏空间.

例 4 在 $C^{n\times n}$ 中定义 $\langle \boldsymbol{A},\boldsymbol{B}\rangle=\mathrm{tr}\boldsymbol{A}\boldsymbol{B}^{\mathrm{H}}$，其中 $\boldsymbol{B}^{\mathrm{H}}=\overline{\boldsymbol{B}}^{\mathrm{T}}$，不难证明 $C^{n\times n}$ 是酉空间.

例 5 若 $V(R)=(a,b)$ 上一切连续函数的集合 $C(a,b)$，定义

$$\langle f,g\rangle=\int_a^b f(x)g(x)\mathrm{d}x \quad (\forall f(x),g(x)\in V),$$

不难证明 $V(R)$ 是欧氏空间.

在 n 维内积空间，若已知基向量之间的内积，那么任意两向量的内积便可得到.

定义 2.1.2 设 $\boldsymbol{\alpha}_1,\boldsymbol{\alpha}_2,\cdots,\boldsymbol{\alpha}_n$ 为内积空间 V 的一组基，记

$$\langle \boldsymbol{\alpha}_i,\boldsymbol{\alpha}_j\rangle=g_{ij} \quad (i,j=1,2,\cdots,n),$$

则称 n 阶矩阵 $\boldsymbol{G}=(g_{ij})$ 为基 $\boldsymbol{\alpha}_1,\boldsymbol{\alpha}_2,\cdots,\boldsymbol{\alpha}_n$ 的**度量矩阵**.

从定义 2.1.2 可以看出 $g_{ji}=\overline{g}_{ij}$，故 $\boldsymbol{G}^{\mathrm{H}}=\boldsymbol{G}$.

定理 2.1.1 设内积空间 V 的一组基 $\{\boldsymbol{\alpha}_i\}_1^n$ 的度量矩阵为 $\boldsymbol{G}$，V 中向量 $\boldsymbol{\alpha}$ 与 $\boldsymbol{\beta}$ 在该基下坐标向量分别为 $\boldsymbol{X}$ 和 $\boldsymbol{Y}$，则

$$\langle \boldsymbol{\alpha},\boldsymbol{\beta}\rangle=\boldsymbol{X}^{\mathrm{T}}\boldsymbol{G}\overline{\boldsymbol{Y}}=\boldsymbol{Y}^{\mathrm{H}}\boldsymbol{G}^{\mathrm{T}}\boldsymbol{X}. \tag{2.1.1}$$

证明 设 $\boldsymbol{\alpha}=\sum_{i=1}^n x_i\boldsymbol{\alpha}_i$，$\boldsymbol{\beta}=\sum_{i=1}^n y_i\boldsymbol{\alpha}_i$，于是

$$\begin{aligned}\langle \boldsymbol{\alpha},\boldsymbol{\beta}\rangle &= \left\langle \sum_{i=1}^n x_i\boldsymbol{\alpha}_i, \sum_{j=1}^n y_j\boldsymbol{\alpha}_j\right\rangle = \sum_{i=1}^n x_i\left\langle \boldsymbol{\alpha}_i, \sum_{j=1}^n y_j\boldsymbol{\alpha}_j\right\rangle \\ &= \sum_{i=1}^n\sum_{j=1}^n x_i\overline{y}_j\langle \boldsymbol{\alpha}_i,\boldsymbol{\alpha}_j\rangle = \sum_{i=1}^n\sum_{j=1}^n g_{ij}x_i\overline{y}_j\end{aligned}$$

$$= (x_1, x_2, \cdots, x_n)\begin{bmatrix} g_{11} & g_{12} & \cdots & g_{1n} \\ g_{21} & g_{22} & \cdots & g_{2n} \\ \vdots & \vdots & & \vdots \\ g_{n1} & g_{n2} & \cdots & g_{nn} \end{bmatrix}\begin{bmatrix} \bar{y}_1 \\ \bar{y}_2 \\ \vdots \\ \bar{y}_n \end{bmatrix}$$

$$= \boldsymbol{X}^{\mathrm{T}}\boldsymbol{G}\bar{\boldsymbol{Y}}.$$

又

$$\boldsymbol{X}^{\mathrm{T}}\boldsymbol{G}\bar{\boldsymbol{Y}} = (\boldsymbol{X}^{\mathrm{T}}\boldsymbol{G}\bar{\boldsymbol{Y}})^{\mathrm{T}} = \boldsymbol{Y}^{\mathrm{H}}\boldsymbol{G}^{\mathrm{T}}\boldsymbol{X}.$$

证毕.

在内积的基础上,可以定义向量的长度.

定义 2.1.3　设 $\boldsymbol{\alpha}$ 是内积空间中任一向量,称非负实数$\langle\boldsymbol{\alpha},\boldsymbol{\alpha}\rangle$的算术平方根$\sqrt{\langle\boldsymbol{\alpha},\boldsymbol{\alpha}\rangle}$为 $\boldsymbol{\alpha}$ 的**长度**,记为$\|\boldsymbol{\alpha}\|$.

根据定义 2.1.3,容易推出向量长度的性质:$\boldsymbol{\alpha}=\boldsymbol{0}\Leftrightarrow\|\boldsymbol{\alpha}\|=0$; $\|k\boldsymbol{\alpha}\|=|k|\|\boldsymbol{\alpha}\|$;若 $\boldsymbol{\alpha}\neq\boldsymbol{0}$,则$\dfrac{\boldsymbol{\alpha}}{\|\boldsymbol{\alpha}\|}$的长度为 1. 称长度为 1 的向量为单位向量.

为了引进夹角,先要证明一个不等式.

定理 2.1.2(Cauchy-Буняковский 不等式)　对于内积空间 V 中任意向量 $\boldsymbol{\alpha}$, $\boldsymbol{\beta}$,必有

$$|\langle\boldsymbol{\alpha},\boldsymbol{\beta}\rangle|^2\leqslant\langle\boldsymbol{\alpha},\boldsymbol{\alpha}\rangle\langle\boldsymbol{\beta},\boldsymbol{\beta}\rangle, \tag{2.1.2}$$

且等号成立的充要条件是 $\boldsymbol{\alpha}$, $\boldsymbol{\beta}$ 线性相关.

证明　作 $\boldsymbol{\gamma}=\boldsymbol{\alpha}+t\boldsymbol{\beta}$, $t\in F$,于是有

$$0\leqslant\langle\boldsymbol{\gamma},\boldsymbol{\gamma}\rangle=\langle\boldsymbol{\alpha},\boldsymbol{\alpha}\rangle+t\bar{t}\langle\boldsymbol{\beta},\boldsymbol{\beta}\rangle+t\langle\boldsymbol{\beta},\boldsymbol{\alpha}\rangle+\bar{t}\langle\boldsymbol{\alpha},\boldsymbol{\beta}\rangle, \tag{2.1.3}$$

由于$|\langle\boldsymbol{\alpha},\boldsymbol{\beta}\rangle|^2=\langle\boldsymbol{\alpha},\boldsymbol{\beta}\rangle\overline{\langle\boldsymbol{\alpha},\boldsymbol{\beta}\rangle}=\langle\boldsymbol{\alpha},\boldsymbol{\beta}\rangle\langle\boldsymbol{\beta},\boldsymbol{\alpha}\rangle$,将式(2.1.3)与式(2.1.2)作比较可以发现,当 $\boldsymbol{\beta}\neq\boldsymbol{0}$时,令

$$t=-\frac{\langle\boldsymbol{\alpha},\boldsymbol{\beta}\rangle}{\langle\boldsymbol{\beta},\boldsymbol{\beta}\rangle},$$

代入式(2.1.3)注意到$\langle\boldsymbol{\beta},\boldsymbol{\beta}\rangle\in R$，即可得式(2.1.2).

当$\boldsymbol{\beta}=\mathbf{0}$时，由于式(2.1.2)的左、右端均为0，所以式(2.1.2)也成立

下面研究等号成立的条件.

若$\boldsymbol{\alpha},\boldsymbol{\beta}$线性相关，又$\boldsymbol{\alpha},\boldsymbol{\beta}$至少有一为$\mathbf{0}$时，等号显然成立. 否则，存在$k\in F$使$\boldsymbol{\alpha}=k\boldsymbol{\beta}$，不难看出，此时式(2.1.2)左、右端也相等. 若$\boldsymbol{\alpha},\boldsymbol{\beta}$线性无关，则$\boldsymbol{\gamma}=\boldsymbol{\alpha}+t\boldsymbol{\beta}$必不为零向量，故$\langle\boldsymbol{\gamma},\boldsymbol{\gamma}\rangle>0$，因此从式(2.1.3)可知式(2.1.2)等号必不成立.

证毕.

利用定理2.1.2，可以证明如下三角不等式.

定理2.1.3(三角不等式)　设$\boldsymbol{\alpha},\boldsymbol{\beta}$为内积空间任意向量，则

$$\|\boldsymbol{\alpha}+\boldsymbol{\beta}\|\leqslant\|\boldsymbol{\alpha}\|+\|\boldsymbol{\beta}\|.$$

证明

$$\begin{aligned}\|\boldsymbol{\alpha}+\boldsymbol{\beta}\|^2&=\langle\boldsymbol{\alpha}+\boldsymbol{\beta},\boldsymbol{\alpha}+\boldsymbol{\beta}\rangle=\langle\boldsymbol{\alpha},\boldsymbol{\alpha}\rangle+\langle\boldsymbol{\alpha},\boldsymbol{\beta}\rangle+\langle\boldsymbol{\beta},\boldsymbol{\alpha}\rangle+\langle\boldsymbol{\beta},\boldsymbol{\beta}\rangle\\&=\|\boldsymbol{\alpha}\|^2+2\mathrm{Re}\langle\boldsymbol{\alpha},\boldsymbol{\beta}\rangle+\|\boldsymbol{\beta}\|^2\\&\leqslant\|\boldsymbol{\alpha}\|^2+2|\langle\boldsymbol{\alpha},\boldsymbol{\beta}\rangle|+\|\boldsymbol{\beta}\|^2\\&\leqslant\|\boldsymbol{\alpha}\|^2+2\|\boldsymbol{\alpha}\|\,\|\boldsymbol{\beta}\|+\|\boldsymbol{\beta}\|^2\\&=(\|\boldsymbol{\alpha}\|+\|\boldsymbol{\beta}\|)^2,\end{aligned}$$

所以

$$\|\boldsymbol{\alpha}+\boldsymbol{\beta}\|\leqslant\|\boldsymbol{\alpha}\|+\|\boldsymbol{\beta}\|.$$

证毕.

定义2.1.4　称$d(\boldsymbol{\alpha},\boldsymbol{\beta})=\|\boldsymbol{\alpha}-\boldsymbol{\beta}\|$为$\boldsymbol{\alpha}$与$\boldsymbol{\beta}$的距离.

根据定义2.1.4及三角不等式，可知距离有如下性质：

$$d(\boldsymbol{\alpha},\boldsymbol{\beta})=d(\boldsymbol{\beta},\boldsymbol{\alpha}),$$
$$d(\boldsymbol{\alpha},\boldsymbol{\beta})\leqslant d(\boldsymbol{\alpha},\boldsymbol{\gamma})+d(\boldsymbol{\gamma},\boldsymbol{\beta}).$$

有了定理2.1.2，可以定义两非零向量的夹角.

定义2.1.5　设$\boldsymbol{\alpha},\boldsymbol{\beta}$为欧氏空间上的两非零向量，有

$$\cos\varphi=\frac{\langle\boldsymbol{\alpha},\boldsymbol{\beta}\rangle}{\|\boldsymbol{\alpha}\|\ \|\boldsymbol{\beta}\|}\quad(0\leqslant\varphi\leqslant\pi),$$

称 φ 为 $\boldsymbol{\alpha}$ 与 $\boldsymbol{\beta}$ 的**夹角**.

定义 2.1.6 设 $\boldsymbol{\alpha},\boldsymbol{\beta}$ 为内积空间上任意向量,若 $\langle\boldsymbol{\alpha},\boldsymbol{\beta}\rangle=0$,则称 $\boldsymbol{\alpha}$ 与 $\boldsymbol{\beta}$ **正交**,记为 $\boldsymbol{\alpha}\perp\boldsymbol{\beta}$.

内积空间中一组两两正交的非零向量称为**正交向量组**.

显然,零向量与任何向量正交;欧氏空间两非零向量正交指它们的夹角为 $\frac{\pi}{2}$.

定理 2.1.4 设 $\boldsymbol{\alpha}_1,\boldsymbol{\alpha}_2,\cdots,\boldsymbol{\alpha}_k$ 为内积空间 V 的正交向量组,则 $\boldsymbol{\alpha}_1,\boldsymbol{\alpha}_2,\cdots,\boldsymbol{\alpha}_k$ 线性无关.

证明 若

$$\sum_{i=1}^{k}c_i\boldsymbol{\alpha}_i=\boldsymbol{0},\tag{2.1.4}$$

将式(2.1.4)左、右同时与 $\boldsymbol{\alpha}_j$ 作内积,由于 $i\neq j$ 时 $\langle\boldsymbol{\alpha}_i,\boldsymbol{\alpha}_j\rangle=0$, $\langle\boldsymbol{0},\boldsymbol{\alpha}_j\rangle=0$, $\langle\boldsymbol{\alpha}_j,\boldsymbol{\alpha}_j\rangle\neq0$,故得

$$c_j=0\quad(j=1,2,\cdots,k),$$

所以 $\boldsymbol{\alpha}_1,\boldsymbol{\alpha}_2,\cdots,\boldsymbol{\alpha}_k$ 线性无关.

证毕.

定义 2.1.7 称内积空间 V 中由正交向量组构成的基为**正交基**;若正交基中每个向量为单位向量,则称这组正交基为**标准正交基**.

若 $\boldsymbol{\varepsilon}_1,\boldsymbol{\varepsilon}_2,\cdots,\boldsymbol{\varepsilon}_n$ 为标准正交基,则 $\langle\boldsymbol{\varepsilon}_i,\boldsymbol{\varepsilon}_j\rangle=\delta_{ij}\ (i,j=1,2,\cdots,n)$,即标准正交基的度量矩阵是单位阵. 反之也对.

若 n 阶矩阵 $\boldsymbol{A}$ 满足 $\boldsymbol{A}^{\mathrm{H}}\boldsymbol{A}=\boldsymbol{I}$(称 $\boldsymbol{A}$ 为**酉矩阵**),则其列向量组为酉空间 C^n 的标准正交基;反之也对,这是因为 $\boldsymbol{A}^{\mathrm{H}}\boldsymbol{A}$ 的 i 行 j 列元素正是 $\boldsymbol{A}$ 的第 j 列与第 i 列这两个向量的内积.

如何从内积空间的一组基出发,作它的标准正交基呢?

定理 2.1.5 任一有限维内积空间必存在标准正交基.

证明 采用 Schmidt 正交化方法,把标准正交基构造出来.

设 $\boldsymbol{\alpha}_1,\boldsymbol{\alpha}_2,\cdots,\boldsymbol{\alpha}_n$ 为内积空间 V 的一组基,令

$$\boldsymbol{\beta}_1=\boldsymbol{\alpha}_1,$$

$$\boldsymbol{\beta}_2=\boldsymbol{\alpha}_2-\frac{\langle\boldsymbol{\alpha}_2,\boldsymbol{\beta}_1\rangle}{\langle\boldsymbol{\beta}_1,\boldsymbol{\beta}_1\rangle}\boldsymbol{\beta}_1.$$

显然$\langle\boldsymbol{\beta}_2,\boldsymbol{\beta}_1\rangle=0$,由于 $\boldsymbol{\beta}_1=\boldsymbol{\alpha}_1$,$\boldsymbol{\alpha}_1$ 与 $\boldsymbol{\alpha}_2$ 线性无关,故 $\boldsymbol{\beta}_2\neq\mathbf{0}$.

作

$$\boldsymbol{\beta}_3=\boldsymbol{\alpha}_3-\frac{\langle\boldsymbol{\alpha}_3,\boldsymbol{\beta}_1\rangle}{\langle\boldsymbol{\beta}_1,\boldsymbol{\beta}_1\rangle}\boldsymbol{\beta}_1-\frac{\langle\boldsymbol{\alpha}_3,\boldsymbol{\beta}_1\rangle}{\langle\boldsymbol{\beta}_2,\boldsymbol{\beta}_2\rangle}\boldsymbol{\beta}_2,$$

显然$\langle\boldsymbol{\beta}_3,\boldsymbol{\beta}_2\rangle=\langle\boldsymbol{\beta}_3,\boldsymbol{\beta}_1\rangle=0$. 另外,$\boldsymbol{\beta}_3$ 是 $\boldsymbol{\alpha}_1,\boldsymbol{\alpha}_2,\boldsymbol{\alpha}_3$ 的线性组合,且其中 $\boldsymbol{\alpha}_3$ 的系数为 1,由于 $\boldsymbol{\alpha}_1,\boldsymbol{\alpha}_2,\boldsymbol{\alpha}_3$ 线性无关,故 $\boldsymbol{\beta}_3\neq\mathbf{0}$,因此又可类似地作 $\boldsymbol{\beta}_4$. 依此推下去,由已经作出的正交向量组 $\boldsymbol{\beta}_1,\boldsymbol{\beta}_2,\cdots,\boldsymbol{\beta}_k$,作

$$\boldsymbol{\beta}_{k+1}=\boldsymbol{\alpha}_{k+1}-\frac{\langle\boldsymbol{\alpha}_{k+1},\boldsymbol{\beta}_1\rangle}{\langle\boldsymbol{\beta}_1,\boldsymbol{\beta}_1\rangle}\boldsymbol{\beta}_1-\cdots-\frac{\langle\boldsymbol{\alpha}_{k+1},\boldsymbol{\beta}_k\rangle}{\langle\boldsymbol{\beta}_k,\boldsymbol{\beta}_k\rangle}\boldsymbol{\beta}_k\quad(k\leqslant n-1),\tag{2.1.5}$$

容易看出 $\boldsymbol{\beta}_{k+1}$ 与 $\boldsymbol{\beta}_1,\boldsymbol{\beta}_2,\cdots,\boldsymbol{\beta}_k$ 均正交,且 $\boldsymbol{\beta}_{k+1}\neq\mathbf{0}$.

于是得到 V 的正交向量组 $\boldsymbol{\beta}_1,\boldsymbol{\beta}_2,\cdots,\boldsymbol{\beta}_n$. 根据定理 2.1.4 可知它们线性无关,因此是 V 的一组正交基. 最后单位化,令

$$\boldsymbol{\eta}_i=\frac{\boldsymbol{\beta}_i}{\|\boldsymbol{\beta}_i\|}\quad(i=1,2,\cdots,n),$$

$\boldsymbol{\eta}_1,\boldsymbol{\eta}_2,\cdots,\boldsymbol{\eta}_n$ 是 V 的一组标准正交基.

证毕.

推论 设 $\boldsymbol{\alpha}_1,\boldsymbol{\alpha}_2,\cdots,\boldsymbol{\alpha}_m$ 是 n 维内积空间 V 的正交向量组,则必可扩充为 V 的正交基.

证明 将 $\boldsymbol{\alpha}_1,\boldsymbol{\alpha}_2,\cdots,\boldsymbol{\alpha}_m$ 扩充为 V 的基:$\boldsymbol{\alpha}_1,\cdots,\boldsymbol{\alpha}_m,\boldsymbol{\alpha}_{m+1},\cdots,\boldsymbol{\alpha}_n$,按

Schmidt 正交化方法将它正交化得 $\boldsymbol{\beta}_1,\cdots,\boldsymbol{\beta}_n$. 由于 $\boldsymbol{\alpha}_1,\boldsymbol{\alpha}_2,\cdots,\boldsymbol{\alpha}_m$ 两两正交，从式(2.1.5)可知

$$\boldsymbol{\beta}_1=\boldsymbol{\alpha}_1,\quad \boldsymbol{\beta}_2=\boldsymbol{\alpha}_2,\quad \cdots,\quad \boldsymbol{\beta}_m=\boldsymbol{\alpha}_m,$$

于是得到 V 的一组正交基：$\boldsymbol{\alpha}_1,\cdots,\boldsymbol{\alpha}_m,\boldsymbol{\beta}_{m+1},\cdots,\boldsymbol{\beta}_n$.

证毕.

对可逆阵 $\boldsymbol{A}$ 的 n 个列向量用 Schmidt 正交化公式，可以得到 $\boldsymbol{A}$ 的一种分解式.

定理 2.1.6(可逆阵的 UT 分解)　设 $\boldsymbol{A}$ 为 n 阶可逆阵，则存在酉阵 $\boldsymbol{U}$ 及主对角元恒正的上三角阵 $\boldsymbol{T}$，使

$$\boldsymbol{A}=\boldsymbol{U}\boldsymbol{T},$$

且这种分解唯一.

证明　记 $\boldsymbol{A}$ 的第 k 列为 $\boldsymbol{\alpha}_k(k=1,2,\cdots,n)$，由于 $\{\boldsymbol{\alpha}_k\}_1^n$ 线性无关，它可作为酉空间 C^n 的基. 按 Schmidt 正交化方法，令

$$\boldsymbol{\beta}_k=\boldsymbol{\alpha}_k-b_{k1}\boldsymbol{\beta}_1-\cdots-b_{k,k-1}\boldsymbol{\beta}_{k-1}\quad(k=1,2,\cdots,n),$$

其中

$$b_{kj}=\frac{\langle\boldsymbol{\alpha}_k,\boldsymbol{\beta}_j\rangle}{\langle\boldsymbol{\beta}_j,\boldsymbol{\beta}_j\rangle}\quad(j=1,2,\cdots,k-1).$$

再令

$$\boldsymbol{\eta}_k=\frac{\boldsymbol{\beta}_k}{\|\boldsymbol{\beta}_k\|}\quad(k=1,2,\cdots,n),$$

于是

$$\boldsymbol{A}=(\boldsymbol{\alpha}_1,\cdots,\boldsymbol{\alpha}_n)=(\boldsymbol{\beta}_1,\cdots,\boldsymbol{\beta}_n)\begin{bmatrix}1 & b_{21} & b_{31} & \cdots & b_{n1}\\ 0 & 1 & b_{32} & \cdots & b_{n2}\\ \vdots & \vdots & \vdots & & \vdots\\ 0 & 0 & 0 & \cdots & 1\end{bmatrix}$$

$$=(\boldsymbol{\eta}_1,\cdots,\boldsymbol{\eta}_n)\begin{bmatrix}\|\boldsymbol{\beta}_1\| & \|\boldsymbol{\beta}_1\|b_{21} & \cdots & \|\boldsymbol{\beta}_1\|b_{n1}\\ 0 & \|\boldsymbol{\beta}_2\| & \cdots & \|\boldsymbol{\beta}_2\|b_{n2}\\ \vdots & \vdots & & \vdots\\ 0 & 0 & \cdots & \|\boldsymbol{\beta}_n\|\end{bmatrix}$$

$$=\boldsymbol{UT}.$$

由于 $\boldsymbol{\eta}_1,\boldsymbol{\eta}_2,\cdots,\boldsymbol{\eta}_n$ 是 C^n 的标准正交基，故 $\boldsymbol{U}=(\boldsymbol{\eta}_1,\boldsymbol{\eta}_2,\cdots,\boldsymbol{\eta}_n)$ 是酉矩阵，而 $\|\boldsymbol{\beta}_k\|>0(k=1,\cdots,n)$，故 $\boldsymbol{T}$ 是主对角元恒正的上三角阵.

下面证这种分解唯一.

若 $\boldsymbol{A}=\boldsymbol{U}_1\boldsymbol{T}_1=\boldsymbol{U}_2\boldsymbol{T}_2$，其中 $\boldsymbol{U}_1,\boldsymbol{U}_2$ 为酉阵，$\boldsymbol{T}_1,\boldsymbol{T}_2$ 为主对角元恒正的上三角阵，则

$$\boldsymbol{U}_2^{\mathrm{H}}\boldsymbol{U}_1=\boldsymbol{T}_2\boldsymbol{T}_1^{-1}.$$

记 $\boldsymbol{U}_2^{\mathrm{H}}\boldsymbol{U}_1=\boldsymbol{T}_2\boldsymbol{T}_1^{-1}=\boldsymbol{D}$. 由于 $\boldsymbol{U}_2^{\mathrm{H}}\boldsymbol{U}_1$ 是酉矩阵，故有 $\boldsymbol{D}^{\mathrm{H}}=\boldsymbol{D}^{-1}$，而 $\boldsymbol{T}_2\boldsymbol{T}_1^{-1}$ 为上三角阵，于是 $\boldsymbol{D}^{\mathrm{H}}$ 为下三角阵，但 $\boldsymbol{D}^{-1}$ 仍是上三角阵，所以 $\boldsymbol{D}$ 只能是对角阵. 再注意到 $\boldsymbol{T}_2\boldsymbol{T}_1^{-1}$ 的主对角元恒正及 $\boldsymbol{D}$ 是酉矩阵，即得 $\boldsymbol{D}=\boldsymbol{I}$. 所以 $\boldsymbol{U}_2=\boldsymbol{U}_1,\boldsymbol{T}_2=\boldsymbol{T}_1$.

证毕.

2.2 正交补、向量到子空间的最短距离

定义 设 W 是内积空间 V 的子空间，称 V 中向量 $\boldsymbol{\alpha}$ 正交于 W（记为 $\boldsymbol{\alpha}\perp W$）是指 $\forall\boldsymbol{\beta}\in W$，$\langle\boldsymbol{\alpha},\boldsymbol{\beta}\rangle=0$. 若 V 的子空间 W_1 的每一向量正交于子空间 W_2，则称 W_1 与 W_2 正交，又称

$$W^{\perp}=\{\boldsymbol{\alpha}\mid\boldsymbol{\alpha}\perp W,\boldsymbol{\alpha}\in V\}$$

为 W 的**正交补**.

从该定义不难验证 $W^{\perp}$ 是 V 的子空间.

定理 2.2.1 设 W 是内积空间 V 的有限维子空间，则 $V=W\oplus W^{\perp}$；

并且若 $V=W\oplus U$，其中 U 正交于 W，则 $U=W^{\perp}$.

证明　因为 W 是有限维的，可设 W 的一组标准正交基为 $\boldsymbol{\varepsilon}_1,\boldsymbol{\varepsilon}_2,\cdots,\boldsymbol{\varepsilon}_r$，对 V 中任一向量 $\boldsymbol{\alpha}$ 作

$$\boldsymbol{\beta}=\sum_{i=1}^{r}\langle\boldsymbol{\alpha},\boldsymbol{\varepsilon}_i\rangle\boldsymbol{\varepsilon}_i, \tag{2.2.1}$$

则 $\boldsymbol{\beta}\in W$，且

$$\begin{aligned}\langle\boldsymbol{\alpha}-\boldsymbol{\beta},\boldsymbol{\varepsilon}_j\rangle&=\langle\boldsymbol{\alpha},\boldsymbol{\varepsilon}_j\rangle-\left\langle\sum_{i=1}^{r}\langle\boldsymbol{\alpha},\boldsymbol{\varepsilon}_i\rangle\boldsymbol{\varepsilon}_i,\boldsymbol{\varepsilon}_j\right\rangle\\&=\langle\boldsymbol{\alpha},\boldsymbol{\varepsilon}_j\rangle-\langle\boldsymbol{\alpha},\boldsymbol{\varepsilon}_j\rangle\langle\boldsymbol{\varepsilon}_j,\boldsymbol{\varepsilon}_j\rangle=0\quad(j=1,2,\cdots,r),\end{aligned}$$

故 $\boldsymbol{\alpha}-\boldsymbol{\beta}$ 与 W 的每一基向量正交，自然与 W 也正交，所以 $\boldsymbol{\alpha}-\boldsymbol{\beta}$ 属于 $W^{\perp}$，又 $\boldsymbol{\alpha}=\boldsymbol{\beta}+(\boldsymbol{\alpha}-\boldsymbol{\beta})$，所以 $V=W+W^{\perp}$.

再证 $W\cap W^{\perp}=\{\mathbf{0}\}$.

$\forall\boldsymbol{\alpha}\in W\cap W^{\perp}$，由于 $\boldsymbol{\alpha}\in W$，$\boldsymbol{\alpha}\in W^{\perp}$，根据正交补的定义 $\langle\boldsymbol{\alpha},\boldsymbol{\alpha}\rangle=0$，故 $\boldsymbol{\alpha}=\mathbf{0}$，所以 $W+W^{\perp}$ 为直和. 于是 $V=W\oplus W^{\perp}$ 得证.

若 $V=W\oplus U$，且 U 中每一向量正交于 W，那么由 $W^{\perp}$ 的定义知

$$U\subset W^{\perp};$$

另一方面，$\forall\boldsymbol{\beta}\in W^{\perp}\subset V$，由于 $V=W\oplus U$，故 W 与 U 中分别存在唯一 $\boldsymbol{\alpha}\in W$ 与 $\boldsymbol{\gamma}\in U$，使

$$\boldsymbol{\beta}=\boldsymbol{\alpha}+\boldsymbol{\gamma}. \tag{2.2.2}$$

与 $\boldsymbol{\alpha}$ 作内积，得

$$0=\langle\boldsymbol{\beta},\boldsymbol{\alpha}\rangle=\langle\boldsymbol{\alpha},\boldsymbol{\alpha}\rangle+\langle\boldsymbol{\gamma},\boldsymbol{\alpha}\rangle=\langle\boldsymbol{\alpha},\boldsymbol{\alpha}\rangle,$$

所以 $\boldsymbol{\alpha}=\mathbf{0}$，由式(2.2.2)得 $\boldsymbol{\beta}=\boldsymbol{\gamma}\in U$，因此 $W^{\perp}\subset U$. 综上所述，有

$$U=W^{\perp}.$$

证毕.

例 1　设 $\boldsymbol{A}\in C^{s\times n}$，$K(\boldsymbol{A})=\{\boldsymbol{X}\mid\boldsymbol{AX}=\mathbf{0},\boldsymbol{X}\in C^n\}\leqslant C^n$，试证：

$$[K(\boldsymbol{A})]^{\perp}=R(\boldsymbol{A}^{\mathrm{H}}).$$

证明 设 $\boldsymbol{A}=(a_{ij})_{s\times n}$，$\boldsymbol{X}=(x_1,\cdots,x_n)^{\mathrm{T}}$，记 $(a_{i1},a_{i2},\cdots,a_{in})=\boldsymbol{\alpha}_i^{\mathrm{H}}$，对 $K(\boldsymbol{A})$ 中每一向量 $\boldsymbol{X}$，有

$$\langle \boldsymbol{X},\boldsymbol{\alpha}_i\rangle=\boldsymbol{\alpha}_i^{\mathrm{H}}\boldsymbol{X}=\sum_{j=1}^{n}a_{ij}x_j=0,$$

故 $\boldsymbol{\alpha}_i\in[K(\boldsymbol{A})]^{\perp}$. 而 $\boldsymbol{\alpha}_i=(\bar{a}_{i1},\cdots,\bar{a}_{in})^{\mathrm{T}}$，正是 $\boldsymbol{A}^{\mathrm{H}}$ 的列，因此

$$R(\boldsymbol{A}^{\mathrm{H}})\subset[K(\boldsymbol{A})]^{\perp}.$$

另外

$$\begin{aligned}\dim R(\boldsymbol{A}^{\mathrm{H}})&=r(\boldsymbol{A}^{\mathrm{H}})=r(\boldsymbol{A})=n-\dim K(\boldsymbol{A})\\&=\dim[K(\boldsymbol{A})]^{\perp},\end{aligned}$$

所以

$$R(\boldsymbol{A}^{\mathrm{H}})=[K(\boldsymbol{A})]^{\perp}.$$

证毕.

利用例 1 及定理 2.2.1 即得

$$C^n=K(\boldsymbol{A})\oplus R(\boldsymbol{A}^{\mathrm{H}}),$$

同理

$$C^s=K(\boldsymbol{A}^{\mathrm{H}})\oplus R(\boldsymbol{A}),$$

且

$$[R(\boldsymbol{A})]^{\perp}=K(\boldsymbol{A}^{\mathrm{H}}).$$

定理 2.2.2 设 W 是内积空间 V 的有限维子空间，则对 V 中任一向量 $\boldsymbol{\alpha}$ 必存在唯一 $\boldsymbol{\beta}\in W$，使 $d(\boldsymbol{\beta},\boldsymbol{\alpha})=\min\limits_{\boldsymbol{\xi}\in W}d(\boldsymbol{\xi},\boldsymbol{\alpha})$.

证明 根据定理 2.2.1 知 $V=W\oplus W^{\perp}$，故对 V 中向量 $\boldsymbol{\alpha}$ 存在唯一 $\boldsymbol{\beta}\in W$ 与 $\boldsymbol{\delta}\in W^{\perp}$ 使 $\boldsymbol{\alpha}=\boldsymbol{\beta}+\boldsymbol{\delta}$. $\forall\boldsymbol{\xi}\in W$，注意到 $\boldsymbol{\xi}-\boldsymbol{\beta}\in W$，$\boldsymbol{\delta}=\boldsymbol{\alpha}-\boldsymbol{\beta}\in W^{\perp}$，于是

$$\begin{aligned}\|\boldsymbol{\xi}-\boldsymbol{\alpha}\|^2&=\|\boldsymbol{\xi}-\boldsymbol{\beta}+\boldsymbol{\beta}-\boldsymbol{\alpha}\|^2\\&=\|\boldsymbol{\xi}-\boldsymbol{\beta}\|^2+\|\boldsymbol{\beta}-\boldsymbol{\alpha}\|^2+\langle\boldsymbol{\xi}-\boldsymbol{\beta},\boldsymbol{\beta}-\boldsymbol{\alpha}\rangle+\langle\boldsymbol{\beta}-\boldsymbol{\alpha},\boldsymbol{\xi}-\boldsymbol{\beta}\rangle\\&=\|\boldsymbol{\xi}-\boldsymbol{\beta}\|^2+\|\boldsymbol{\beta}-\boldsymbol{\alpha}\|^2,\end{aligned}\tag{2.2.3}$$

因此

$$\|\boldsymbol{\xi}-\boldsymbol{\alpha}\|^2\geqslant\|\boldsymbol{\beta}-\boldsymbol{\alpha}\|^2\quad(\forall\,\boldsymbol{\xi}\in W),$$

所以 W 中存在 $\boldsymbol{\beta}$ 使

$$d(\boldsymbol{\beta},\boldsymbol{\alpha})=\min_{\boldsymbol{\xi}\in W}d(\boldsymbol{\xi},\boldsymbol{\alpha}).\tag{2.2.4}$$

下面证满足式(2.2.4)的 $\boldsymbol{\beta}$ 唯一.

若另有 $\boldsymbol{\beta}_1\in W$,使 $d(\boldsymbol{\beta}_1,\boldsymbol{\alpha})=\min\limits_{\boldsymbol{\xi}\in W}d(\boldsymbol{\xi},\boldsymbol{\alpha})$. 利用式(2.2.3)可得

$$\|\boldsymbol{\beta}_1-\boldsymbol{\alpha}\|^2=\|\boldsymbol{\beta}_1-\boldsymbol{\beta}\|^2+\|\boldsymbol{\beta}-\boldsymbol{\alpha}\|^2,\tag{2.2.5}$$

从式(2.2.5)可见

$$\|\boldsymbol{\beta}_1-\boldsymbol{\alpha}\|^2=\|\boldsymbol{\beta}-\boldsymbol{\alpha}\|^2\Leftrightarrow\|\boldsymbol{\beta}_1-\boldsymbol{\beta}\|=0\Leftrightarrow\boldsymbol{\beta}_1=\boldsymbol{\beta}.$$

证毕.

称如上 $\boldsymbol{\beta}$ 为 $\boldsymbol{\alpha}$ 在子空间 W 上的**正投影**,也叫 $\boldsymbol{\beta}$ 是 $\boldsymbol{\alpha}$ 在子空间 W 上的**最佳逼近**,$\|\boldsymbol{\beta}-\boldsymbol{\alpha}\|$ 为 $\boldsymbol{\alpha}$ 到 W 的**最短距离**. 从定理 2.2.2 及定理 2.2.1 的证明可见,定理 2.2.1 中的式(2.2.1)就是求 $\boldsymbol{\beta}$ 的公式.

例 2(函数 $f(x)$ 的 Fourier 系数)　求系数 a_k,b_k,使三角多项式

$$p(x)=\frac{a_0}{2}+\sum_{k=1}^{n}(a_k\cos kx+b_k\sin kx)$$

代替连续函数 $f(x)$ 时,$\int_{-\pi}^{\pi}[f(x)-p(x)]^2\mathrm{d}x$ 最小.

解　设 V 为 $(-\pi,\pi)$ 上全体连续函数,又

$$W=\mathrm{span}\{1,\cos x,\sin x,\cdots,\cos nx,\sin nx\},$$

在 V 上定义内积 $\langle f,g\rangle=\int_{-\pi}^{\pi}f(x)g(x)\mathrm{d}x$ 后,V 为欧氏空间. 又

$$\| f-p \|^2=\int_{-\pi}^{\pi}[f(x)-p(x)]^2\mathrm{d}x,$$

于是问题转化为求 W 中向量 $p(x)$,使 $p(x)$为 $f(x)$在 W 上的最佳逼近.

由于 $1,\cos x,\sin x,\cdots,\cos nx,\sin nx$ 是 W 的正交基,单位化后即得 W 的标准正交基

$$\varepsilon_0=\frac{1}{\sqrt{2\pi}},\quad \varepsilon_1=\frac{1}{\sqrt{\pi}}\cos x,\quad \varepsilon_2=\frac{1}{\sqrt{\pi}}\sin x,\quad \cdots,$$

$$\varepsilon_{2n-1}=\frac{1}{\sqrt{\pi}}\cos nx,\quad \varepsilon_{2n}=\frac{1}{\sqrt{\pi}}\sin nx.$$

根据定理 2.2.2,由式(2.2.1)可知

$$p(x)=\sum_{i=0}^{2n}\langle f(x),\varepsilon_i\rangle\varepsilon_i,$$

而

$$\langle f(x),\varepsilon_0\rangle=\frac{1}{\sqrt{2\pi}}\int_{-\pi}^{\pi}f(x)\mathrm{d}x,$$

$$\langle f(x),\varepsilon_{2k-1}\rangle=\frac{1}{\sqrt{\pi}}\int_{-\pi}^{\pi}f(x)\cos kx\,\mathrm{d}x\quad(k=1,2,\cdots,n),$$

$$\langle f(x),\varepsilon_{2k}\rangle=\frac{1}{\sqrt{\pi}}\int_{-\pi}^{\pi}f(x)\sin kx\,\mathrm{d}x\quad(k=1,2,\cdots,n).$$

若记

$$p(x)=\frac{a_0}{2}+\sum_{k=1}^{n}(a_k\cos kx+b_k\sin kx),$$

则

$$\frac{a_0}{2}=\left(\frac{1}{\sqrt{2\pi}}\int_{-\pi}^{\pi}f(x)\mathrm{d}x\right)\frac{1}{\sqrt{2\pi}},$$

即

$$a_0=\frac{1}{\pi}\int_{-\pi}^{\pi}f(x)\mathrm{d}x,$$

$$a_k=\frac{1}{\sqrt{\pi}}\langle f(x),\varepsilon_{2k-1}\rangle=\frac{1}{\pi}\int_{-\pi}^{\pi}f(x)\cos kx\mathrm{d}x\quad(k=1,2,\cdots,n),$$

$$b_k=\frac{1}{\sqrt{\pi}}\langle f(x),\varepsilon_{2k}\rangle=\frac{1}{\pi}\int_{-\pi}^{\pi}f(x)\sin kx\mathrm{d}x\quad(k=1,2,\cdots,n).$$

这正是大家熟知的 Fourier 系数.

2.3 等距变换

本节研究内积空间中保持长度、夹角不变的线性变换.

定义 设 f 为内积空间 V 的线性变换,若

$$\langle f(\boldsymbol{\alpha}),f(\boldsymbol{\beta})\rangle=\langle\boldsymbol{\alpha},\boldsymbol{\beta}\rangle\quad(\forall\,\boldsymbol{\alpha},\boldsymbol{\beta}\in V),$$

则称 f 是**等距变换**. 特别的,当 V 是酉空间时,称 f 是**酉变换**;当 V 是欧氏空间时,称 f 是**正交变换**.

例如在酉空间 C^n 中,作 $\boldsymbol{Y}=\boldsymbol{AX}$,其中 n 阶方阵 $\boldsymbol{A}$ 为酉矩阵,则

$$\langle\boldsymbol{AX}_1,\boldsymbol{AX}_2\rangle=\boldsymbol{X}_2^{\mathrm{H}}\boldsymbol{A}^{\mathrm{H}}\boldsymbol{AX}_1=\boldsymbol{X}_2^{\mathrm{H}}\boldsymbol{X}_1=\langle\boldsymbol{X}_1,\boldsymbol{X}_2\rangle,$$

所以这是一个酉变换. 在欧氏空间 R^n 中,若 $\boldsymbol{A}$ 为正交阵,则 $\boldsymbol{Y}=\boldsymbol{AX}$ 为正交变换.

定理 2.3.1 设 f 是内积空间 V 的线性变换,则下列命题等价:

1° $\|f(\boldsymbol{\alpha})\|=\|\boldsymbol{\alpha}\|$, $\forall\,\boldsymbol{\alpha}\in V$;

2° $\langle f(\boldsymbol{\alpha}),f(\boldsymbol{\beta})\rangle=\langle\boldsymbol{\alpha},\boldsymbol{\beta}\rangle$, $\forall\,\boldsymbol{\alpha},\boldsymbol{\beta}\in V$.

当 V 是有限维时,以上命题与以下命题等价.

3° f 把 V 的标准正交基变为标准正交基;

4° f 在标准正交基下矩阵为酉矩阵.

证明 先证 1°与 2°等价.

1°⇒2°:根据 1°,考虑向量 $\boldsymbol{\alpha}+k\boldsymbol{\beta}$,有

$$\langle f(\boldsymbol{\alpha}+k\boldsymbol{\beta}),f(\boldsymbol{\alpha}+k\boldsymbol{\beta})\rangle=\langle\boldsymbol{\alpha}+k\boldsymbol{\beta},\boldsymbol{\alpha}+k\boldsymbol{\beta}\rangle,$$

分别计算上式两端,并利用 1°,则可得

$$\bar{k}\langle f(\boldsymbol{\alpha}),f(\boldsymbol{\beta})\rangle+k\langle f(\boldsymbol{\beta}),f(\boldsymbol{\alpha})\rangle=\bar{k}\langle\boldsymbol{\alpha},\boldsymbol{\beta}\rangle+k\langle\boldsymbol{\beta},\boldsymbol{\alpha}\rangle. \quad (2.3.1)$$

在式(2.3.1)中令 $k=1$,得 $\mathrm{Re}\langle f(\boldsymbol{\alpha}),f(\boldsymbol{\beta})\rangle=\mathrm{Re}\langle\boldsymbol{\alpha},\boldsymbol{\beta}\rangle$. 若在欧氏空间,则 2°得证.

若在酉空间,再在式(2.3.1)中令 $k=\mathrm{i}$,得

$$\mathrm{Im}\langle f(\boldsymbol{\alpha}),f(\boldsymbol{\beta})\rangle=\mathrm{Im}\langle\boldsymbol{\alpha},\boldsymbol{\beta}\rangle,$$

所以

$$\langle f(\boldsymbol{\alpha}),f(\boldsymbol{\beta})\rangle=\langle\boldsymbol{\alpha},\boldsymbol{\beta}\rangle.$$

2°⇒1°:显然,1°是 2°的特列.

下面采用循环证法.

2°⇒3°:设 $\boldsymbol{\varepsilon}_1,\boldsymbol{\varepsilon}_2,\cdots,\boldsymbol{\varepsilon}_n$ 为 V 的标准正交基,则由 2°有

$$\langle f(\boldsymbol{\varepsilon}_i),f(\boldsymbol{\varepsilon}_j)\rangle=\langle\boldsymbol{\varepsilon}_i,\boldsymbol{\varepsilon}_j\rangle=\delta_{ij} \quad (i,j=1,2,\cdots,n),$$

即 $f(\boldsymbol{\varepsilon}_1),f(\boldsymbol{\varepsilon}_2),\cdots,f(\boldsymbol{\varepsilon}_n)$也是 V 的标准正交基.

3°⇒4°:设 $\boldsymbol{\varepsilon}_1,\boldsymbol{\varepsilon}_2,\cdots,\boldsymbol{\varepsilon}_n$ 为 V 的标准正交基,且

$$f(\boldsymbol{\varepsilon}_1,\boldsymbol{\varepsilon}_2,\cdots,\boldsymbol{\varepsilon}_n)=(\boldsymbol{\varepsilon}_1,\boldsymbol{\varepsilon}_2,\cdots,\boldsymbol{\varepsilon}_n)\boldsymbol{A},$$

记 $\boldsymbol{A}\boldsymbol{e}_j=\boldsymbol{A}_j$. 于是 $f(\boldsymbol{\varepsilon}_j)$在标准正交基$\{\boldsymbol{\varepsilon}_i\}_1^n$下坐标向量即为 $\boldsymbol{A}_j$,因此由公式(2.1.1)及 3°得

$$\langle f(\boldsymbol{\varepsilon}_i),f(\boldsymbol{\varepsilon}_j)\rangle=\boldsymbol{A}_j^{\mathrm{H}}\boldsymbol{A}_i=\delta_{ij},$$

所以

$$\boldsymbol{A}^{\mathrm{H}}\boldsymbol{A}=\begin{bmatrix}\boldsymbol{A}_1^{\mathrm{H}}\\ \boldsymbol{A}_2^{\mathrm{H}}\\ \vdots\\ \boldsymbol{A}_n^{\mathrm{H}}\end{bmatrix}(\boldsymbol{A}_1,\boldsymbol{A}_2,\cdots,\boldsymbol{A}_n)=(\delta_{ij})=\boldsymbol{I},$$

即 $\boldsymbol{A}$ 为酉矩阵.

$4°\Rightarrow1°$：设 $\boldsymbol{\varepsilon}_1,\boldsymbol{\varepsilon}_2,\cdots,\boldsymbol{\varepsilon}_n$ 为标准正交基，又已知

$$f(\boldsymbol{\varepsilon}_1,\boldsymbol{\varepsilon}_2,\cdots,\boldsymbol{\varepsilon}_n)=(\boldsymbol{\varepsilon}_1,\boldsymbol{\varepsilon}_2,\cdots,\boldsymbol{\varepsilon}_n)\boldsymbol{A},$$

其中 $\boldsymbol{A}$ 为酉矩阵，$\forall\boldsymbol{\alpha}\in V$，设 $\boldsymbol{\alpha}=(\boldsymbol{\varepsilon}_1,\boldsymbol{\varepsilon}_2,\cdots,\boldsymbol{\varepsilon}_n)\boldsymbol{X}$，于是

$$f(\boldsymbol{\alpha})=f(\boldsymbol{\varepsilon}_1,\boldsymbol{\varepsilon}_2,\cdots,\boldsymbol{\varepsilon}_n)\boldsymbol{X}=(\boldsymbol{\varepsilon}_1,\boldsymbol{\varepsilon}_2,\cdots,\boldsymbol{\varepsilon}_n)\boldsymbol{A}\boldsymbol{X},$$

则

$$\begin{aligned}\|f(\boldsymbol{\alpha})\|^2&=(\boldsymbol{A}\boldsymbol{X})^{\mathrm{H}}\boldsymbol{A}\boldsymbol{X}=\boldsymbol{X}^{\mathrm{H}}\boldsymbol{A}^{\mathrm{H}}\boldsymbol{A}\boldsymbol{X}\\&=\boldsymbol{X}^{\mathrm{H}}\boldsymbol{X}=\|\boldsymbol{\alpha}\|^2.\end{aligned}$$

证毕.

下面举几个等距变换的例子.

例 1　旋转.

设在 $\mathbf{R}^2$ 中绕原点旋转 θ 的变换为 f，取正交单位向量 $\boldsymbol{e}_1,\boldsymbol{e}_2$（见图 2.1），则

$$f(\boldsymbol{e}_1)=(\cos\theta)\boldsymbol{e}_1+(\sin\theta)\boldsymbol{e}_2,$$
$$f(\boldsymbol{e}_2)=(-\sin\theta)\boldsymbol{e}_1+(\cos\theta)\boldsymbol{e}_2,$$

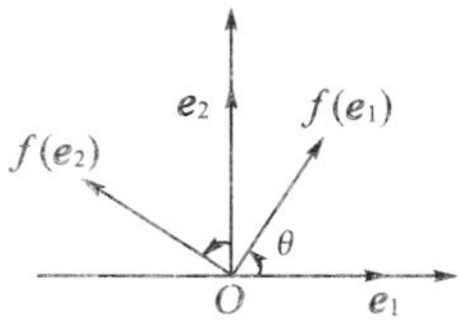

图 2.1

故 f 在基 $\boldsymbol{e}_1,\boldsymbol{e}_2$ 下矩阵为

$$\begin{bmatrix}\cos\theta&-\sin\theta\\\sin\theta&\cos\theta\end{bmatrix}.$$

这是一个行列式为 1 的正交矩阵，此变换的坐标变换式为

$$\begin{cases}y_1=(\cos\theta)x_1+(-\sin\theta)x_2,\\y_2=(\sin\theta)x_1+(\cos\theta)x_2;\end{cases}$$

或

$$\boldsymbol{Y}=\begin{bmatrix}\cos\theta&-\sin\theta\\\sin\theta&\cos\theta\end{bmatrix}\boldsymbol{X}.$$

以上 $\boldsymbol{X},\boldsymbol{Y}$ 分别是 R^2 中向量 $\boldsymbol{\xi}, f(\boldsymbol{\xi})$ 在基 $\boldsymbol{e}_1,\boldsymbol{e}_2$ 下的坐标向量.

在 R^n 中 $\boldsymbol{Y}=\boldsymbol{A}\boldsymbol{X}, \forall \boldsymbol{X}\in R^n$，若 $\boldsymbol{A}$ 为正交阵，则它是一个正交变换，当 $\det\boldsymbol{A}=1$，也称它是一个旋转.

例 2　镜象变换.

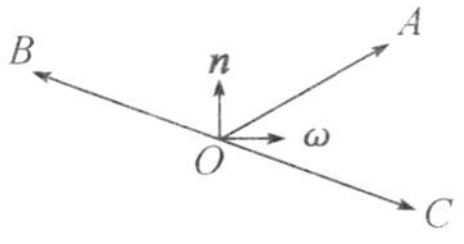

图 2.2

在二维平面 R^2 上(见图 2.2)，设 $\boldsymbol{\omega}$ 为单位向量，$\boldsymbol{n}$ 为垂直于 $\boldsymbol{\omega}$ 的单位向量，则任一向量 $\overrightarrow{OA}$ 关于 n 的镜象 $\overrightarrow{OB}$ 为

$$\overrightarrow{OB}=-\overrightarrow{OC}=\overrightarrow{OA}-2(\overrightarrow{OA}\cdot\boldsymbol{\omega})\boldsymbol{\omega}.$$

推广到酉空间 C^n，作

$$H(\boldsymbol{X})=\boldsymbol{X}-2\langle\boldsymbol{X},\boldsymbol{\omega}\rangle\boldsymbol{\omega}\quad(\forall \boldsymbol{X}\in C^n),\tag{2.3.2}$$

其中 $\boldsymbol{\omega}$ 为 C^n 中单位向量. 称式(2.3.2)的变换为关于 $\boldsymbol{\omega}^{\perp}$ 的镜象变换(记与 $\boldsymbol{\omega}$ 正交的 $(n-1)$ 维子空间为 $\boldsymbol{\omega}^{\perp}$)，容易证明它是线性变换.

现在来证镜象变换是矩阵的行列式为 -1 的酉变换.

将单位向量 $\boldsymbol{\omega}$ 扩充为 C^n 的标准正交基，设为

$$\boldsymbol{\omega},\boldsymbol{\varepsilon}_2,\cdots,\boldsymbol{\varepsilon}_n,$$

于是

$$H(\boldsymbol{\omega})=\boldsymbol{\omega}-2\langle\boldsymbol{\omega},\boldsymbol{\omega}\rangle\boldsymbol{\omega}=-\boldsymbol{\omega},$$
$$H(\boldsymbol{\varepsilon}_i)=\boldsymbol{\varepsilon}_i-2\langle\boldsymbol{\varepsilon}_i,\boldsymbol{\omega}\rangle\boldsymbol{\omega}=\boldsymbol{\varepsilon}_i\quad(i=2,\cdots,n),$$

所以 H 的矩阵为 $\mathrm{diag}(-1,1,\cdots,1)$，是行列式为 -1 的酉矩阵. 根据定理 2.3.1，H 是酉变换. 又线性变换在不同基下矩阵相似，相似矩阵的行列式相等，所以 H 的矩阵其行列式总是 -1.

下面介绍镜象变换的一个应用.

定理 2.3.2　设 $\boldsymbol{\alpha},\boldsymbol{\beta}\in C^n$，$\|\boldsymbol{\alpha}\|=\|\boldsymbol{\beta}\|\neq 0$，$\boldsymbol{\alpha}\neq\boldsymbol{\beta}$，并且 $\langle\boldsymbol{\alpha},\boldsymbol{\beta}\rangle\in R$，令

$$\omega=\frac{\alpha-\beta}{\|\alpha-\beta\|},$$

则关于 $\omega^{\perp}$ 的镜象变换 $H(\xi)=\xi-2\langle\xi,\omega\rangle\omega(\forall\xi\in C^n)$,使

$$H(\alpha)=\beta.$$

证明 由于 $\langle\alpha,\alpha\rangle=\langle\beta,\beta\rangle$ 及 $\langle\beta,\alpha\rangle=\overline{\langle\alpha,\beta\rangle}=\langle\alpha,\beta\rangle$,故

$$\begin{aligned}\|\alpha-\beta\|^2&=\langle\alpha-\beta,\alpha-\beta\rangle=2\langle\alpha,\alpha\rangle-2\langle\alpha,\beta\rangle\\&=2\langle\alpha,\alpha-\beta\rangle,\end{aligned}$$

因此

$$\begin{aligned}H(\alpha)&=\alpha-2\left\langle\alpha,\frac{\alpha-\beta}{\|\alpha-\beta\|}\right\rangle\frac{\alpha-\beta}{\|\alpha-\beta\|}\\&=\alpha-2\frac{\langle\alpha,\alpha-\beta\rangle}{\|\alpha-\beta\|^2}(\alpha-\beta)\\&=\alpha-(\alpha-\beta)=\beta.\end{aligned}$$

证毕.

利用定理 2.3.2,可将第 2.1 节中定理 2.1.6 推广.

定理 2.3.3 任一方阵 $A\in C^{n\times n}$ 必可分解为酉矩阵 U 与主对角元非负的上三角阵 T 的乘积,即 $A=UT$.

证明 对 n 作归纳法.

当 $n=1$ 时,$A=a_{11}=e^{i\varphi}|a_{11}|$,其中 φ 为 a_{11} 的幅角(约定 0 的幅角为 0).由于 $e^{i\varphi}$ 为一阶酉矩阵,$|a_{11}|$ 为一阶主对角元非负的上三角阵,故命题正确.今设定理对$(n-1)$阶成立,考虑 n 阶.

记 $A=(\alpha_1,\alpha_2,\cdots,\alpha_n)$,设 $a_{11}=|a_{11}|e^{i\varphi}$,令

$$\beta=(\|\alpha_1\|e^{i\varphi},0,\cdots,0)^{T}.$$

若 $\alpha_1=\beta$,则

$$A=\begin{bmatrix}\|\alpha_1\|e^{i\varphi} & * \\ O & B\end{bmatrix}=\begin{bmatrix}e^{i\varphi} & O \\ O & I_{n-1}\end{bmatrix}\begin{bmatrix}\|\alpha_1\| & ** \\ O & B\end{bmatrix},$$

由归纳法假设 $\boldsymbol{B}=\boldsymbol{U}_1\boldsymbol{T}_1$，其中 $\boldsymbol{U}_1$ 为$(n-1)$阶酉阵，$\boldsymbol{T}_1$ 为主角元非负的上三角阵. 令

$$\boldsymbol{U}_2=\begin{bmatrix} e^{i\varphi} & \boldsymbol{O} \\ \boldsymbol{O} & \boldsymbol{I}_{n-1} \end{bmatrix}\begin{bmatrix} 1 & \boldsymbol{O} \\ \boldsymbol{O} & \boldsymbol{U}_1 \end{bmatrix}=\begin{bmatrix} e^{i\varphi} & \boldsymbol{O} \\ \boldsymbol{O} & \boldsymbol{U}_1 \end{bmatrix},$$

可以看出 $\boldsymbol{U}_2$ 为 n 阶酉矩阵. 于是

$$\boldsymbol{A}=\boldsymbol{U}_2\begin{bmatrix} \|\boldsymbol{\alpha}_1\| & * \, * \\ \boldsymbol{O} & \boldsymbol{T}_1 \end{bmatrix}=\boldsymbol{U}_2\boldsymbol{T}_2,$$

显然 $\boldsymbol{T}_2$ 是主对角元非负的上三角阵.

若 $\boldsymbol{\alpha}_1\neq\boldsymbol{\beta}$，由于 $\|\boldsymbol{\beta}\|=\|\boldsymbol{\alpha}_1\|\neq 0$，且

$$\langle\boldsymbol{\alpha}_1,\boldsymbol{\beta}\rangle=a_{11}\|\boldsymbol{\alpha}_1\|e^{-i\varphi}=|a_{11}|\|\boldsymbol{\alpha}_1\|\in R,$$

根据定理 2.3.2 存在镜象变换 H，使 $H(\boldsymbol{\alpha}_1)=\boldsymbol{\beta}$. 而镜象变换是酉变换，它在标准正交基下矩阵为酉矩阵，记镜象变换 H 在基 $\boldsymbol{e}_1,\boldsymbol{e}_2,\cdots,\boldsymbol{e}_n$ 下矩阵为酉矩阵 $\boldsymbol{U}_3$，则 $H(\boldsymbol{\alpha}_1)=\boldsymbol{U}_3\boldsymbol{\alpha}_1=\boldsymbol{\beta}$. 于是

$$\boldsymbol{U}_3\boldsymbol{A}=\begin{bmatrix} \|\boldsymbol{\alpha}_1\|e^{i\varphi} & * \\ \boldsymbol{O} & \boldsymbol{B} \end{bmatrix}.$$

重复前面的做法可以分解 $\boldsymbol{U}_3\boldsymbol{A}$ 为酉矩阵 $\boldsymbol{U}_4$ 与主对角非负的上三角阵 $\boldsymbol{T}_4$ 之积：$\boldsymbol{U}_3\boldsymbol{A}=\boldsymbol{U}_4\boldsymbol{T}_4$，故 $\boldsymbol{A}=\boldsymbol{U}_3^{H}\boldsymbol{U}_4\boldsymbol{T}_4=\boldsymbol{U}\boldsymbol{T}_4$. 显然，$\boldsymbol{U}=\boldsymbol{U}_3^{H}\boldsymbol{U}_4$ 为酉矩阵.

证毕.

习 题 2

1. 试证内积空间的“平行四边形定理”：

$$\|\boldsymbol{\alpha}+\boldsymbol{\beta}\|^2+\|\boldsymbol{\alpha}-\boldsymbol{\beta}\|^2=2(\|\boldsymbol{\alpha}\|^2+\|\boldsymbol{\beta}\|^2).$$

2. 试证欧氏空间的“勾股定理”：

$$\boldsymbol{\alpha}\perp\boldsymbol{\beta}\Leftrightarrow\|\boldsymbol{\alpha}+\boldsymbol{\beta}\|^2=\|\boldsymbol{\alpha}\|^2+\|\boldsymbol{\beta}\|^2,$$

并讨论该命题在酉空间是否成立.

3. 设 $f_1(x),f_2(x),\cdots,f_n(x)$ 是 $[a,b]$ 上实连续函数,试证:

$$\left|\int_a^b f_i(x)f_j(x)\mathrm{d}x\right|\leqslant\max_k\int_a^b f_k^2(x)\mathrm{d}x\quad(i,j=1,2,\cdots,n).$$

4. 设 $\boldsymbol{A}=\begin{bmatrix}0&1&2\\-1&1&2\\1&1&-1\end{bmatrix}$,把 $\boldsymbol{A}$ 的列作为欧氏空间 R^3 的一组基,按 Schmidt 正交化方法求 R^3 的一组标准正交基,由此求出正交阵 $\boldsymbol{Q}$ 及上三角阵 $\boldsymbol{R}$,使 $\boldsymbol{A}=\boldsymbol{QR}$.

5. 已知

$$W=\left\{(x_1,x_2,\cdots,x_5)^{\mathrm{T}}\,\middle|\,\begin{bmatrix}1&2&3&4&5\\0&1&2&3&4\end{bmatrix}(x_1,x_2,\cdots,x_5)^{\mathrm{T}}=\begin{bmatrix}0\\0\end{bmatrix}\right\},$$

求 $\boldsymbol{W}^{\perp}$ 的一组标准正交基.

6. 设 f 是内积空间 V 上变换,若

$$\langle f(\boldsymbol{\alpha}),f(\boldsymbol{\beta})\rangle=\langle\boldsymbol{\alpha},\boldsymbol{\beta}\rangle\quad(\forall\,\boldsymbol{\alpha},\boldsymbol{\beta}\in V),$$

试证:f 是线性变换,因此 f 是等距变换.

7. 设 V 为欧氏空间,k 为实数,$f(\boldsymbol{\alpha})=\boldsymbol{\alpha}-k\langle\boldsymbol{\alpha},\boldsymbol{\omega}\rangle\boldsymbol{\omega}$, $\forall\,\boldsymbol{\alpha}\in V$, $\|\omega\|=1$,求 f 是正交变换的充要条件.

8. 设 f 是内积空间 V 的等变换,W 是 f 的 r 维不变子空间,试证:$\boldsymbol{W}^{\perp}$ 也是 f 的不变子空间.

9. 设 $\boldsymbol{A}\in R^{n\times n}$,$\boldsymbol{A}=(a_{ij})$,记 a_{ij} 的代数余子式为 A_{ij},试证:$\boldsymbol{A}$ 是正交阵的充要条件是

$$a_{ij}=(\det\boldsymbol{A})^{-1}A_{ij}\quad(i,j=1,2,\cdots,n).$$

10. 设 $\boldsymbol{A},\boldsymbol{B}$ 都是正交阵,且 $\det\boldsymbol{A}\det\boldsymbol{B}=-1$,试证:

$$\det(\boldsymbol{A}+\boldsymbol{B})=0.$$

11. 试证:n 维欧氏空间中,两两成“钝角”的向量不多于$(n+1)$个.

12. 设 $\|\boldsymbol{\omega}\|=1$,试证镜象变换

$$H(\boldsymbol{X})=\boldsymbol{X}-2\langle\boldsymbol{X},\boldsymbol{\omega}\rangle\boldsymbol{\omega}\quad(\forall\boldsymbol{X}\in C^n)$$

在基 $\boldsymbol{e}_1,\boldsymbol{e}_2,\cdots,\boldsymbol{e}_n$ 下矩阵为 $\boldsymbol{I}-2\boldsymbol{\omega}\boldsymbol{\omega}^{\mathrm{H}}$. 因此,不论 $\boldsymbol{\omega}$ 是怎样的单位向量,总有

$$\det(\boldsymbol{I}-2\boldsymbol{\omega}\boldsymbol{\omega}^{\mathrm{H}})=-1.$$

3 矩阵的相似标准形

在 n 维线性空间 V 取定一组基后，V 上线性变换 f 就对应于一个矩阵，并且 f 的运算对应于矩阵的运算. 为方便运算(特别是方幂)，就希望找出 V 的基，使 f 的矩阵尽可能地"简单". 例如，对角阵在做方幂运算时是很方便的. 另一方面，由定理 1.5.2 知 f 在两组基下的矩阵是相似的. 因此，f 可以有怎样"最简单"的矩阵，就相当于 f 的矩阵能相似于怎样"最简单"的矩阵.

本章将研究矩阵相似于对角阵的充要条件以及任一复方阵在相似意义下的标准形——Jordan 标准形，最后研究特征值的分布.

3.1 特征值、特征向量

如果存在 V 的一组基 $\boldsymbol{\alpha}_1,\boldsymbol{\alpha}_2,\cdots,\boldsymbol{\alpha}_n$ 使

$$f(\boldsymbol{\alpha}_1,\boldsymbol{\alpha}_2,\cdots,\boldsymbol{\alpha}_n)=(\boldsymbol{\alpha}_1,\boldsymbol{\alpha}_2,\cdots,\boldsymbol{\alpha}_n)\mathrm{diag}(d_1,d_2,\cdots,d_n),$$

则

$$f(\boldsymbol{\alpha}_i)=d_i\boldsymbol{\alpha}_i \quad (i=1,2,\cdots,n).$$

如上的数 d_i 及非零向量 $\boldsymbol{\alpha}_i$ 对化简 f 的矩阵很有用，值得我们去研究.

定义 3.1.1 设 $f\in \mathrm{Hom}(V,V)$，V 为数域 F 上线性空间，若存在 $\lambda\in F$ 以及非零向量 $\boldsymbol{\xi}\in V$，使

$$f(\boldsymbol{\xi})=\lambda\boldsymbol{\xi},$$

则称 λ 为 f 的**特征值**，$\boldsymbol{\xi}$ 为 f 相应于特征值 λ 的**特征向量**.

例如,1 是恒等变换的特征值,0 是零变换的特征值,一切非零向量都是它们的特征向量.

怎样求一般的线性变换的特征值及特征向量呢?

设 V 为 n 维线性空间,$\boldsymbol{\alpha}_1,\boldsymbol{\alpha}_2,\cdots,\boldsymbol{\alpha}_n$ 为 V 的一组基,f 在该基下的矩阵为 $\boldsymbol{A}$,$\boldsymbol{\xi}$ 的坐标向量为 $\boldsymbol{X}$,则 $f(\boldsymbol{\xi})$的坐标向量为 $\boldsymbol{AX}$,于是 $\exists\boldsymbol{\xi}\neq\boldsymbol{0}$,使$f(\boldsymbol{\xi})=\lambda\boldsymbol{\xi}\Leftrightarrow\exists\boldsymbol{X}\neq\boldsymbol{0}$,使 $\boldsymbol{AX}=\lambda\boldsymbol{X}\Leftrightarrow\exists\boldsymbol{X}\neq\boldsymbol{0}$使$(\lambda\boldsymbol{I}-\boldsymbol{A})\boldsymbol{X}=\boldsymbol{0}\Leftrightarrow\det(\lambda\boldsymbol{I}-\boldsymbol{A})=0$. 因此,$f$ 特征值即方程 $\det(\lambda\boldsymbol{I}-\boldsymbol{A})=0$ 在数域 F 上的根;特征值 λ_0 对应的特征向量 $\boldsymbol{\xi}$ 的坐标向量 $\boldsymbol{X}$ 就是齐次方程组

$$(\lambda_0\boldsymbol{I}-\boldsymbol{A})\boldsymbol{X}=\boldsymbol{0}$$

的非零解.

定义 3.1.2 设 $\boldsymbol{A}\in C^{n\times n}$,称 n 次多项式 $C(\lambda)=\det(\lambda\boldsymbol{I}-\boldsymbol{A})$为 $\boldsymbol{A}$ 的**特征多项式**;称 $C(\lambda)=0$ 的根为 $\boldsymbol{A}$ 的**特征值**,以 $\lambda(\boldsymbol{A})$记 $\boldsymbol{A}$ 的特征值集;称满足 $\boldsymbol{AX}=\lambda\boldsymbol{X}$ 的非零向量 $\boldsymbol{X}$ 为 $\boldsymbol{A}$ 的**特征向量**(属于特征值 λ).

定理 3.1.1 若 $\boldsymbol{A}$ 相似于 $\boldsymbol{B}$,则 $\boldsymbol{A}$ 与 $\boldsymbol{B}$ 有相同的特征多项式.

证明 设 $\boldsymbol{B}=\boldsymbol{P}^{-1}\boldsymbol{AP}$,于是

$$\begin{aligned}\det(\lambda\boldsymbol{I}-\boldsymbol{B})&=\det\boldsymbol{P}^{-1}(\lambda\boldsymbol{I}-\boldsymbol{A})\boldsymbol{P}\\&=\det\boldsymbol{P}^{-1}\det(\lambda\boldsymbol{I}-\boldsymbol{A})\det\boldsymbol{P}\\&=\det(\lambda\boldsymbol{I}-\boldsymbol{A}).\end{aligned}$$

证毕.

由于 f 在两组基下矩阵是相似的,定理 3.1.1 说明 $C(\lambda)$由 f 本身唯一决定,因此也称 $\det(\lambda\boldsymbol{I}-\boldsymbol{A})$是 f 的特征多项式.

定理 3.1.2 设 $\boldsymbol{A}=(a_{ij})_{n\times n}$,则

$$\det(\lambda\boldsymbol{I}-\boldsymbol{A})=\lambda^n+\sum_{k=1}^{n}(-1)^k b_k\lambda^{n-k},\tag{3.1.1}$$

其中 $b_k=\boldsymbol{A}$ 的所有 k 阶主子式之和($k=1,2,\cdots,n$). 特别有

$$b_1=\mathrm{tr}\boldsymbol{A},\quad b_n=\det\boldsymbol{A}.$$

证明 记 $\boldsymbol{I}=(\boldsymbol{e}_1,\boldsymbol{e}_2,\cdots,\boldsymbol{e}_n)$，$\boldsymbol{A}=(\boldsymbol{A}_1,\boldsymbol{A}_2,\cdots,\boldsymbol{A}_n)$，于是

$$\det(\lambda\boldsymbol{I}-\boldsymbol{A})=\det(\lambda\boldsymbol{e}_1-\boldsymbol{A}_1,\lambda\boldsymbol{e}_2-\boldsymbol{A}_2,\cdots,\lambda\boldsymbol{e}_n-\boldsymbol{A}_n).$$

按行列式性质，将上式右端拆成每列或是 $\lambda\boldsymbol{e}_i$ 或是 $-\boldsymbol{A}_i$ 的行列式，共 2^n 个. 对于 $\lambda\boldsymbol{e}_i$，可从行列式中提出公因数 λ，对于 $-\boldsymbol{A}_i$，提出负号，于是有

$$\begin{aligned}|\lambda\boldsymbol{I}-\boldsymbol{A}|=&\lambda^n|\boldsymbol{e}_1,\boldsymbol{e}_2,\cdots,\boldsymbol{e}_n|-\lambda^{n-1}\sum_{i=1}^{n}|\boldsymbol{e}_1,\cdots,\boldsymbol{e}_{i-1},\boldsymbol{A}_i,\boldsymbol{e}_{i+1},\cdots,\boldsymbol{e}_n|\\&+\lambda^{n-2}\sum_{1\leqslant i\leqslant j\leqslant n}|\cdots\boldsymbol{A}_i\cdots\boldsymbol{A}_j\cdots|-\cdots\\&+(-1)^k\lambda^{n-k}\sum_{1\leqslant i_1<\cdots<i_k\leqslant n}|\cdots\boldsymbol{A}_{i_1}\cdots\boldsymbol{A}_{i_2}\cdots\boldsymbol{A}_{i_k}\cdots|+\cdots\\&+(-1)^n|\boldsymbol{A}|=\lambda^n+\sum_{k=1}^{n}(-1)^k b_k\lambda^{n-k},\end{aligned}$$

行列式 $|\cdots\boldsymbol{A}_{i_1}\cdots\boldsymbol{A}_{i_2}\cdots\boldsymbol{A}_{i_k}\cdots|$ 中，虚点处是那些 $\boldsymbol{e}_j$，且第 j 列为 $\boldsymbol{e}_j$.

例如 $n=5,k=2,i_1=2,i_2=4$ 时，按单位向量所在的列展开，便得

$$|\boldsymbol{e}_1,\boldsymbol{A}_2,\boldsymbol{e}_3,\boldsymbol{A}_4,\boldsymbol{e}_5|=\begin{vmatrix}1 & a_{12} & 0 & a_{14} & 0\\0 & a_{22} & 0 & a_{24} & 0\\0 & a_{32} & 1 & a_{34} & 0\\0 & a_{42} & 0 & a_{44} & 0\\0 & a_{52} & 0 & a_{54} & 1\end{vmatrix}=\begin{vmatrix}a_{22} & a_{24}\\a_{42} & a_{44}\end{vmatrix},$$

是 $\boldsymbol{A}$ 的一个二阶主子式. 因此，b_2 是关于 $1\leqslant i_1\leqslant i_2\leqslant 5$ 求和，是 $\boldsymbol{A}$ 的所有二阶主子式之和.

对一般 n 阶方阵 $\boldsymbol{A}$，同理可得 $|\cdots\boldsymbol{A}_{i_1}\cdots\boldsymbol{A}_{i_2}\cdots\boldsymbol{A}_{i_k}\cdots|$ 是 $\boldsymbol{A}$ 的一个 k 阶主子式，因此 b_k 是 $\boldsymbol{A}$ 的所有 k 阶主子式之和.

证毕.

推论 设 $\boldsymbol{A}=(a_{ij})_{n\times n}$，$|\lambda\boldsymbol{I}-\boldsymbol{A}|=\prod_{i=1}^{n}(\lambda-\lambda_i)$，则

$$\mathrm{tr}\boldsymbol{A}=\sum_{i=1}^{n}a_{ii}=\sum_{i=1}^{n}\lambda_i,\quad \det\boldsymbol{A}=\prod_{i=1}^{n}\lambda_i.$$

例 1 求 Frobenius 矩阵

$$F=\begin{bmatrix} 0 & 0 & 0 & \cdots & 0 & -a_n \\ 1 & 0 & 0 & \cdots & 0 & -a_{n-1} \\ 0 & 1 & 0 & \cdots & 0 & -a_{n-2} \\ \vdots & \vdots & \vdots & & \vdots & \vdots \\ 0 & 0 & 0 & \cdots & 1 & -a_1 \end{bmatrix}$$

的特征多项式.

解 对$|\lambda\boldsymbol{I}-\boldsymbol{F}|$按第 1 行展开,逐次递推可得

$$d_n=|\lambda\boldsymbol{I}-\boldsymbol{F}|=\begin{bmatrix} \lambda & 0 & \cdots & 0 & a_n \\ -1 & \lambda & \cdots & 0 & a_{n-1} \\ 0 & -1 & \cdots & 0 & a_{n-2} \\ \vdots & \vdots & & \vdots & \vdots \\ 0 & 0 & \cdots & -1 & \lambda+a_1 \end{bmatrix}$$

$$=\lambda d_{n-1}+a_n=\lambda(\lambda d_{n-2}+a_{n-1})+a_n$$

$$=\lambda^2(\lambda d_{n-3}+a_{n-2})+\lambda a_{n-1}+a_n=\cdots$$

$$=\lambda^n+a_1\lambda^{n-1}+a_2\lambda^{n-2}+\cdots+a_{n-1}\lambda+a_n.$$

可见多项式$|\lambda\boldsymbol{I}-\boldsymbol{F}|$的系数正是由 $\boldsymbol{F}$ 的最后一列得到,称矩阵 $\boldsymbol{F}$ 为该多项式的友阵(Companion Matrix).

例 2 设 $\boldsymbol{\alpha},\boldsymbol{\beta}$ 为 n 维列向量,$\boldsymbol{A}=\boldsymbol{\alpha}\boldsymbol{\beta}^{\mathrm{T}}$,求 $\boldsymbol{A}$ 的特征多项式.

解 由于 $r(\boldsymbol{A})\leqslant r(\boldsymbol{\alpha})\leqslant 1$,故 $\boldsymbol{A}$ 的所有 $k(\geqslant 2)$阶子式全为 0,故定理 3.1.2 的式(3.1.1)中 $b_k=0(k\geqslant 2)$,而

$$b_1=\mathrm{tr}\boldsymbol{\alpha}\boldsymbol{\beta}^{\mathrm{T}}=\mathrm{tr}\boldsymbol{\beta}^{\mathrm{T}}\boldsymbol{\alpha}=\boldsymbol{\beta}^{\mathrm{T}}\boldsymbol{\alpha}\quad(\mathrm{tr}\boldsymbol{MB}=\mathrm{tr}\boldsymbol{BM},\text{其证明作为习题}),$$

所以

$$|\lambda\boldsymbol{I}-\boldsymbol{\alpha}\boldsymbol{\beta}^{\mathrm{T}}|=\lambda^n-\boldsymbol{\beta}^{\mathrm{T}}\boldsymbol{\alpha}\lambda^{n-1}.$$

在例 2 中,若 $\boldsymbol{\alpha}=(1,1,\cdots,1)^{\mathrm{T}}=\boldsymbol{\beta}$,则可得

$$A=\begin{bmatrix}1 & 1 & \cdots & 1\\1 & 1 & \cdots & 1\\\vdots & \vdots & & \vdots\\1 & 1 & \cdots & 1\end{bmatrix}$$

的特征多项式为 $\lambda^n-n\lambda^{n-1}=\lambda^{n-1}(\lambda-n)$，故 $\boldsymbol{A}$ 的特征值为 0（($n-1$)重根）及 n.

例 3　(1) 试证：若 $\boldsymbol{A},\boldsymbol{B}$ 为 n 阶方阵，则

$$\det(\lambda\boldsymbol{I}-\boldsymbol{AB})=\det(\lambda\boldsymbol{I}-\boldsymbol{BA});$$

(2) 试证：若 $\boldsymbol{A},\boldsymbol{B}$ 分别为 $s\times n$ 和 $n\times s$ 矩阵，则

$$\lambda^n\det(\lambda\boldsymbol{I}_s-\boldsymbol{AB})=\lambda^s\det(\lambda\boldsymbol{I}_n-\boldsymbol{BA})\quad(s\neq n).$$

证明　(1) 利用第 0 章第 0.1 节的例 3 有

$$\begin{vmatrix}\lambda\boldsymbol{I} & \boldsymbol{B}\\\boldsymbol{A} & \boldsymbol{I}\end{vmatrix}=|\lambda\boldsymbol{I}-\boldsymbol{AB}|,\quad\begin{vmatrix}\boldsymbol{I} & \boldsymbol{A}\\\boldsymbol{B} & \lambda\boldsymbol{I}\end{vmatrix}=|\lambda\boldsymbol{I}-\boldsymbol{BA}|,$$

而

$$\begin{bmatrix}\boldsymbol{O} & \boldsymbol{I}\\\boldsymbol{I} & \boldsymbol{O}\end{bmatrix}\begin{bmatrix}\lambda\boldsymbol{I} & \boldsymbol{B}\\\boldsymbol{A} & \boldsymbol{I}\end{bmatrix}\begin{bmatrix}\boldsymbol{O} & \boldsymbol{I}\\\boldsymbol{I} & \boldsymbol{O}\end{bmatrix}=\begin{bmatrix}\boldsymbol{I} & \boldsymbol{A}\\\boldsymbol{B} & \lambda\boldsymbol{I}\end{bmatrix},$$

取行列式，即得

$$\begin{vmatrix}\lambda\boldsymbol{I} & \boldsymbol{B}\\\boldsymbol{A} & \boldsymbol{I}\end{vmatrix}=\begin{vmatrix}\boldsymbol{I} & \boldsymbol{A}\\\boldsymbol{B} & \lambda\boldsymbol{I}\end{vmatrix}\quad\left(\text{注意到}\begin{vmatrix}\boldsymbol{O} & \boldsymbol{I}\\\boldsymbol{I} & \boldsymbol{O}\end{vmatrix}^2=1\right),$$

所以

$$|\lambda\boldsymbol{I}-\boldsymbol{AB}|=|\lambda\boldsymbol{I}-\boldsymbol{BA}|.$$

(2) 不妨设 $s>n$. 作两个 s 阶方阵 $\boldsymbol{A}_1=(\boldsymbol{A},\boldsymbol{O}),\boldsymbol{B}_1=\begin{bmatrix}\boldsymbol{B}\\\boldsymbol{O}\end{bmatrix}$，对 $\boldsymbol{A}_1,\boldsymbol{B}_1$ 用(1)的结果有

$$|\lambda \boldsymbol{I}_s-\boldsymbol{A}_1\boldsymbol{B}_1|=|\lambda \boldsymbol{I}_s-\boldsymbol{B}_1\boldsymbol{A}_1|,$$

而

$$|\lambda \boldsymbol{I}_s-\boldsymbol{A}_1\boldsymbol{B}_1|=|\lambda \boldsymbol{I}_s-\boldsymbol{A}\boldsymbol{B}|, \tag{3.1.2}$$

$$\begin{aligned}|\lambda \boldsymbol{I}_s-\boldsymbol{B}_1\boldsymbol{A}_1|&=\left|\lambda \boldsymbol{I}_s-\begin{bmatrix}\boldsymbol{BA} & \boldsymbol{O}\\ \boldsymbol{O} & \boldsymbol{O}\end{bmatrix}\right|=\begin{vmatrix}\lambda \boldsymbol{I}_n-\boldsymbol{BA} & \boldsymbol{O}\\ \boldsymbol{O} & \lambda \boldsymbol{I}_{s-n}\end{vmatrix}\\&=\lambda^{s-n}|\lambda \boldsymbol{I}_n-\boldsymbol{BA}|,\end{aligned} \tag{3.1.3}$$

比较式(3.1.2)与式(3.1.3),即得所证.

证毕.

例 4 若对线性变换 f 存在正整数 k 使 $f^k=0$,则称 f 为幂零变换.试证:幂零变换的特征值全为零.

证明 设 λ 为幂零变换 f 的任一特征值,则存在非零向量 $\boldsymbol{\xi}$ 使

$$f(\boldsymbol{\xi})=\lambda\boldsymbol{\xi},$$

于是

$$f^2(\boldsymbol{\xi})=f(\lambda\boldsymbol{\xi})=\lambda f(\boldsymbol{\xi})=\lambda^2\boldsymbol{\xi},$$

$$\vdots$$

$$\boldsymbol{0}=f^k(\boldsymbol{\xi})=f[f^{k-1}(\boldsymbol{\xi})]=f(\lambda^{k-1}\boldsymbol{\xi})=\lambda^k\boldsymbol{\xi},$$

而 $\boldsymbol{\xi}\neq\boldsymbol{0}$,所以 $\lambda^k=0$,即 $\lambda=0$.

证毕.

从例 4 的证明不难看出,如果线性变换 f 对于多项式

$$\varphi(x)=a_0+a_1x+\cdots+a_mx^m,$$

有

$$\varphi(f)=a_0I+a_1f+\cdots+a_mf^m=0,$$

则 f 的每一个特征值 λ 必满足 $\varphi(\lambda)=0$.

3.2 Schur 引理、Hamilton-Cayley 定理

现在利用特征向量来化简矩阵.

定理 3.2.1(Schur 引理) 任一 n 阶复方阵 $\boldsymbol{A}$ 必酉相似于上三角阵，即存在酉矩阵 $\boldsymbol{U}$,使

$$\boldsymbol{U}^{\mathrm{H}}\boldsymbol{A}\boldsymbol{U}=\begin{bmatrix}\lambda_1 & r_{12} & \cdots & r_{1n}\\ 0 & \lambda_2 & \cdots & r_{2n}\\ \vdots & \vdots & & \vdots\\ 0 & 0 & \cdots & \lambda_n\end{bmatrix}.$$

证明 对 n 作归纳.

当 $n=1$ 时,$\boldsymbol{A}=a$ 本身就是一个上三角阵,取一阶酉阵 $\boldsymbol{U}=1$ 即可.

今设对$(n-1)$阶的复方阵命题成立,考虑 $\boldsymbol{A}\in C^{n\times n}$.

设 λ_1 为 $\boldsymbol{A}$ 的一个特征值,$\boldsymbol{X}_1$ 为相应的单位特征向量,将 $\boldsymbol{X}_1$ 扩充为酉空间 C^n 的标准正交基,设为 $\boldsymbol{X}_1,\boldsymbol{X}_2,\cdots,\boldsymbol{X}_n$,记酉矩阵

$$\boldsymbol{U}_1=(\boldsymbol{X}_1,\boldsymbol{X}_2,\cdots,\boldsymbol{X}_n),$$

于是

$$\boldsymbol{A}(\boldsymbol{X}_1,\boldsymbol{X}_2,\cdots,\boldsymbol{X}_n)=(\boldsymbol{X}_1,\boldsymbol{X}_2,\cdots,\boldsymbol{X}_n)\begin{bmatrix}\lambda_1 & \boldsymbol{\alpha}\\ \boldsymbol{O} & \boldsymbol{B}\end{bmatrix}, \qquad (3.2.1)$$

其中 $\boldsymbol{B}$ 为$(n-1)$阶方阵. 由归纳法假设,存在$(n-1)$阶酉阵 $\boldsymbol{U}_2$ 使

$$\boldsymbol{U}_2^{\mathrm{H}}\boldsymbol{B}\boldsymbol{U}_2=\boldsymbol{T}_1 \quad (\boldsymbol{T}_1\text{ 为}(n-1)\text{阶上三角阵}),$$

于是令 $\boldsymbol{U}=\boldsymbol{U}_1\begin{bmatrix}1 & \boldsymbol{\alpha}\\ \boldsymbol{O} & \boldsymbol{U}_2\end{bmatrix}$,$\boldsymbol{U}$ 酉阵,根据式(3.2.1)可得

$$\boldsymbol{U}^{\mathrm{H}}\boldsymbol{A}\boldsymbol{U}=\begin{bmatrix}1 & \boldsymbol{O}\\ \boldsymbol{O} & \boldsymbol{U}_2^{\mathrm{H}}\end{bmatrix}\boldsymbol{U}_1^{\mathrm{H}}\boldsymbol{A}\boldsymbol{U}_1\begin{bmatrix}1 & \boldsymbol{O}\\ \boldsymbol{O} & \boldsymbol{U}_2\end{bmatrix}$$

$$=\begin{bmatrix}1 & \boldsymbol{O}\\ \boldsymbol{O} & \boldsymbol{U}_2^{\mathrm{H}}\end{bmatrix}\begin{bmatrix}\lambda_1 & \boldsymbol{\alpha}\\ \boldsymbol{O} & \boldsymbol{B}\end{bmatrix}\begin{bmatrix}1 & \boldsymbol{O}\\ \boldsymbol{O} & \boldsymbol{U}_2\end{bmatrix}$$

$$=\begin{bmatrix}\lambda_1 & \boldsymbol{\alpha U}_2\\ \boldsymbol{O} & \boldsymbol{U}_2^{\mathrm{H}}\boldsymbol{BU}_2\end{bmatrix}=\begin{bmatrix}\lambda_1 & \boldsymbol{\alpha U}_2\\ \boldsymbol{O} & \boldsymbol{T}_1\end{bmatrix}=\boldsymbol{T},$$

$\boldsymbol{T}$ 是一个上三角阵.

证毕.

如果 $\boldsymbol{A}$ 是实方阵，且特征值全为实数，则特征值 λ_1 可与实的单位向量 $\boldsymbol{X}_1$ 对应，于是可扩充 $\boldsymbol{X}_1$ 为 R^n 的标准正交基，得正交阵. 因此，Schur 引理中的酉阵可以改为正交阵. 于是有下面的推论.

推论 设 $\boldsymbol{A}$ 是特征值全为实数的实矩阵，则 $\boldsymbol{A}$ 正交相似于实上三角阵.

定理 3.2.2（Hamiltom-Cayley 定理） 设 $\boldsymbol{A}\in C^{n\times n}$，$\boldsymbol{A}$ 的特征多项式为 $C(\lambda)$，则 $C(\boldsymbol{A})=\boldsymbol{O}$.

证明 由 Schur 引理，存在酉矩阵 $\boldsymbol{U}$ 使

$$\boldsymbol{U}^{\mathrm{H}}\boldsymbol{AU}=\boldsymbol{T}=\begin{bmatrix}\lambda_1 & r_{12} & \cdots & r_{1n}\\ 0 & \lambda_2 & \cdots & r_{2n}\\ \vdots & \vdots & & \vdots\\ 0 & 0 & \cdots & \lambda_n\end{bmatrix}.$$

而相似矩阵有相同特征多项式，故 $\boldsymbol{A}$ 的特征多项式

$$C(\lambda)=\prod_{i=1}^{n}(\lambda-\lambda_i),$$

于是

$$C(\boldsymbol{T})=\prod_{i=1}^{n}(\boldsymbol{T}-\lambda_i\boldsymbol{I}).$$

记

$$\boldsymbol{P}_k = \prod_{i=1}^{k} (\boldsymbol{T}-\lambda_i \boldsymbol{I}) \quad (k=1,2,\cdots,n), \tag{3.2.2}$$

现证 $\boldsymbol{P}_k$为前k列全是零的上三角阵.

首先由 $\boldsymbol{T}$ 可知 $\boldsymbol{P}_1=\boldsymbol{T}-\lambda_1\boldsymbol{I}$ 是第 1 列全为零的上三角阵.

设 $\boldsymbol{P}_{k-1}$为前$(k-1)$列全是零的上三角阵$\begin{bmatrix}\boldsymbol{O} & \boldsymbol{B}\\ \boldsymbol{O} & \boldsymbol{T}_{k-1}\end{bmatrix}$,其中 $\boldsymbol{T}_{k-1}$是$(n-k+1)$阶上三角阵,由于 $\boldsymbol{T}-\lambda_k\boldsymbol{I}$ 是(k,k)元为零的上三角阵,故可将它分块为

$$\begin{bmatrix}\boldsymbol{B}_1 & \boldsymbol{B}_2 & \boldsymbol{B}_3\\ \boldsymbol{O} & \boldsymbol{O} & \boldsymbol{B}_4\end{bmatrix},$$

其中 $\boldsymbol{B}_1$为$(k-1)$阶方阵,$\boldsymbol{B}_2$为$(k-1)\times 1$ 的矩阵. 代入式(3.2.2),得

$$\boldsymbol{P}_k=\boldsymbol{P}_{k-1}(\boldsymbol{T}-\lambda_k\boldsymbol{I})=\begin{bmatrix}\boldsymbol{O} & \boldsymbol{B}\\ \boldsymbol{O} & \boldsymbol{T}_{k-1}\end{bmatrix}\begin{bmatrix}\boldsymbol{B}_1 & \boldsymbol{B}_2 & \boldsymbol{B}_3\\ \boldsymbol{O} & \boldsymbol{O} & \boldsymbol{B}_4\end{bmatrix}=\begin{bmatrix}\boldsymbol{O} & \boldsymbol{O} & \boldsymbol{B}\boldsymbol{B}_4\\ \boldsymbol{O} & \boldsymbol{O} & \boldsymbol{T}_{k-1}\boldsymbol{B}_4\end{bmatrix},$$

可见 $\boldsymbol{P}_k$的前k列全为零,自然还是一个上三角阵.

特别,当 $k=n$ 时,便得 $\boldsymbol{P}_n=\boldsymbol{O}$,也即 $C(\boldsymbol{T})=\boldsymbol{O}$. 于是

$$C(\boldsymbol{A})=\boldsymbol{U}C(\boldsymbol{T})\boldsymbol{U}^{\mathrm{H}}=\boldsymbol{O}.$$

证毕.

推论 设 $f\in \mathrm{Hom}(V,V)$,$\dim V=n$,f 的特征多项式为 $C(\lambda)$,则 $C(f)$是零变换.

证明 设在某组基下 f 的矩阵为$\boldsymbol{A}$,则 $C(f)$的矩阵为 $C(\boldsymbol{A})$. 对于 V 中任一坐标向量为 $\boldsymbol{X}$ 的 $\boldsymbol{\xi}$,根据式(1.5.4),可知 $C(f)(\boldsymbol{\xi})$的坐标向量是 $C(\boldsymbol{A})\boldsymbol{X}$,而定理 3.2.2 告诉我们 $C(\boldsymbol{A})=\boldsymbol{O}$,所以 $C(f)(\boldsymbol{\xi})$是零向量. 因此,$C(f)$是零变换.

证毕.

例 1 已知 $\boldsymbol{A}=\begin{bmatrix}1 & -2 & -2\\1 & 0 & -3\\1 & -1 & -2\end{bmatrix}$，求 $\boldsymbol{A}^{100}$.

解 经计算 $\boldsymbol{A}$ 的特征多项式为

$$C(\lambda)=|\lambda\boldsymbol{I}-\boldsymbol{A}|=(\lambda-1)(\lambda+1)^2.$$

设

$$x^{100}=(x-1)(x+1)^2q(x)+ax^2+bx+c, \tag{3.2.3}$$

将 $x=1$ 代入式(3.2.3)，再将 $x=-1$ 代入式(3.2.3)以及求导后的式(3.2.3)，得

$$1=a+b+c,$$
$$1=a-b+c,$$
$$-100=-2a+b.$$

解得

$$b=0,\quad a=50,\quad c=-49.$$

将 $\boldsymbol{A}$ 代入式(3.2.3)，因为 $(\boldsymbol{A}-\boldsymbol{I})(\boldsymbol{A}+\boldsymbol{I})^2=\boldsymbol{O}$，故得

$$\boldsymbol{A}^{100}=50\boldsymbol{A}^2-49\boldsymbol{I}=\begin{bmatrix}-199 & 0 & 400\\-100 & 1 & 200\\-100 & 0 & 201\end{bmatrix}.$$

例 2 已知 $\boldsymbol{A}=\begin{bmatrix}a & 0 & 0\\0 & a & 1\\0 & 0 & a\end{bmatrix}$，则 $C(\lambda)=(\lambda-a)^3$，显然

$$(\boldsymbol{A}-a\boldsymbol{I})^3=\boldsymbol{O},\quad (\boldsymbol{A}-a\boldsymbol{I})^2=\boldsymbol{O},\quad \boldsymbol{A}-a\boldsymbol{I}\neq\boldsymbol{O}.$$

从上例可见使 $f(\boldsymbol{A})=0$ 的多项式 $f(x)$，除特征多项式外，还可能有其它次数比特征多项式次数低的多项式.

定义　设$A\in C^{n\times n}$，若有多项式$\varphi(x)$使$\varphi(A)=0$，则称$\varphi(x)$为A的**化零多项式**；A的化零多项式中，次数最低且最高次系数为1的叫做A的**最小多项式**.

定理 3.2.3　1° 方阵A的最小多项式$m(x)$必整除A的化零多项式$\varphi(x)$；

2° 方阵A的最小多项式与特征多项式有相同的零点；

3° 相似的矩阵有相同的最小多项式.

证明　这里仅证明1°和2°，3°作为习题.

1° 用$m(x)$去除$\varphi(x)$，设余式为$r(x)$，即

$$\varphi(x)=m(x)q(x)+r(x). \tag{3.2.4}$$

若$r(x)\neq 0$，则$r(x)$的次数$<m(x)$的次数. 将A代入式(3.2.4)得

$$0=\varphi(A)=m(A)q(A)+r(A)=r(A),$$

于是$r(x)$也是A的化零多项式，又次数比$m(x)$低，与$m(x)$是最小多项式矛盾，所以$r(x)=0$，即$m(x)$整除$\varphi(x)$.

2° 因为特征多项式$C(x)$是A的化零多项式，由1°知

$$C(x)=m(x)q(x),$$

所以$m(x)$的零点必是$C(x)$的零点.

反之，若$C(\lambda_0)=0$，说明λ_0是A的特征值，故存在$X\neq 0$使

$$AX=\lambda_0 X,\quad \cdots,\quad A^k X=\lambda_0^k X,$$

故对多项式$m(x)$而言，必有$0=m(A)X=m(\lambda_0)X$，而$X\neq 0$，所以

$$m(\lambda_0)=0.$$

证毕.

注1：由最小多项式的定义及定理3.2.3之1°知矩阵A的最小多项式是唯一的.

注 2:若线性变换 f 的矩阵为 $\boldsymbol{A}$,则对于多项式 $\varphi(x)$,有

$$\varphi(\boldsymbol{A})=0 \Leftrightarrow \varphi(f)=0,$$

又由定理 3.2.3 之 3°,我们也分别称 $\boldsymbol{A}$ 的化零多项式与最小多项式为 f 的化零多项式与最小多项式.

例 3 记

$$\boldsymbol{A}=\operatorname{diag}(a,a,b,b,b), \quad \boldsymbol{B}=\begin{bmatrix} a & 1 & 0 & 0 & 0 \\ 0 & a & 0 & 0 & 0 \\ 0 & 0 & b & 0 & 0 \\ 0 & 0 & 0 & b & 1 \\ 0 & 0 & 0 & 0 & b \end{bmatrix} \quad (a \neq b),$$

$\boldsymbol{A}$ 与 $\boldsymbol{B}$ 的特征多项式都是 $(\lambda-a)^2(\lambda-b)^3$. 由定理 3.2.3 知,它们的最小多项式必具形式 $(\lambda-a)^s(\lambda-b)^l$,且 $s \leqslant 2, l \leqslant 3$.

对于 $\boldsymbol{A}$,容易看出

$$(\boldsymbol{A}-a\boldsymbol{I})(\boldsymbol{A}-b\boldsymbol{I})=\boldsymbol{O},$$

故 $\boldsymbol{A}$ 的最小多项式是 $(\lambda-a)(\lambda-b)$.

对于 $\boldsymbol{B}$,记二阶可逆阵

$$\begin{bmatrix} a-b & 1 \\ 0 & a-b \end{bmatrix}=\boldsymbol{T}_1, \quad \begin{bmatrix} b-a & 1 \\ 0 & b-a \end{bmatrix}=\boldsymbol{T}_2 \quad 及 \quad \begin{bmatrix} 0 & 1 \\ 0 & 0 \end{bmatrix}=\boldsymbol{N},$$

由于可逆阵与任一矩阵 $\boldsymbol{M}$ 之积为零的充要条件是 $\boldsymbol{M}=\boldsymbol{O}$. 又注意到 $\boldsymbol{N} \neq \boldsymbol{O}, \boldsymbol{N}^2=\boldsymbol{O}, \boldsymbol{T}_1^l$ 与 $\boldsymbol{T}_2^s$ 均可逆,而且

$$(\boldsymbol{B}-a\boldsymbol{I})^s(\boldsymbol{B}-b\boldsymbol{I})^l=\begin{bmatrix} \boldsymbol{N}^s\boldsymbol{T}_1^l & \boldsymbol{O} & \boldsymbol{O} \\ \boldsymbol{O} & \boldsymbol{O} & \boldsymbol{O} \\ \boldsymbol{O} & \boldsymbol{O} & \boldsymbol{T}_2^s\boldsymbol{N}^l \end{bmatrix},$$

故使 $(\boldsymbol{B}-a\boldsymbol{I})^s(\boldsymbol{B}-b\boldsymbol{I})^l=\boldsymbol{O}$ 的最小之 s 与 l 为 2. 因此,$\boldsymbol{B}$ 的最小多项式是

$(\lambda-a)^2(\lambda-b)^2$.

由于 $\boldsymbol{A}$ 与 $\boldsymbol{B}$ 的最小多项式不同，因此必不相似.

3.3 相似对角化的充要条件

本节与下节线性空间 V 为复数域上线性空间.

特征向量对化简矩阵作用很大，为方便起见，先研究属于同一特征值的全体特征向量.

定义 3.3.1 设 $f\in \mathrm{Hom}(V,V)$，λ_0 为 f 的特征值，称

$$V_{\lambda_0}=\{\boldsymbol{\xi}\mid f(\boldsymbol{\xi})=\lambda_0\boldsymbol{\xi},\boldsymbol{\xi}\in V\}$$

为 f 的**特征子空间**(相应于 λ_0).

定义 3.3.2 设 $\boldsymbol{A}\in C^{n\times n}$，$\lambda_0\in\lambda(\boldsymbol{A})$，称

$$V_{\lambda_0}=\{\boldsymbol{X}\mid \boldsymbol{AX}=\lambda_0\boldsymbol{X},\boldsymbol{X}\in C^n\}$$

为 $\boldsymbol{A}$ 的**特征子空间**(相应于 λ_0).

从定义 3.3.1 与定义 3.3.2 不难看出，V_{λ_0} 正是由相应于特征值 λ_0 的全体特征向量再添上一个零向量构成. f 的 V_{λ_0} 是线性变换 $f-\lambda_0\boldsymbol{I}$ 的核，它是 f 的不变子空间. 另外，还请读者注意，定义 3.3.1 中的 V_{λ_0} 是 V 的子空间，定义 3.3.2 中的 V_{λ_0} 是 C^n 的子空间. 如果 V 是复数域上 n 维线性空间，在 V 的某组基下 f 的矩阵为 $\boldsymbol{A}$，则 f 的特征值便是 $\boldsymbol{A}$ 的特征值，定义 3.3.2 中的 V_{λ_0} 正是定义 3.3.1 中 V_{λ_0} 全体向量的坐标向量之集合，它们是同构的.

下面研究线性变换的特征子空间的其它的性质. 由于同构，故对矩阵的特征子空间也成立.

定理 3.3.1 设 $\lambda_1,\cdots,\lambda_k$ 为 f 的相异特征值，则和 $V_{\lambda_1}+\cdots+V_{\lambda_k}$ 是直和.

证明 $k=2$ 时，设 $\lambda_1\neq\lambda_2$，若 $\boldsymbol{\alpha}\in V_{\lambda_1}\cap V_{\lambda_2}$，则

$$f(\boldsymbol{\alpha})=\lambda_1\boldsymbol{\alpha}=\lambda_2\boldsymbol{\alpha}\Rightarrow(\lambda_1-\lambda_2)\boldsymbol{\alpha}=\mathbf{0}\Rightarrow\boldsymbol{\alpha}=\mathbf{0},$$

故 $V_{\lambda_1}\cap V_{\lambda_2}$ 为$\{\mathbf{0}\}$，所以 $V_{\lambda_1}+V_{\lambda_2}$ 为直和.

设 $k-1$ 时命题正确，考虑 k 个相异特征值的情况.

设特征子空间 V_{λ_i} 中向量 $\boldsymbol{\alpha}_i(i=1,2,\cdots,k)$ 使

$$\boldsymbol{\alpha}_1+\boldsymbol{\alpha}_2+\cdots+\boldsymbol{\alpha}_k=\mathbf{0}, \tag{3.3.1}$$

用 f 作用式(3.3.1)得

$$\lambda_1\boldsymbol{\alpha}_1+\lambda_2\boldsymbol{\alpha}_2+\cdots+\lambda_k\boldsymbol{\alpha}_k=\mathbf{0}. \tag{3.3.2}$$

式(3.3.2)$-\lambda_k\times$式(3.3.1)得

$$(\lambda_1-\lambda_k)\boldsymbol{\alpha}_1+\cdots+(\lambda_{k-1}-\lambda_k)\boldsymbol{\alpha}_{k-1}=\mathbf{0},$$

而$(\lambda_i-\lambda_k)\boldsymbol{\alpha}_i\in V_{\lambda_i}$，由归纳法假设 $V_{\lambda_1}+\cdots+V_{\lambda_{k-1}}$ 为直和，所以

$$(\lambda_i-\lambda_k)\boldsymbol{\alpha}_i=\mathbf{0}\quad(i=1,\cdots,k-1),$$

又 $\lambda_i-\lambda_k\neq0$，故

$$\boldsymbol{\alpha}_1=\boldsymbol{\alpha}_2=\cdots=\boldsymbol{\alpha}_{k-1}=\mathbf{0},$$

代回式(3.3.1)，得 $\boldsymbol{\alpha}_k=\mathbf{0}$，即零向量分解唯一. 根据定理 1.3.5 知

$$V_{\lambda_1}+\cdots+V_{\lambda_k}$$

为直和.

证毕.

定理 3.3.2 设 $f\in\mathrm{Hom}(V,V)$，$\lambda_1,\cdots,\lambda_r$ 为 f 的 r 个相异特征值，f 的特征多项式

$$C(\lambda)=\prod_{i=1}^{r}(\lambda-\lambda_i)^{c_i},\quad 其中\sum_{i=1}^{r}c_i=n,$$

则

$$\dim V_{\lambda_i}\leqslant c_i\quad(i=1,2,\cdots,r).$$

证明　设 λ_0 为 $C(\lambda)$ 的 m 重根，$\dim V_{\lambda_0}=s$. 又设 V_{λ_0} 的一组基为 $\boldsymbol{\alpha}_1,\cdots,\boldsymbol{\alpha}_s$，将它扩充为 V 的一组基 $\boldsymbol{\alpha}_1,\cdots,\boldsymbol{\alpha}_n$，由于

$$f(\boldsymbol{\alpha}_i)=\lambda_0\boldsymbol{\alpha}_i\quad(i=1,\cdots,s),$$

故有

$$f(\boldsymbol{\alpha}_1,\cdots,\boldsymbol{\alpha}_s,\cdots,\boldsymbol{\alpha}_n)=(\boldsymbol{\alpha}_1,\cdots,\boldsymbol{\alpha}_s,\cdots,\boldsymbol{\alpha}_n)\begin{bmatrix}\lambda_0\boldsymbol{I}_s & \boldsymbol{A}_1\\ \boldsymbol{O} & \boldsymbol{A}_2\end{bmatrix},$$

所以 $C(\lambda)=(\lambda-\lambda_0)^s|\lambda\boldsymbol{I}_{n-s}-\boldsymbol{A}_2|$. 即 λ_0 至少是 $C(\lambda)$ 的 s 重根，故 $s\leqslant m$.

证毕.

称 c_i 为 λ_i 的代数重数，$s_i=\dim V_{\lambda_i}$ 为 λ_i 的几何重数.

由定理 3.3.1 及直和的充要条件，再利用定理 3.3.2 可知

$$\dim\sum_{i=1}^{r}V_{\lambda_i}=\sum_{i=1}^{r}\dim V_{\lambda_i}\leqslant\sum_{i=1}^{r}c_i=n=\dim V,$$

所以每个特征子空间 V_{λ_i} 的维数 $s_i=c_i$ 的充要条件为

$$V=V_{\lambda_1}\oplus\cdots\oplus V_{\lambda_r}.$$

当 $V=\sum\limits_{i=1}^{r}V_{\lambda_i}$ 时，以 $V_{\lambda_1},\cdots,V_{\lambda_r}$ 的基之并集为 V 的一组基，由于基向量全是 f 的特征向量，故 f 在此组基下矩阵为对角阵. 反之，若 f 在某组基下矩阵为对角阵

$$\mathrm{diag}(\lambda_1\boldsymbol{I}_{c_1},\lambda_2\boldsymbol{I}_{c_2},\cdots,\lambda_r\boldsymbol{I}_{c_r}),$$

其中 $\lambda_1,\lambda_2,\cdots,\lambda_r$ 互异，则对于特征值 λ_i 至少有 c_i 个线性无关的特征向量，又 $s_i\leqslant c_i$，所以 $s_i=c_i(i=1,2,\cdots,r)$，且 $V=\sum\limits_{i=1}^{r}V_{\lambda_i}$. 故有定理 3.3.3.

定理 3.3.3　设 $f\in\mathrm{Hom}(V,V)$，f 的特征多项式为

$$C(\lambda)=\prod_{i=1}^{r}(\lambda-\lambda_i)^{c_i},$$

其中，$\lambda_1,\lambda_2,\cdots,\lambda_r$ 互异；$\sum_{i=1}^{r} c_i = n$. 则下列命题等价：

1° f 的矩阵可相似于对角阵（也称 f 可相似对角化）；

2° $c_i=\dim V_{\lambda_i}\quad(i=1,2,\cdots,r)$；

3° $V=\sum_{i=1}^{r} V_{\lambda_i}$.

下面研究相似对角化与最小多项式的关系.

定理 3.3.4 设 $f\in \mathrm{Hom}(V,V)$，则 f 可相似对角化的充要条件是 f 的最小多项式无重因式.

证明 设 f 在某组基下矩阵为 $\boldsymbol{A}$，f 的特征多项式为

$$C(\lambda)=\prod_{i=1}^{r}(\lambda-\lambda_i)^{c_i}\quad(\lambda_1,\cdots,\lambda_r\ \text{互异}).$$

先证必要性.

若 $\boldsymbol{A}\sim\boldsymbol{\Lambda}=\mathrm{diag}(\lambda_1\boldsymbol{I}_{c_1},\cdots,\lambda_r\boldsymbol{I}_{c_r})$，而 $\prod_{i=1}^{r}(\boldsymbol{\Lambda}-\lambda_i\boldsymbol{I})=\boldsymbol{O}$，故 $\boldsymbol{A}$ 的最小多项式为 $\prod_{i=1}^{r}(\lambda-\lambda_i)$，无重因式.

再证充分性.

若 $\boldsymbol{A}$ 的最小多项式 $m(\lambda)$ 无重因式，根据定理 3.2.3 之 2°，有

$$m(\lambda)=\prod_{i=1}^{r}(\lambda-\lambda_i),$$

于是

$$\prod_{i=1}^{r}(\boldsymbol{A}-\lambda_i\boldsymbol{I})=\boldsymbol{O}. \tag{3.3.3}$$

利用第 0 章的习题第 25 题及式(3.3.3)得

$$\begin{aligned}\sum_{i=1}^{r}\dim V_{\lambda_i}&=\sum_{i=1}^{r}[n-r(\boldsymbol{A}-\lambda_i\boldsymbol{I})]=rn-\sum_{i=1}^{r}r(\boldsymbol{A}-\lambda_i\boldsymbol{I})\\&\geqslant rn-(r-1)n=n,\end{aligned}$$

但

$$\sum_{i=1}^{r}\dim V_{\lambda_i}=\sum_{i=1}^{r}s_i\leqslant\sum_{i=1}^{r}c_i=n,$$

所以 $\sum_{i=1}^{r}\dim V_{\lambda_i}=n$，于是 $s_i=c_i$. 根据定理 3.3.3，f 可相似对角化.

证毕.

能相似于对角阵的矩阵叫准单纯阵，它们有一种分解式——谱分解.

定理 3.3.5　n 阶方阵 $\boldsymbol{A}$ 相似于对角阵，且有 $r(1\leqslant r\leqslant n)$ 个相异特征值 $\lambda_1,\cdots,\lambda_r$ 的充要条件为存在 r 个非零方阵 $\boldsymbol{P}_1,\cdots,\boldsymbol{P}_r$ 及 r 个互异数 $\lambda_1,\cdots,\lambda_r$，使：

1° $\boldsymbol{A}=\sum_{i=1}^{r}\lambda_i\boldsymbol{P}_i$；　　2° $\sum_{i=1}^{r}\boldsymbol{P}_i=\boldsymbol{I}$；

3° $\boldsymbol{P}_i\boldsymbol{P}_j=\boldsymbol{O}\quad(1\leqslant i\neq j\leqslant r)$；　　4° $\boldsymbol{P}_i^2=\boldsymbol{P}_i\quad(i=1,\cdots,r)$.

证明　先证必要性.

若 $\boldsymbol{A}$ 相似于对角阵且其互异特征值为 $\lambda_1,\cdots,\lambda_r$，则存在可逆阵 $\boldsymbol{P}$，使

$$\boldsymbol{P}^{-1}\boldsymbol{A}\boldsymbol{P}=\mathrm{diag}(\lambda_1\boldsymbol{I}_{c_1},\cdots,\lambda_r\boldsymbol{I}_{c_r}),$$

于是

$$\boldsymbol{A}=\boldsymbol{P}\mathrm{diag}(\lambda_1\boldsymbol{I}_{c_1},\cdots,\lambda_r\boldsymbol{I}_{c_r})\boldsymbol{P}^{-1}.$$

将对角阵分为 r 个矩阵之和，分别提出因子 $\lambda_1,\cdots,\lambda_r$，记

$$\boldsymbol{P}_i=\boldsymbol{P}\mathrm{diag}(0,\cdots,0,I_{c_i},0,\cdots,0)\boldsymbol{P}^{-1}\quad(i=1,\cdots,r),$$

便得

$$\boldsymbol{A}=\sum_{i=1}^{r}\lambda_i\boldsymbol{P}_i.$$

不难验证 $\boldsymbol{P}_1,\cdots,\boldsymbol{P}_r$ 均为非零阵，且满足 2°，3°与 4°.

再证充分性.

由 2°，$\forall\boldsymbol{X}\in C^n$，有

$$\boldsymbol{X}=\boldsymbol{P}_1\boldsymbol{X}+\cdots+\boldsymbol{P}_r\boldsymbol{X}\in R(\boldsymbol{P}_1)+\cdots+R(\boldsymbol{P}_r),$$

所以

$$C^n=R(\boldsymbol{P}_1)+\cdots+R(\boldsymbol{P}_r). \tag{3.3.4}$$

又 $\forall \boldsymbol{X}\in R(\boldsymbol{P}_i)$，$\exists \boldsymbol{Y}\in \boldsymbol{C}^n$，使 $\boldsymbol{X}=\boldsymbol{P}_i\boldsymbol{Y}$. 于是根据 1°，3°，4°有

$$\boldsymbol{AX}=\boldsymbol{AP}_i\boldsymbol{Y}=\left(\sum_{j=1}^{r}\lambda_j\boldsymbol{P}_j\right)\boldsymbol{P}_i\boldsymbol{Y}=\lambda_i\boldsymbol{P}_i\boldsymbol{Y}=\lambda_i\boldsymbol{X},$$

由于 $\boldsymbol{P}_i\neq\boldsymbol{O}$，故 $R(\boldsymbol{P}_i)\neq\{\boldsymbol{0}\}$，因此有非零的 $\boldsymbol{X}$ 使 $\boldsymbol{AX}=\lambda_i\boldsymbol{X}$，所以 λ_i 是 $\boldsymbol{A}$ 的特征值，且 $\boldsymbol{P}_i$ 的值域 $R(\boldsymbol{P}_i)$ 含于特征子空间 V_{λ_i}.

注意到式(3.3.4)，另外已知条件中 $\lambda_1,\cdots,\lambda_r$ 是互异的，根据定理 3.3.1便得

$$C^n=R(\boldsymbol{P}_1)+\cdots+R(\boldsymbol{P}_r)\subset V_{\lambda_1}\oplus\cdots\oplus V_{\lambda_r}\subset C^n,$$

所以

$$C^n=V_{\lambda_1}\oplus\cdots\oplus V_{\lambda_r},$$

根据定理 3.3.3 便得 $\boldsymbol{A}$ 相似于对角阵，且 1°中 $\lambda_1,\cdots,\lambda_r$ 就是特征值.

例 1 在 $R[x]_n$ 中作

$$f[p(x)]=p(x+1) \quad (\forall\, p(x)\in R[x]_n).$$

(1) 试证 f 是线性变换；

(2) 研究 f 能否相似对角化，并求 f 的特征子空间.

解 (1) $\forall\, p(x),q(x)\in R[x]_n$，$\forall\, k,l\in R$，有

$$\begin{aligned}f[kp(x)+lq(x)]&=kp(x+1)+lq(x+1)\\&=kf[p(x)]+lf[q(x)],\end{aligned}$$

所以 f 是线性变换.

(2) 取 $1,x,x^2,\cdots,x^{n-1}$ 为 $R[x]_n$ 的基，于是 $f(1)=1$，且

$$f(x)=1+x,$$

$$f(x^2)=(x+1)^2=1+2x+x^2,$$

$$\vdots$$

$$f(x^{n-1})=(x+1)^{n-1}=1+(n-1)x+\cdots+x^{n-1},$$

故 f 在基 $\{1,x,\cdots,x^{n-1}\}$ 下矩阵为

$$A=\begin{bmatrix}1 & 1 & \cdots & 1\\ 0 & 1 & \cdots & n-1\\ \vdots & \vdots & & \vdots\\ 0 & 0 & \cdots & 1\end{bmatrix},$$

注意到 A 是一个主对角元全为 1 的上三角阵，故其特征多项式

$$C(\lambda)=(\lambda-1)^n.$$

由于 $A-I$ 的秩是 $(n-1)$，故对应于特征值 1 之特征子空间的维数是 $n-(n-1)=1$，而特征值的代数重数是 n，因此，当 $n\geqslant 2$ 时 f 不可相似对角化.

再求特征值 1 相应的特征子空间.

从齐次方程组 $(A-I)X=0$，求出通解

$$X=C(1,0,\cdots,0)^{\mathrm{T}}.$$

线性空间 $R[x]_n$ 中，在基 $\{1,x,\cdots,x^{n-1}\}$ 下，以 $(1,0,\cdots,0)^{\mathrm{T}}$ 为坐标向量的元素是 1，所以所求特征子空间是 $R[x]_n$ 中由多项式 1 生成的子空间 R——全体实数.

例 2　求解矩阵方程 $X^2-5X+6I=O$，其中 $X\in C^{n\times n}$.

解　$\varphi(x)=x^2-5x+6=(x-2)(x-3)$ 为 X 的化零多项式. 无重因式，又最小多项式 $m(x)$ 整除 $\varphi(x)$，故 $m(x)$ 必无重因式. 所以 X 必相似于对角阵，且其特征值 λ 必满足 $\lambda^2-5\lambda+6=0$. 即其特征值只可能从 2 与 3 中取，所以 X 相似于 $\begin{bmatrix}2I_r & O\\ O & 3I_{n-r}\end{bmatrix}(0\leqslant r\leqslant n)$，即

$$\boldsymbol{X}=\boldsymbol{P}\begin{bmatrix}2\boldsymbol{I}_r & \boldsymbol{O}\\ \boldsymbol{O} & 3\boldsymbol{I}_{n-r}\end{bmatrix}\boldsymbol{P}^{-1},$$

其中，$\boldsymbol{P}$ 为任一 n 阶可逆阵.

例 3 已知

$$\boldsymbol{J}_0=\begin{bmatrix}a & 1 & 0 & \cdots & 0 & 0\\ 0 & a & 1 & \cdots & 0 & 0\\ \vdots & \vdots & \vdots & & \vdots & \vdots\\ 0 & 0 & 0 & \cdots & a & 1\\ 0 & 0 & 0 & \cdots & 0 & a\end{bmatrix}_{k\times k}\quad (k\geqslant 2),$$

试证：$\boldsymbol{J}_0$ 不能相似于对角阵.

证明 1 $\boldsymbol{J}_0$ 的特征多项式为 $(\lambda-a)^k$，记

$$\boldsymbol{J}_0-a\boldsymbol{I}=\begin{bmatrix}\boldsymbol{O} & \boldsymbol{I}_{k-1}\\ \boldsymbol{O} & \boldsymbol{O}\end{bmatrix}=\boldsymbol{N},$$

因为 $\boldsymbol{N}^{k-1}\neq\boldsymbol{O},\boldsymbol{N}^k=\boldsymbol{O}$，故 $\boldsymbol{J}_0$ 的最小多项式为

$$(\lambda-a)^k,$$

而 $k\geqslant 2$，根据定理 3.3.4，$\boldsymbol{J}_0$ 不能相似于对角阵.

证毕.

注：例 3 还可以有下面两种证法.

证明 2 用反证法.

因为相似的矩阵有相同的特征多项式，若 $\boldsymbol{J}_0$ 相似于对角阵，则该对角阵的对角元必全为 a. 即存在可逆阵 $\boldsymbol{P}$，使 $\boldsymbol{P}^{-1}\boldsymbol{J}_0\boldsymbol{P}=a\boldsymbol{I}$，便得

$$\boldsymbol{J}_0=\boldsymbol{P}(a\boldsymbol{I})\boldsymbol{P}^{-1}=a\boldsymbol{I},$$

与 $\boldsymbol{J}_0\neq a\boldsymbol{I}$ 矛盾，故 $\boldsymbol{J}_0$ 不能相似于对角阵.

证明 3 $\boldsymbol{J}_0$ 的特征值 $\lambda=a$ 是 $k(\geqslant 2)$ 重根，而

$$\dim V_a = k - r(\boldsymbol{J}_0 - a\boldsymbol{I}) = k - (k-1) = 1 \neq k,$$

根据定理 3.3.3,$\boldsymbol{J}_0$ 不能相似于对角阵.

例 4 设 $\boldsymbol{C}=\begin{bmatrix}\boldsymbol{A} & \boldsymbol{O}\\ \boldsymbol{O} & \boldsymbol{B}\end{bmatrix}$,$\boldsymbol{A}$ 为 $n\times n$,$\boldsymbol{B}$ 为 $s\times s$,试证:$\boldsymbol{C}\sim\boldsymbol{\Lambda}\Leftrightarrow\boldsymbol{A},\boldsymbol{B}$ 均可相似于对角阵.

证明 先证充分性.

设 $\boldsymbol{A},\boldsymbol{B}$ 分别相似于对角阵 $\boldsymbol{\Lambda}_1,\boldsymbol{\Lambda}_2$,即存在可逆阵 $\boldsymbol{P}_1$ 与 $\boldsymbol{P}_2$ 使

$$\boldsymbol{P}_1^{-1}\boldsymbol{A}\boldsymbol{P}_1=\boldsymbol{\Lambda}_1, \quad \boldsymbol{P}_2^{-1}\boldsymbol{B}\boldsymbol{P}_2=\boldsymbol{\Lambda}_2.$$

作 $\boldsymbol{P}=\begin{bmatrix}\boldsymbol{P}_1 & \boldsymbol{O}\\ \boldsymbol{O} & \boldsymbol{P}_2\end{bmatrix}$,于是

$$\boldsymbol{P}^{-1}=\begin{bmatrix}\boldsymbol{P}_1^{-1} & \boldsymbol{O}\\ \boldsymbol{O} & \boldsymbol{P}_2^{-1}\end{bmatrix},$$

便得

$$\boldsymbol{P}^{-1}\boldsymbol{C}\boldsymbol{P}=\begin{bmatrix}\boldsymbol{P}_1^{-1}\boldsymbol{A}\boldsymbol{P}_1 & \boldsymbol{O}\\ \boldsymbol{O} & \boldsymbol{P}_2^{-1}\boldsymbol{B}\boldsymbol{P}_2\end{bmatrix}=\begin{bmatrix}\boldsymbol{\Lambda}_1 & \boldsymbol{O}\\ \boldsymbol{O} & \boldsymbol{\Lambda}_2\end{bmatrix},$$

即 $\boldsymbol{C}$ 相似于对角阵 $\mathrm{diag}(\boldsymbol{\Lambda}_1,\boldsymbol{\Lambda}_2)$.

再证必要性.

已知 $\boldsymbol{C}\sim\boldsymbol{\Lambda}$,设可逆 $\boldsymbol{P}=(\boldsymbol{P}_1,\cdots,\boldsymbol{P}_{n+s})$ 使

$$\boldsymbol{P}^{-1}\boldsymbol{C}\boldsymbol{P}=\mathrm{diag}(\lambda_1,\cdots,\lambda_{n+s}). \tag{3.3.5}$$

记 $\boldsymbol{P}_i=\begin{bmatrix}\boldsymbol{X}_i\\ \boldsymbol{Y}_i\end{bmatrix}$,$\boldsymbol{X}_i\in C^n$,$\boldsymbol{Y}_i\in C^s(i=1,2,\cdots,n+s)$,则由式(3.3.5)得

$$\begin{bmatrix}\boldsymbol{A} & \boldsymbol{O}\\ \boldsymbol{O} & \boldsymbol{B}\end{bmatrix}\begin{bmatrix}\boldsymbol{X}_1 & \cdots & \boldsymbol{X}_{n+s}\\ \boldsymbol{Y}_1 & \cdots & \boldsymbol{Y}_{n+s}\end{bmatrix}=\begin{bmatrix}\boldsymbol{X}_1 & \cdots & \boldsymbol{X}_{n+s}\\ \boldsymbol{Y}_1 & \cdots & \boldsymbol{Y}_{n+s}\end{bmatrix}\mathrm{diag}(\lambda_1,\lambda_2,\cdots,\lambda_{n+s}),$$

即

$$\boldsymbol{A}\boldsymbol{X}_i=\lambda_i\boldsymbol{X}_i \quad (i=1,2,\cdots,n+s), \tag{3.3.6}$$

$$\boldsymbol{B}\boldsymbol{Y}_i=\lambda_i\boldsymbol{Y}_i \quad (i=1,2,\cdots,n+s). \tag{3.3.7}$$

由于 $\boldsymbol{P}$ 可逆，故矩阵$(\boldsymbol{X}_1,\cdots,\boldsymbol{X}_{n+s})$的 n 个行必线性无关，所以列秩也是 n，即存在 n 个线性无关的 n 维列向量 $\boldsymbol{X}_i$ 使式(3.3.6)成立. 因此，$\boldsymbol{A}$ 可相似于对角阵.

同样矩阵$(\boldsymbol{Y}_1,\cdots,\boldsymbol{Y}_{n+s})$的 s 个行必线性无关，所以存在 s 个线性无关的 s 维向量 $\boldsymbol{Y}_i$ 使式(3.3.7)成立. 因此，$\boldsymbol{B}$ 相似于对角阵.

证毕.

3.4 Jordan 标准形

定义 3.4.1 设

$$\boldsymbol{J}_0=\begin{bmatrix} a & 1 & 0 & \cdots & 0 & 0 \\ 0 & a & 1 & \cdots & 0 & 0 \\ \vdots & \vdots & \vdots & & \vdots & \vdots \\ 0 & 0 & 0 & \cdots & a & 1 \\ 0 & 0 & 0 & \cdots & 0 & a \end{bmatrix}_{k\times k} \quad (k\geqslant 1),$$

称 $\boldsymbol{J}_0$ 为 Jordan **块**，称 $a=0$ 的 Jordan 块为 Jordan **幂零块**，称由 Jordan 块 $\boldsymbol{J}_1,\cdots,\boldsymbol{J}_s$ 组成的准对角阵

$$\boldsymbol{J}=\mathrm{diag}(\boldsymbol{J}_1,\boldsymbol{J}_2,\cdots,\boldsymbol{J}_s)$$

为 Jordan **形矩阵.**

注意：n 阶对角阵是 n 个一阶 Jordan 块组成的 Jordan 形矩阵.

下面我们来找线性空间 V 上线性变换 f 的矩阵之"最简"形式. 基本思路是将 n 维线性空间 V 分解为 f 的一些不变子空间的直和，然后分别在每个维数较低的子空间上研究 f 的矩阵.

引理 设 f 为线性空间 V 的线性变换，若存在互素多项式 $p(x)$ 与

$q(x)$，使 $p(f)q(f)=0$，则 $V=W\oplus S$，其中

$$W=K[p(f)],\quad S=K[q(f)],$$

且 W 与 S 都是 f 的不变子空间.

证明　由多项式理论（参看一般《高等代数》教材）知，$p(x)$ 与 $q(x)$ 互素时存在多项式 $h(x)$ 与 $\varphi(x)$ 使

$$h(x)p(x)+\varphi(x)q(x)=1,$$

因此

$$h(f)p(f)+\varphi(f)q(f)=\boldsymbol{I},\tag{3.4.1}$$

于是 $\forall\boldsymbol{\alpha}\in W\cap S$，有

$$h(f)p(f)\boldsymbol{\alpha}+\varphi(f)q(f)\boldsymbol{\alpha}=\boldsymbol{\alpha}.\tag{3.4.2}$$

由于 $\boldsymbol{\alpha}\in W$，故 $p(f)\boldsymbol{\alpha}=\mathbf{0}$；又 $\alpha\in S$，故 $q(f)\boldsymbol{\alpha}=\mathbf{0}$. 由式(3.4.2)可见 $\boldsymbol{\alpha}=\mathbf{0}$，即 $W+S$ 为直和.

根据式(3.4.1)，$\forall\boldsymbol{\alpha}\in V$，有

$$\boldsymbol{\alpha}=h(f)p(f)\boldsymbol{\alpha}+\varphi(f)q(f)\boldsymbol{\alpha},\tag{3.4.3}$$

而

$$h(f)p(f)=p(f)h(f),$$

于是

$$q(f)h(f)p(f)=q(f)p(f)h(f)=0,$$

所以式(3.4.3)中 $h(f)p(f)\boldsymbol{\alpha}\in S$. 同理式(3.4.3)中 $\varphi(f)q(f)\boldsymbol{\alpha}\in W$. 因此

$$V=W+S=W\oplus S.$$

由于 $p(f)f=fp(f)$，所以 W 中向量 $\boldsymbol{\alpha}$，其象 $f(\boldsymbol{\alpha})$ 仍在 $K[p(f)]$ 中. 对 S 也同样，故它们都是 f 的不变子空间.

证毕.

定义 3.4.2 设 $f\in \mathrm{Hom}(V,V)$，f 的特征多项式

$$C(\lambda)=\prod_{i=1}^{r}(\lambda-\lambda_i)^{c_i},\quad 其中\ \lambda_1,\cdots,\lambda_r互异,$$

称 $V_i=\{\boldsymbol{\xi}\mid(f-\lambda_i\boldsymbol{I})^{c_i}\boldsymbol{\xi}=\boldsymbol{0},\boldsymbol{\xi}\in V\}$ 为 f 的**根子空间**(关于特征值 λ_i).

事实上 V_i 就是线性变换 $(f-\lambda_i\boldsymbol{I})^{c_i}$ 的核，不难证明它是 f 的不变子的空间.

定理 3.4.1(分解定理 1) 若 $f,C(\lambda),V_i$ 同定义 3.4.2，则

$$V=V_1\oplus V_2\oplus\cdots\oplus V_r.$$

反复应用引理 $(r-1)$ 次即可得到该定理的证明，此处不再细述.

推论 $\dim V_i=c_i(i=1,2,\cdots,r)$，其中 V_i,c_i 同定义 3.4.2.

证明 首先从 V_i 的定义可见 $V_i\supset V_{\lambda_i}$，且 V_i 为 f 不变子空间. 根据分解定理 1，取 $V_1,\cdots,V_r$ 的基之并为 V 的基，记 $[f|_{V_i}]=\boldsymbol{B}_i$，于是在该基下 f 的矩阵

$$[f]=\mathrm{diag}(\boldsymbol{B}_1,\boldsymbol{B}_2,\cdots,\boldsymbol{B}_r)=\boldsymbol{A},$$

f 的特征多项式

$$\begin{aligned}C(\lambda)&=\prod_{i=1}^{r}(\lambda-\lambda_i)^{c_i}=\det(\lambda\boldsymbol{I}-\boldsymbol{A})\\&=\prod_{i=1}^{r}\det(\lambda\boldsymbol{I}_{r_i}-\boldsymbol{B}_i),\end{aligned}\tag{3.4.4}$$

其中 r_i 为 $\boldsymbol{B}_i$ 的阶数，也即 V_i 的维数.

因为满足 $f(\boldsymbol{\alpha})=\lambda_i\boldsymbol{\alpha}$ 之 $\boldsymbol{\alpha}$ 在 $V_{\lambda_i}\subset V_i$ 中，所以 λ_i 是 $f|_{V_i}$ 也是矩阵 $\boldsymbol{B}_i$ 的特征值；又当 $j\neq i$ 时，使 $f(\boldsymbol{\beta})=\lambda_j\boldsymbol{\beta}$ 之 $\boldsymbol{\beta}\in V_{\lambda_j}\subset V_j$，而 $V_i\cap V_j=\{\boldsymbol{0}\}$，所以 λ_j 必不是 $f|_{V_i}$ 也就不是 $\boldsymbol{B}_i$ 的特征值. 故因式 $\lambda-\lambda_i$ 必出现在 $\det(\lambda\boldsymbol{I}-\boldsymbol{B}_i)$ 中，$\lambda-\lambda_j$ 必不出现在 $\det(\lambda\boldsymbol{I}-\boldsymbol{B}_i)$ 中，$1\leqslant i\neq j\leqslant r$.

于是根据式(3.4.4)得

$$\det(\lambda\boldsymbol{I}-\boldsymbol{B}_i)=(\lambda-\lambda_i)^{c_i}\quad(i=1,2,\cdots,r),$$

故

$$\dim V_i = c_i.$$

证毕.

记 $g_i = f|_{V_i} - \lambda_i \boldsymbol{I}$，由 V_i的定义可见 g_i为 V_i上幂零变换. 现在来研究幂零变换的矩阵之“最简”形式.

定义 3.4.3　设 g 为线性空间 W 的线性变换，k 为正整数，$\boldsymbol{\xi} \in W$，若 W 的子空间 $\mathrm{span}\{\boldsymbol{\xi}, g(\boldsymbol{\xi}), \cdots, g^{k-1}(\boldsymbol{\xi})\}$ 为 g 的不变子空间，则称它是 g 的**循环不变子空间**.

定理 3.4.2　设 g 为 W 的幂零变换，则 W 的子空间 $W_0 = \mathrm{span}\{\boldsymbol{\xi}, g(\boldsymbol{\xi}), \cdots, g^{k-1}(\boldsymbol{\xi})\}$为 g 的不变子空间之充分必要条件是 $g^k(\boldsymbol{\xi}) = \boldsymbol{0}$.

证明　充分性显然，现证必要性.

若 $g^k(\boldsymbol{\xi}) \neq \boldsymbol{0}$，由于 g 是幂零变换，必存在正整数 m 使 $g^m = 0$，自然 $g^m(\boldsymbol{\xi}) = \boldsymbol{0}$. 因此，必然存在正整数 $l(k+1 \leqslant l \leqslant m)$，使 $f^{l-1}(\boldsymbol{\xi}) \neq \boldsymbol{0}$，$f^l(\boldsymbol{\xi}) = \boldsymbol{0}$. 于是由习题 3 的第 14 题知 $\boldsymbol{\xi}, g(\boldsymbol{\xi}), \cdots, g^{l-1}(\boldsymbol{\xi})$线性无关，故 $\boldsymbol{\xi}, g(\boldsymbol{\xi}), \cdots, g^k(\boldsymbol{\xi})$必线性无关，又它们均属于 W_0，与 $\dim W_0 \leqslant k$ 矛盾.

证毕.

定理 3.4.3(分解定理 2)　设 g 为 m 维线性空间 W 的幂零线性变换，则 W 可分解为 g 的循环不变子空间的直和.

证明　对 W 的维数 m 作归纳.

当 $m=1$ 时 $g=0$，设 $\boldsymbol{\xi}$ 为 W 的基，$W = \mathrm{span}\{\boldsymbol{\xi}\}$，而 $g(\boldsymbol{\xi}) = \boldsymbol{0}$，则由定理3.4.2知 W 本身就是 g 的循环不变子空间，故命题正确.

设命题对维数$\leqslant m-1$ 的情况成立，今考虑 m 维的情况.

由于幂零变换 g 的特征值为 0，故 $\dim K(g) = t \geqslant 1$，于是 $\dim R(g)$最多是 $m-1$，$R(g)$又是 g 的不变子空间，因此 g 可看作是线性空间 $R(g)$ 的线性变换，自然也是幂零变换. 由归纳法假设，$R(g)$可分解为 g 的循环不变子空间的直和，设为

$$R(g)=W_1\oplus W_2\oplus\cdots\oplus W_s, \tag{3.4.5}$$

其中 W_i 的基为

$$\{g(\boldsymbol{\xi}_i),\cdots,g^{l_i}(\boldsymbol{\xi}_i)\}\quad(i=1,2,\cdots,s). \tag{3.4.6}$$

由定理 3.4.2 知 $g^{l_i}(\boldsymbol{\xi}_i)$ 属于 $K(g)$. 又 $W_1+W_2+\cdots+W_s$ 是直和,所以 $g^{l_1}(\boldsymbol{\xi}_1),g^{l_2}(\boldsymbol{\xi}_2),\cdots,g^{l_s}(\boldsymbol{\xi}_s)$ 线性无关. 将它们扩充为 $K(g)$ 的基,设为

$$g^{l_1}(\boldsymbol{\xi}_1),\cdots,g^{l_s}(\boldsymbol{\xi}_s),\boldsymbol{\eta}_{s+1},\cdots,\boldsymbol{\eta}_t. \tag{3.4.7}$$

利用式(3.4.5),(3.4.6)与(3.4.7)不难证明下列 m 个向量

$$\boldsymbol{\xi}_1,g(\boldsymbol{\xi}_1),\cdots,g^{l_1}(\boldsymbol{\xi}_1),\cdots,\boldsymbol{\xi}_s,g(\boldsymbol{\xi}_s),\cdots,g^{l_s}(\boldsymbol{\xi}_s),\boldsymbol{\eta}_{s+1},\cdots,\boldsymbol{\eta}_t \tag{3.4.8}$$

线性无关. 于是式(3.4.8)是 W 的一组基,且 W 可分解为 t 个 g 的循环不变子空间的直和(将 span{…}简记为 $L[\cdots]$),即

$$\begin{aligned}W=&L[\boldsymbol{\eta}_{s+1}]\oplus\cdots\oplus L[\boldsymbol{\eta}_t]\oplus L[\boldsymbol{\xi}_1,\cdots,g^{l_1}(\boldsymbol{\xi}_1)]\\&\oplus\cdots\oplus L[\boldsymbol{\xi}_s,\cdots,g^{l_s}(\boldsymbol{\xi}_s)].\end{aligned}$$

证毕.

不难看出,把式(3.4.8)确定的基的次序倒一下,则 g 在该基下的矩阵是由 t 个 Jordan 幂零块组成的准对角阵,于是有下面的推论.

推论 设 g 为 m 维线空间 W 的幂零线性变换,则 g 的矩阵必可相似于 $\mathrm{diag}(\boldsymbol{N}_1,\boldsymbol{N}_2,\cdots,\boldsymbol{N}_t)$,其中 $\boldsymbol{N}_i$ 均为 Jordam 幂零块,t 是 g 的核之维数;W 上线性变换 $f=g+\lambda_0\boldsymbol{I}$ 的矩阵必相似于主对角元为 λ_0 的 Jordam 形矩阵,其块数 $t=\dim V_{\lambda_0}$,其中 V_{λ_0} 为 f 的特征子空间.

根据分解定理 3.4.1 及分解定理 2 的推论,立即可得下面的定理.

定理 3.4.4(Jordan 标准形存在性定理) 设 f 是复数域上 n 维线性空间 V 的线性变换,则 V 中必存在一组基,使 f 的矩阵为 Jordan 形矩阵.

利用线性变换与矩阵的对应关系,便得以下推论.

推论 设 $\boldsymbol{A}\in C^{n\times n}$，则必存在可逆阵 $\boldsymbol{P}\in C^{n\times n}$ 使

$$\boldsymbol{P}^{-1}\boldsymbol{A}\boldsymbol{P}=\boldsymbol{J},$$

其中 $\boldsymbol{J}$ 为 Jordan 形矩阵（称 $\boldsymbol{J}$ 为 $\boldsymbol{A}$ 的 Jordan 标准形）.

定理 3.4.5（Jordan 标准形唯一性定理） 设 λ_0 为 n 阶方阵 $\boldsymbol{A}$ 的特征值，则对任一正整数 k，$\boldsymbol{A}$ 的 Jordan 标准形中主对角元为 λ_0 且阶数为 k 的 Jordan 块的块数等于

$$r(\boldsymbol{B}^{k-1})-2r(\boldsymbol{B}^{k})+r(\boldsymbol{B}^{k+1}),\quad 其中\ \boldsymbol{B}=\boldsymbol{A}-\lambda_0\boldsymbol{I},\tag{3.4.9}$$

因此，$\boldsymbol{A}$ 的 Jordan 标准形（不计块的次序）是唯一的.

证明 设 $\boldsymbol{P}^{-1}\boldsymbol{A}\boldsymbol{P}=\boldsymbol{J}$，$\boldsymbol{J}$ 为 Jordan 形矩阵. 则对一切自然数 $m\geqslant 0$，有

$$\boldsymbol{P}^{-1}(\boldsymbol{A}-\lambda_0\boldsymbol{I})^m\boldsymbol{P}=(\boldsymbol{J}-\lambda_0\boldsymbol{I})^m,$$

所以

$$r(\boldsymbol{A}-\lambda_0\boldsymbol{I})^m=r(\boldsymbol{J}-\lambda_0\boldsymbol{I})^m.\tag{3.4.10}$$

设 $\boldsymbol{J}=\mathrm{diag}(\boldsymbol{J}_1,\boldsymbol{J}_2,\cdots,\boldsymbol{J}_s)$，其中 $\boldsymbol{J}_i$ 为主对角元是 λ_i 的 Jordan 块. 记 $\boldsymbol{M}=\boldsymbol{J}-\lambda_0\boldsymbol{I}=\mathrm{diag}(\boldsymbol{B}_1,\boldsymbol{B}_2,\cdots,\boldsymbol{B}_s)$，其中 $\boldsymbol{B}_i$ 为主对角元是 $\lambda_i-\lambda_0$ 的上三角阵.

当 $\lambda_i\neq\lambda_0$，由于 $\det\boldsymbol{B}_i\neq 0$，于是

$$r(\boldsymbol{B}_i^{k-1})-r(\boldsymbol{B}_i^{k})=0.$$

当 $\lambda_i=\lambda_0$，则 $\boldsymbol{B}_i$ 为 Jordan 幂零块，于是有

$$r(\boldsymbol{B}_i^{k-1})-r(\boldsymbol{B}_i^{k})=\begin{cases}0, & 当\ \boldsymbol{B}_i\ 的阶数<k;\\ 1, & 当\ \boldsymbol{B}_i\ 的阶数\geqslant k.\end{cases}$$

而准对角阵的秩等于各块秩之和，因此

$$r(\boldsymbol{M}^{k-1})-r(\boldsymbol{M}^{k})=\boldsymbol{J}\ 中主对角元为\ \lambda_0\ 且阶数\geqslant k\ 的\ \text{Jordan}\ 块数;$$

同理

$r(\boldsymbol{M}^k)-r(\boldsymbol{M}^{k+1})=\boldsymbol{J}$ 中主对角元为λ_0 且阶数$\geqslant k+1$ 的 Jordan 块数.

两式相减,再注意到式(3.4.10),即得所证.

证毕.

由矩阵 Jordan 标准形的存在性和唯一性不难得到下面的定理.

定理 3.4.6 矩阵 $\boldsymbol{A},\boldsymbol{B}\in C^{n\times n}$是相似的当且仅当$\boldsymbol{A},\boldsymbol{B}$ 有相同的 Jordan 标准形.

例 1 已知 $\boldsymbol{A}=\begin{bmatrix} a & 0 & 2 \\ 0 & a & 3 \\ 0 & 0 & a \end{bmatrix}$,求 Jordan 标准形.

解 $\det(\lambda\boldsymbol{I}-\boldsymbol{A})=(\lambda-a)^3$.

设 $k=1$,由于$(\boldsymbol{A}-a\boldsymbol{I})^2=\boldsymbol{O},r(\boldsymbol{A}-a\boldsymbol{I})=1$,则根据定理 3.4.5,一阶的块数$=3-2\cdot 1+0=1$. 因为 $n=3$,自然二阶的也是 1 块. 所以

$$\boldsymbol{A}\sim\boldsymbol{J}=\begin{bmatrix} a & 0 & 0 \\ 0 & a & 1 \\ 0 & 0 & a \end{bmatrix}.$$

注:由于 $\boldsymbol{A}-a\boldsymbol{I}$ 的秩$=\boldsymbol{J}-a\boldsymbol{I}$ 的秩,故对前面例 1,直接由 $\boldsymbol{A}-a\boldsymbol{I}$ 的秩$=1$ 即可求出 $\boldsymbol{J}$. 一般对于重数不超过 3 的特征值 λ_0,总能直接根据 $\boldsymbol{A}-\lambda_0\boldsymbol{I}$ 的秩来确定λ_0 对应的 Jordan 块. 例如 $\boldsymbol{A}$ 的特征多项式为$(\lambda-a)^3(\lambda-b)^2$,$a\neq b$,则 $\boldsymbol{A}$ 的 Jordan 标准形总是如式(3.4.11)所示,其中 x,y,z 的值或为 1 或为 0,它们的值可分别由 $\boldsymbol{A}-a\boldsymbol{I}$ 与 $\boldsymbol{A}-b\boldsymbol{I}$ 的秩来确定(见表 1 和表 2).

$$\boldsymbol{J}=\begin{bmatrix} a & x & 0 & 0 & 0 \\ 0 & a & y & 0 & 0 \\ 0 & 0 & a & 0 & 0 \\ 0 & 0 & 0 & b & z \\ 0 & 0 & 0 & 0 & b \end{bmatrix}. \tag{3.4.11}$$

表 1

$r(\boldsymbol{A}-a\boldsymbol{I})$	x	y
2	0	0
3	0	1
4	1	1

表 2

$r(\boldsymbol{A}-b\boldsymbol{I})$	z
3	0
4	1

例 2　求例 1 中变换矩阵 $\boldsymbol{P}$,使 $\boldsymbol{P}^{-1}\boldsymbol{A}\boldsymbol{P}=\boldsymbol{J}$.

解　设 $\boldsymbol{P}=(\boldsymbol{X}_1,\boldsymbol{X}_2,\boldsymbol{X}_3)$,由 $\boldsymbol{A}\boldsymbol{P}=\boldsymbol{P}\boldsymbol{J}$ 得

$$\boldsymbol{A}\boldsymbol{X}_1=a\boldsymbol{X}_1,\quad \boldsymbol{A}\boldsymbol{X}_2=a\boldsymbol{X}_2,\quad \boldsymbol{A}\boldsymbol{X}_3=a\boldsymbol{X}_3+\boldsymbol{X}_2. \tag{3.4.12}$$

上式说明 $\boldsymbol{X}_1,\boldsymbol{X}_2$ 是$(\boldsymbol{A}-a\boldsymbol{I})\boldsymbol{X}=\boldsymbol{0}$的解,$\boldsymbol{X}_3$ 是$(\boldsymbol{A}-a\boldsymbol{I})\boldsymbol{Y}=\boldsymbol{X}_2$的解.
由$(\boldsymbol{A}-a\boldsymbol{I})\boldsymbol{X}=\boldsymbol{0}$解得

$$\boldsymbol{X}=c_1\begin{bmatrix}1\\0\\0\end{bmatrix}+c_2\begin{bmatrix}0\\1\\0\end{bmatrix}. \tag{3.4.13}$$

为使$(\boldsymbol{A}-a\boldsymbol{I})\boldsymbol{Y}=\boldsymbol{X}_2$有解,$\boldsymbol{X}_2$需从式(3.4.13)中适当选取 c_1,c_2得到.

设 $\boldsymbol{X}_2=c_1\begin{bmatrix}1\\0\\0\end{bmatrix}+c_2\begin{bmatrix}0\\1\\0\end{bmatrix}=\begin{bmatrix}c_1\\c_2\\0\end{bmatrix}$,于是

$$(\boldsymbol{A}-a\boldsymbol{I},\boldsymbol{X}_2)=\begin{bmatrix}0&0&2&c_1\\0&0&3&c_2\\0&0&0&0\end{bmatrix},$$

故可取 $c_1=2,c_2=3$. 于是 $\boldsymbol{X}_2=(2,3,0)^{\mathrm{T}}$,从$(\boldsymbol{A}-a\boldsymbol{I})\boldsymbol{Y}=\boldsymbol{X}_2$解得 $\boldsymbol{X}_3=(0,0,1)^{\mathrm{T}}$.

$\boldsymbol{X}_1$只需从式(3.4.13)取一个与 $\boldsymbol{X}_2$线性无关的即可. 不妨取

$$\boldsymbol{X}_1=(1,0,0)^{\mathrm{T}},$$

所以求得

$$P=\begin{bmatrix}1&2&0\\0&3&0\\0&0&1\end{bmatrix},$$

使

$$P^{-1}AP=\begin{bmatrix}a&0&0\\0&a&1\\0&0&a\end{bmatrix}.$$

注:P 不唯一.

例 3 已知 $A=\begin{bmatrix}1&-2&-2\\1&0&-3\\1&1&-4\end{bmatrix}$,求 P,使 $P^{-1}AP=J$.

解 经计算得

$$|\lambda I-A|=(\lambda+a)^3,$$

$$I+A=\begin{bmatrix}2&-2&-2\\1&1&-3\\1&1&-3\end{bmatrix},$$

秩为 2,故

$$J=\begin{bmatrix}-1&1&0\\0&-1&1\\0&0&-1\end{bmatrix}.$$

设 $P=(X_1,X_2,X_3)$,由 $AP=PJ$,得

$$(A+I)X_1=\mathbf{0},\quad (A+I)X_2=X_1,\quad (A+I)X_3=X_2.\tag{3.4.14}$$

$(A+I)X=\mathbf{0}$的通解为 $X=c(2,1,1)^{\mathrm{T}}$. 取 $X_1=(2,1,1)^{\mathrm{T}}$;从非齐次方程组$(A+I)Y=X_1$的解中任取一个作为 X_2,显然,$X_2=(1,0,0)^{\mathrm{T}}$ 是解;再

从$(\boldsymbol{A}+\boldsymbol{I})\boldsymbol{Y}=\boldsymbol{X}_2$中取一解作为$\boldsymbol{X}_3$，可取$\boldsymbol{X}_3=\left(\frac{1}{4},-\frac{1}{4},0\right)^{\mathrm{T}}$. 于是，所求

$$\boldsymbol{P}=\begin{bmatrix}2 & 1 & \frac{1}{4}\\ 1 & 0 & -\frac{1}{4}\\ 1 & 0 & 0\end{bmatrix}.$$

注：下面以例 3 为例，介绍另一种求变换矩阵的方法. 记$\boldsymbol{A}+\boldsymbol{I}=\boldsymbol{B}$，从式(3.4.14)可见

$$\boldsymbol{X}_1=\boldsymbol{B}\boldsymbol{X}_2=\boldsymbol{B}^2\boldsymbol{X}_3,\quad \boldsymbol{X}_2=\boldsymbol{B}\boldsymbol{X}_3,\quad \boldsymbol{B}^3\boldsymbol{X}_3=\boldsymbol{B}\boldsymbol{X}_1=\boldsymbol{0}.$$

由于$\boldsymbol{B}^2\boldsymbol{X}_3\neq\boldsymbol{0}$，$\boldsymbol{B}^3\boldsymbol{X}_3=\boldsymbol{0}$，故$\boldsymbol{B}^2\boldsymbol{X}_3$，$\boldsymbol{B}\boldsymbol{X}_3$，$\boldsymbol{X}_3$必线性无关，因此，满足式(3.4.14)的非零向量$\boldsymbol{X}_1$，$\boldsymbol{X}_2$，$\boldsymbol{X}_3$必线性无关.

另外，式(3.4.14)等价于

$$\boldsymbol{X}_1=\boldsymbol{B}^2\boldsymbol{X}_3,\quad \boldsymbol{X}_2=\boldsymbol{B}\boldsymbol{X}_3,\quad \boldsymbol{B}^3\boldsymbol{X}_3=\boldsymbol{0},\tag{3.4.15}$$

又$\boldsymbol{B}^3=\boldsymbol{O}$，所以只要先找出使$\boldsymbol{B}^2\boldsymbol{X}_3\neq\boldsymbol{0}$之$\boldsymbol{X}_3$，然后按式(3.4.15)通过矩阵乘法逐个求出$\boldsymbol{X}_2$，$\boldsymbol{X}_1$即可求得$\boldsymbol{P}$. 下面来找$\boldsymbol{P}$.

由于

$$\boldsymbol{B}^2=(\boldsymbol{A}+\boldsymbol{I})^2=\begin{bmatrix}0 & -8 & 8\\ 0 & -4 & 4\\ 1 & -4 & 4\end{bmatrix},$$

取$\boldsymbol{X}_3=(0,1,0)^{\mathrm{T}}$，于是

$$\boldsymbol{X}_2=\boldsymbol{B}\boldsymbol{X}_3=(-2,1,1)^{\mathrm{T}},$$

$$\boldsymbol{X}_1=\boldsymbol{B}^2\boldsymbol{X}_3=(-8,-4,-4)^{\mathrm{T}},$$

即得所求

$$P=\begin{bmatrix}-8&-2&0\\-4&1&1\\-4&1&0\end{bmatrix}.$$

例 4 已知 $A=\begin{bmatrix}0&0&1&-1&0\\4&0&3&-2&-1\\2&1&1&-1&-1\\3&1&3&-3&-1\\8&2&7&-5&-3\end{bmatrix}$,求 Jordan 标准形及变换矩阵.

解 先求出特征多项式 $\det(\lambda \boldsymbol{I}-\boldsymbol{A})=(\lambda+1)^5$.

又经计算知 $\boldsymbol{A}+\boldsymbol{I}$ 的秩为 3,以及

$$(\boldsymbol{A}+\boldsymbol{I})^2=\begin{bmatrix}\boldsymbol{O}&\boldsymbol{O}\\\boldsymbol{M}&\boldsymbol{O}\end{bmatrix},$$

其中

$$\boldsymbol{M}=\begin{bmatrix}-1&0&-1&1\\-1&0&-1&1\\-1&0&-1&1\end{bmatrix},$$

故$(\boldsymbol{A}+\boldsymbol{I})^2$ 的秩为 1.

根据定理 3.4.5,$\boldsymbol{J}$ 中阶数为 1 的 Jordan 块数$=5-2\cdot 3+1=0$,又 $\boldsymbol{A}+\boldsymbol{I}$ 的秩为 3,所以 $\boldsymbol{A}$ 的 Jordan 标准形必是二阶与三阶各 1 块. 即

$$\boldsymbol{J}=\begin{bmatrix}-1&1&&&\\0&-1&&&\\&&-1&1&0\\&&0&-1&1\\&&0&0&-1\end{bmatrix}.$$

下面求 $\boldsymbol{P}$,使 $\boldsymbol{P}^{-1}\boldsymbol{A}\boldsymbol{P}=\boldsymbol{J}$. 设 $\boldsymbol{P}=(\boldsymbol{X}_1,\boldsymbol{X}_2,\boldsymbol{X}_3,\boldsymbol{X}_4,\boldsymbol{X}_5)$,由 $\boldsymbol{A}\boldsymbol{P}=\boldsymbol{P}\boldsymbol{J}$ 得

$$(\boldsymbol{A}+\boldsymbol{I})\boldsymbol{X}_1=\boldsymbol{0},\quad (\boldsymbol{A}+\boldsymbol{I})\boldsymbol{X}_2=\boldsymbol{X}_1,\quad (\boldsymbol{A}+\boldsymbol{I})\boldsymbol{X}_3=\boldsymbol{0},$$
$$(\boldsymbol{A}+\boldsymbol{I})\boldsymbol{X}_4=\boldsymbol{X}_3,\quad (\boldsymbol{A}+\boldsymbol{I})\boldsymbol{X}_5=\boldsymbol{X}_4.$$

可见 $\boldsymbol{X}_1$ 与 $\boldsymbol{X}_3$ 是齐次方程组$(\boldsymbol{A}+\boldsymbol{I})\boldsymbol{X}=\boldsymbol{0}$的两个线性无关的解，不难求得$(\boldsymbol{A}+\boldsymbol{I})\boldsymbol{X}=\boldsymbol{0}$的通解为

$$\boldsymbol{X}=(0,c_2-c_1,c_1,c_1,c_2)^{\mathrm{T}}. \tag{3.4.16}$$

由 $\boldsymbol{A}$ 及式(3.4.16)经计算可知，不论 c_1,c_2 如何，矩阵 $\boldsymbol{A}+\boldsymbol{I}$ 与$(\boldsymbol{A}+\boldsymbol{I},\boldsymbol{X})$的秩都相等，于是不论式(3.4.16)中 c_1 与 c_2 如何取，$(\boldsymbol{A}+\boldsymbol{I})\boldsymbol{Y}=\boldsymbol{X}$总有解.

又由$(\boldsymbol{A}+\boldsymbol{I})\boldsymbol{X}_4=\boldsymbol{X}_3$ 及$(\boldsymbol{A}+\boldsymbol{I})\boldsymbol{X}_5=\boldsymbol{X}_4$ 可得$(\boldsymbol{A}+\boldsymbol{I})^2\boldsymbol{X}_5=\boldsymbol{X}_3$，为使$(\boldsymbol{A}+\boldsymbol{I})^2\boldsymbol{Y}=\boldsymbol{X}_3$ 有解，从$(\boldsymbol{A}+\boldsymbol{I})^2$ 的表达式及确定 $\boldsymbol{X}_3$ 的式(3.4.16)可见必须 $c_1=c_2$. 即 $\boldsymbol{X}_3$ 要取如下形式：$(0,0,c,c,c)^{\mathrm{T}}$(其中 $c\neq0$). 由于当 $c\neq0$ 时矩阵$(\boldsymbol{B},c\boldsymbol{X})$的秩与 c 无关，为方便起见取 $c=1$，即 $\boldsymbol{X}_3=(0,0,1,1,1)^{\mathrm{T}}$.

在$(\boldsymbol{A}+\boldsymbol{I})\boldsymbol{Y}=\boldsymbol{X}_3$ 的解中取一个作为 $\boldsymbol{X}_4$，又此 $\boldsymbol{X}_4$ 必须保证$(\boldsymbol{A}+\boldsymbol{I})\boldsymbol{Y}=\boldsymbol{X}_4$ 有解，得 $\boldsymbol{X}_4=(-1,1,1,0,0)^{\mathrm{T}}$. 类似，由$(\boldsymbol{A}+\boldsymbol{I})\boldsymbol{Y}=\boldsymbol{X}_4$ 得 $\boldsymbol{X}_5=(1,1,-1,1,-1)^{\mathrm{T}}$.

再回过头从式(3.4.16)求 $\boldsymbol{X}_1$，只需保证 $\boldsymbol{X}_1$ 与 $\boldsymbol{X}_3$ 线性无关，不妨令 $c_1=0,c_2=1$，得 $\boldsymbol{X}_1=(0,1,0,0,1)^{\mathrm{T}}$.

由$(\boldsymbol{A}+\boldsymbol{I})\boldsymbol{Y}=\boldsymbol{X}_1$ 得 $\boldsymbol{X}_2=(1,0,-1,0,0)^{\mathrm{T}}$，所以

$$\boldsymbol{P}=\begin{bmatrix}0&1&0&-1&1\\1&0&0&1&1\\0&-1&1&1&-1\\0&0&1&0&1\\1&0&1&0&-1\end{bmatrix}.$$

下面用第二种方法求变换矩阵.

设 $\boldsymbol{P}=(\boldsymbol{X}_1,\boldsymbol{X}_2,\boldsymbol{X}_3,\boldsymbol{X}_4,\boldsymbol{X}_5)$，记 $\boldsymbol{B}=\boldsymbol{A}+\boldsymbol{I}$，由 $\boldsymbol{AP}=\boldsymbol{PJ}$ 可知 $\boldsymbol{X}_1,\boldsymbol{X}_3$ 是 $K(\boldsymbol{B})$的一组基，$\boldsymbol{X}_1,\boldsymbol{X}_2,\boldsymbol{X}_3,\boldsymbol{X}_4$ 是 $K(\boldsymbol{B}^2)$的一组基，而 $\boldsymbol{X}_1,\boldsymbol{X}_2,\boldsymbol{X}_3,\boldsymbol{X}_4,\boldsymbol{X}_5$

是 C^5 的一组基.

先找出 $K(\boldsymbol{B})$的一组基:$\boldsymbol{Y}_1=(0,-1,1,1,0)^{\mathrm{T}}$,$\boldsymbol{Y}_2=(0,0,1,1,1)^{\mathrm{T}}$;再求出 $K(\boldsymbol{B}^2)$的一组基:$\boldsymbol{Y}_1$,$\boldsymbol{Y}_2$,$\boldsymbol{Y}_3=(0,1,0,0,0)^{\mathrm{T}}$,$\boldsymbol{Y}_4=(1,0,0,1,0)^{\mathrm{T}}$;扩充为 C^5 的一组基:$\boldsymbol{Y}_1$,$\boldsymbol{Y}_2$,$\boldsymbol{Y}_3$,$\boldsymbol{Y}_4$,$\boldsymbol{Y}_5=(0,0,0,1,0)^{\mathrm{T}}$.

因 $\boldsymbol{B}^3=\boldsymbol{O}$,故 $\boldsymbol{B}\boldsymbol{Y}_5$ 必属于 $K(\boldsymbol{B}^2)$,且 $\boldsymbol{B}^2\boldsymbol{Y}_5$ 必不为$\boldsymbol{0}$. 今取

$$\boldsymbol{X}_5=\boldsymbol{Y}_5=(0,0,0,1,0)^{\mathrm{T}},$$

于是

$$\boldsymbol{X}_4=\boldsymbol{B}\boldsymbol{X}_5=(-1,-2,-1,-2,-5)^{\mathrm{T}},$$
$$\boldsymbol{X}_3=\boldsymbol{B}\boldsymbol{X}_4=(0,0,1,1,1)^{\mathrm{T}}.$$

再在 $K(\boldsymbol{B}^2)$中取 $\boldsymbol{X}_2$,使 $\boldsymbol{Y}_1$,$\boldsymbol{Y}_2$,$\boldsymbol{X}_2$,$\boldsymbol{X}_4$ 线性无关,不妨取

$$\boldsymbol{X}_2=(0,1,0,0,0,)^{\mathrm{T}},$$

于是

$$\boldsymbol{X}_1=\boldsymbol{B}\boldsymbol{X}_2=(0,1,1,1,2)^{\mathrm{T}}.$$

所以

$$\boldsymbol{P}=\begin{bmatrix}0&0&0&-1&0\\1&1&0&-2&0\\1&0&1&-1&0\\1&0&1&-2&1\\2&0&1&-5&0\end{bmatrix}.$$

请读者想一想:按此法求出的 $\boldsymbol{X}_1$,$\boldsymbol{X}_2$,$\boldsymbol{X}_3$,$\boldsymbol{X}_4$,$\boldsymbol{X}_5$ 为何必线性无关?

3.5 特征值的分布

当矩阵的阶数较高时,直接从特征方程求特征值是很困难的.而有些问题只需要估计特征值的范围,是否可以直接从 $\boldsymbol{A}$ 来估计 $\lambda(\boldsymbol{A})$ 的范围?本节给出有关这方面最基本、最简单的结果.

定理 3.5.1(圆盘定理 1) 设 $\boldsymbol{A}=(a_{ij})\in C^{n\times n}$,在复平面上作 n 个圆(称为盖尔圆,由 Gerschgorin 首先引进)

$$C_i: |Z-a_{ii}|\leqslant R_i, \quad 其中\ R_i=\sum_{\substack{j=1\\j\neq i}}^{n}|a_{ij}| \quad (i=1,2,\cdots,n), \tag{3.5.1}$$

则 A 的特征值集 $\lambda(\boldsymbol{A})\subset\bigcup_{i=1}^{n}C_i=G$(称 G 为 $\boldsymbol{A}$ 的盖尔圆系).

证明 设 $\lambda\in\lambda(\boldsymbol{A})$,则存在 $\boldsymbol{X}=(x_1,x_2,\cdots,x_n)^{\mathrm{T}}\neq\boldsymbol{0}$,使

$$\boldsymbol{AX}=\lambda\boldsymbol{X},$$

即

$$\sum_{j=1}^{n}a_{ij}x_j=\lambda x_i \quad (i=1,2,\cdots,n). \tag{3.5.2}$$

设 $|x_k|=\max\limits_{1\leqslant i\leqslant n}\{|x_i|\}$.由于 $\boldsymbol{X}\neq\boldsymbol{0}$,故 $|x_k|>0$.取式(3.5.2)中第 k 式,于是有

$$|\lambda-a_{kk}||x_k|=\left|\sum_{\substack{j=1\\j\neq k}}^{n}a_{kj}x_j\right|\leqslant\sum_{\substack{j=1\\j\neq k}}^{n}|a_{kj}||x_k|=R_k|x_k|,$$

即 $|\lambda-a_{kk}|\leqslant R_k$,故 $\lambda\in C_k$,所以 $\lambda\in\bigcup_{i=1}^{n}C_i$.

证毕.

注意:定理 3.5.1 并不意味着每个 C_i 上都有特征值,而是说在盖尔圆系 G 外必没有 $\boldsymbol{A}$ 的特征值.

定义 3.5.1 称 $\boldsymbol{A}$ 的特征值的最大模为 $\boldsymbol{A}$ 的**谱半径**，记为 $\rho(\boldsymbol{A})$.

由定理 3.5.1 中式(3.5.1)可见，$\boldsymbol{A}$ 的盖尔圆 C_i 上的点与原点最大距离等于 $\sum_{j=1}^{n}|a_{ij}|$，记 $\rho_1=\max_{1\leqslant i\leqslant n}\left\{\sum_{j=1}^{n}|a_{ij}|\right\}$，故 $\rho(\boldsymbol{A})\leqslant\rho_1$.

又因为 $\boldsymbol{A}^{\mathrm{T}}$ 的特征值集与 $\boldsymbol{A}$ 的特征值集相同，记

$$\rho_2=\max_{1\leqslant j\leqslant n}\left\{\sum_{i=1}^{n}|a_{ij}|\right\},$$

则 $\rho(\boldsymbol{A})=\rho(\boldsymbol{A}^{\mathrm{T}})\leqslant\rho_2$. 于是可得下面的推论.

推论 设 $\boldsymbol{A}=(a_{ij})_{n\times n}$，则 $\rho(\boldsymbol{A})\leqslant\min\{\rho_1,\rho_2\}$.

例 1 已知 $\boldsymbol{A}=\begin{bmatrix}1 & 1\\ -10 & 3\end{bmatrix}$.

$\boldsymbol{A}$ 的盖尔圆系为

$$C_1:|Z-1|\leqslant 1,\quad C_2:|Z-3|\leqslant 10,$$

且 $\rho_1=13$，$\rho_2=11$，则根据推论有

$$\rho(\boldsymbol{A})\leqslant 11.$$

事实上，$\boldsymbol{A}$ 的特征多项式为 $\lambda^2-4\lambda+13$，特征值为

$$\lambda=2\pm 3\mathrm{i},$$

可见 $\boldsymbol{A}$ 的盖尔圆 C_1 上没有 $\boldsymbol{A}$ 的特征值，两个特征值全在 C_2 内.

例 2 已知 $\boldsymbol{A}=\begin{bmatrix}10 & 0.2 & -1\\ 0.1 & 9 & 1.4\\ 0.2 & 0.1 & 5\end{bmatrix}$.

$\boldsymbol{A}$ 的盖尔圆系为

$$C_1:|Z-10|\leqslant 1.2,\quad C_2:|Z-9|\leqslant 1.5,\quad C_3:|Z-5|\leqslant 0.3,$$

且 $\rho_1=11.2$，$\rho_2=10.3$，故 $\rho(\boldsymbol{A})\leqslant 10.3$.

注意到 C_3 是一个与 C_1,C_2 无公共点的圆,若我们能肯定 C_3 上必有也只有 $\boldsymbol{A}$ 的一个特征值 λ_3,那么由于 C_3 的圆心在实轴,又 $\boldsymbol{A}$ 的特征多项式是实系数的,则可推出这个特征值必是实数. 又因为 $|\lambda_3-5|\leqslant 0.3$,所以可以估计出

$$4.7\leqslant\lambda_3\leqslant 5.3.$$

上述假定是否成立?

定义 3.5.2 $\boldsymbol{A}$ 的盖尔圆系 G 中,记由 k 个圆组成的连通域为 G_k,又 G_k 与 G 中其它圆无公共点,则称 G_k 为 $\boldsymbol{k}$ **区.**

例如,例 1 中 C_1 与 C_2 组成 2 区;例 2 中 C_1 与 C_2 组成 2 区,C_3 为 1 区. 又如

$$\boldsymbol{A}=\begin{bmatrix} a & 1 & 0 \\ 0 & a & 1 \\ 1 & 0 & a \end{bmatrix},$$

$\boldsymbol{A}$ 的三个盖尔圆重合,它们组成 3 区.

圆盘定理 2 将给出特征值分布更进一步的信息.

定理 3.5.2(圆盘定理 2) 设 G_k 是矩阵 $\boldsymbol{A}$ 的盖尔圆系之 k 区,则 G_k 中有且只有 $\boldsymbol{A}$ 的 k 个特征值(r 重根算 r 个).

证明 设 $\boldsymbol{A}=(a_{ij})_{n\times n}$,记

$$\boldsymbol{\Lambda}=\mathrm{diag}(a_{11},a_{22},\cdots,a_{nn}),\quad \boldsymbol{B}=\boldsymbol{A}-\boldsymbol{\Lambda}.$$

作

$$A(t)=\boldsymbol{\Lambda}+t\boldsymbol{B}=\begin{bmatrix} a_{11} & ta_{12} & \cdots & ta_{1n} \\ ta_{21} & a_{22} & \cdots & ta_{2n} \\ \vdots & \vdots & & \vdots \\ ta_{n1} & ta_{n2} & \cdots & a_{nn} \end{bmatrix}\quad(0\leqslant t\leqslant 1),$$

显然 $A(0)=\boldsymbol{\Lambda}$,$A(1)=\boldsymbol{A}$.

根据复变函数的理论可知 $A(t)$ 的特征值 $\lambda_i(t)(i=1,2,\cdots,n)$ 是 t 的连续函数. 因此,当 t 从 0 连续变到 1 时, $\lambda_i(t)$ 在复平面上画出一条连续曲线 l_i,它的起点 $\lambda_i(0)$ 是 $\boldsymbol{A}$ 的特征值,不妨设是 a_{ii},终点 $\lambda_i(1)$ 是 $\boldsymbol{A}$ 的特征值.

$A(t)$ 的盖尔圆系 $G(t)=\bigcup\limits_{i=1}^{n}C_i(t)$,其中 $C_i(t)$ 为

$$|Z-a_{ii}|\leqslant tR_i,$$

由于 $t\leqslant 1$,故 $C_i(t)\subset C_i$,因此 $G(t)\subset G$.

而 l_i 上的点是 $0\leqslant t\leqslant 1$ 时 $A(t)$ 的特征值,由圆盘定理 1 它必属于某个 $G(t)$,又每个 $G(t)$ 都包含于 G 中,所以 l_i 包含于 G 中. 而连接 G 的两个不同 k 区上的点时必经过 G 外的点,因此 l_i 要么完全在 G_k,要么完全在 G_k 外.

而 G_k 上有 k 条曲线 l_i 的起点,所以也必有且只有 k 个终点. 这些终点正是 $\boldsymbol{A}$ 的特征值,因此在 G_k 中有且只有 $\boldsymbol{A}$ 的 k 个特征值.

证毕.

例如,对例 2 的 $\boldsymbol{A}^{\mathrm{T}}$ 作盖尔圆,得

$$|Z-10|\leqslant 0.3,\quad |Z-9|\leqslant 0.3,\quad |Z-5|\leqslant 2.4,$$

这三个圆全为 1 区,所以每个圆上一个特征值. 由于非实根必以一对共轭复根出现,这些盖尔圆又对称于实轴,故三个根全为实根. 且可估计出

$$9.7\leqslant\lambda_1\leqslant 10.3,\quad 8.7\leqslant\lambda_2\leqslant 9.3,\quad 4.7\leqslant\lambda_3\leqslant 5.3.$$

注:λ_3 的估计是根据 $\boldsymbol{A}$ 的盖尔圆 C_3 作出的.

利用相似矩阵有相同的特征多项式,可以改进定理 3.5.1 推论中谱半径的估计式.

记 $\boldsymbol{D}=\mathrm{diag}(d_1,d_2,\cdots,d_n)$,其中每个 $d_i>0$,则

$$\boldsymbol{D}^{-1}\boldsymbol{A}\boldsymbol{D}=\left[a_{ij}\frac{d_j}{d_i}\right]_{n\times n},$$

式中，$D^{-1}AD$ 的对角元与 A 相同，适当选取 $d_1,\cdots,d_n$，有可能得到比较好的估计.

例 3 已知 $A=\begin{bmatrix}10 & 0.1 & 1\\0.1 & 9 & 0.1\\1 & 0.1 & 3\end{bmatrix}$.

A 的盖尔圆系为

$$C_1:|Z-10|\leqslant 1.1,\quad C_2:|Z-9|\leqslant 0.2,\quad C_3:|Z-3|\leqslant 1.1,$$

根据定理 3.5.2 知，在 1 区 C_3 中有一个特征值，另两个在 C_1 与 C_2 构成的 2 区中；另外，由定理 3.5.1 推论可得 $\rho(A)\leqslant 11.1$.

若取 $D=\mathrm{diag}(1,1,0.2)$，则

$$D^{-1}AD=\begin{bmatrix}10 & 0.1 & 0.2\\0.1 & 9 & 0.02\\5 & 0.5 & 3\end{bmatrix}=B.$$

B 的盖尔圆系为

$$|Z-10|\leqslant 0.3,\quad |Z-9|\leqslant 0.12,\quad |Z-3|\leqslant 5.5,$$

全为 1 区，所以 A 的特征值

$$9.7\leqslant\lambda_1\leqslant 10.3,\quad 8.88\leqslant\lambda_2\leqslant 9.12.$$

根据 B^{T} 的 1 区 C_3，得

$$2.78\leqslant\lambda_3\leqslant 3.22,$$

且

$$\rho(A)=\rho(B)\leqslant 10.3.$$

以上结果比直接由 A 来估计要精确些.

例 4 试证：第 0 章第 0.3 节中例 4 之矩阵 B 的谱半径小于 1.

证明 已知 $\boldsymbol{B}=\begin{bmatrix}1/2 & 0 & 1/4 & 0\\ 0 & 0 & 1/8 & 0\\ 1/4 & 1 & 1/4 & 1/4\\ 0 & 0 & 1/4 & 1/2\end{bmatrix}$.

若直接由 $\boldsymbol{B}$ 来估计，则按 $\boldsymbol{B}^{\mathrm{T}}$ 所作盖尔圆系为

$$\left|Z-\frac{1}{2}\right|\leqslant\frac{1}{4},\quad |Z|\leqslant 1,$$

$$\left|Z-\frac{1}{4}\right|\leqslant\frac{5}{8},\quad \left|Z-\frac{1}{2}\right|\leqslant\frac{1}{4},$$

只能得出 $\rho(\boldsymbol{B})\leqslant 1$.

现取 $\boldsymbol{D}=\mathrm{diag}(1,1,2,1)$，于是

$$\boldsymbol{D}^{-1}\boldsymbol{B}\boldsymbol{D}=\begin{bmatrix}1/2 & 0 & 1/2 & 0\\ 0 & 0 & 1/4 & 0\\ 1/8 & 1/2 & 1/4 & 1/8\\ 0 & 0 & 1/2 & 1/2\end{bmatrix},$$

其盖尔圆系为

$$\left|Z-\frac{1}{2}\right|\leqslant\frac{1}{2},\quad |Z|\leqslant\frac{1}{4},$$

$$\left|Z-\frac{1}{4}\right|\leqslant\frac{3}{4},\quad \left|Z-\frac{1}{2}\right|\leqslant\frac{1}{2},$$

且

$$\rho(\boldsymbol{D}^{-1}\boldsymbol{B}\boldsymbol{D})\leqslant 1.$$

但由于盖尔圆系上与原点距离最大的点是 $Z=1$，而 $\lambda=1$ 不满足

$$|\lambda\boldsymbol{I}-\boldsymbol{B}|=\left(\lambda-\frac{1}{2}\right)\left(\lambda^3-\frac{3}{4}\lambda^2-\frac{1}{8}\lambda+\frac{1}{16}\right)=0,$$

故

$$\rho(\boldsymbol{B})=\rho(\boldsymbol{D}^{-1}\boldsymbol{BD})<1.$$

证毕.

下面利用圆盘定理来讨论几个特例.

首先直接由圆盘定理 2 可得两个推论.

推论 1 若矩阵 $\boldsymbol{A}$ 的盖尔圆都是 1 区,则 $\boldsymbol{A}$ 可相似于对角阵.

推论 2 若实矩阵 $\boldsymbol{A}$ 的盖尔圆都是 1 区,则 $\boldsymbol{A}$ 可相似于实对角阵.

定义 3.5.3 若方阵 $\boldsymbol{A}=(a_{ij})_{n\times n}$ 的元素满足

$$|a_{ii}|>\sum_{\substack{j=1\\j\neq i}}^{n}|a_{ij}| \quad (i=1,2\cdots,n),$$

则称 $\boldsymbol{A}$ 为**行对角占优矩阵**;若 $\boldsymbol{A}^{\mathrm{T}}$ 为行对角占优矩阵,则称 $\boldsymbol{A}$ 为**列对角占优矩阵**. 统称为**对角占优矩阵**.

推论 3 若 $\boldsymbol{A}$ 是对角占优矩阵,则 $\det\boldsymbol{A}\neq0$,于是 $\boldsymbol{A}$ 可逆,且 $\rho(\boldsymbol{A})<\max\limits_{i}\{2|a_{ii}|\}$;若 $\boldsymbol{A}$ 的主对角元都是正实数且是对角占优矩阵,则 $\boldsymbol{A}$ 的特征值全在右半平面.

证明 由于 $\lambda(\boldsymbol{A})=\lambda(\boldsymbol{A}^{\mathrm{T}})$,故只须对行对角占优矩阵证明即可.

因为 $\boldsymbol{A}$ 的盖尔圆半径 $R_i=\sum\limits_{\substack{j=1\\j\neq i}}^{n}|a_{ij}|<|a_{ii}|$,圆心为 a_{ii},所以 C_i 不含原点($i=1,2,\cdots,n$). 因此 $\boldsymbol{A}$ 的特征值全不为 0. 又 $\det\boldsymbol{A}$ 等于特征值之积,故 $\det\boldsymbol{A}\neq0$. 且由定理 3.5.1 的推论即可得 $\rho(\boldsymbol{A})<\max\limits_{i}\{2|a_{ii}|\}$.

若 $\boldsymbol{A}$ 的主对角元又都是正数,即每个盖尔圆 C_i 的圆心在正半实轴,则 C_i 必在右半平面,所以 $\lambda(\boldsymbol{A})$ 在右半平面.

证毕.

定义 3.5.4 若 n 阶方阵 $\boldsymbol{A}=(a_{ij})$ 的每个元素非负,且

$$\sum_{j=1}^{n}a_{ij}=1 \quad (i=1,2,\cdots,n),$$

则称 $\boldsymbol{A}$ 为 Markov 矩阵.

推论 4 若$\boldsymbol{A}=(a_{ij})_{n\times n}, a_{ij}\geqslant 0(i,j=1,2,\cdots,n)$,则$\boldsymbol{A}$为 Markov 阵的充分必要条件为 1 是$\boldsymbol{A}$的最大模特征值,且$n$维向量$\boldsymbol{e}=(1,1,\cdots,1)^{\mathrm{T}}$是相应的特征向量.

证明 充分性直接由$\boldsymbol{Ae}=\boldsymbol{e}$得到.下面证必要性.

首先,当$\sum_{j=1}^{n} a_{ij}=1(i=1,2,\cdots,n)$时,显然有$\boldsymbol{Ae}=\boldsymbol{e}$,故$\lambda=1$是$\boldsymbol{A}$的一个特征值,$\boldsymbol{e}$为相应的特征向量.

其次,由定理 3.5.1 的推论知$\boldsymbol{A}$的谱半径$\rho(\boldsymbol{A})\leqslant \max_{i}\left\{\sum_{j=1}^{n}|a_{ij}|\right\}=1$.又已证$\lambda=1$是特征值,所以$\rho(\boldsymbol{A})=1$.且 1 是模最大的特征值.

证毕.

习 题 3

1. 设$\boldsymbol{A}\in C^{s\times n}, \boldsymbol{B}\in C^{n\times s}$,试证:

(1) $\mathrm{tr}\boldsymbol{AB}=\mathrm{tr}\boldsymbol{BA}$;

(2) $\mathrm{tr}(\boldsymbol{AB})^k=\mathrm{tr}(\boldsymbol{BA})^k$,其中$k$为任一正整数.

2. 设$\boldsymbol{A}\in C^{n\times n}$,存在正整数$k$使$\boldsymbol{A}^k=\boldsymbol{O}$(称$\boldsymbol{A}$为幂零阵).试证:

(1) $\det\boldsymbol{A}=0$;

(2) $\mathrm{tr}\boldsymbol{A}=0$;

(3) $\det(\boldsymbol{I}+\boldsymbol{A})=1$;

(4) 若$\boldsymbol{A}\neq\boldsymbol{O}$,则$\boldsymbol{A}$不能相似于对角阵.

3. 设$\boldsymbol{A}\in C^{n\times n}$,且$\det\boldsymbol{A}\neq 0$,又$\boldsymbol{\alpha},\boldsymbol{\beta}$为已知的$n$维列向量,求方程

$$f(\lambda)=\det(\lambda\boldsymbol{A}-\boldsymbol{\alpha\beta}^{\mathrm{T}})=0$$

的根.

4. 设V为n维内积空间,$\boldsymbol{\omega}$为V中单位向量,作线性变换

$$f(\boldsymbol{\xi})=\boldsymbol{\xi}-2\langle\boldsymbol{\xi},\boldsymbol{\omega}\rangle\boldsymbol{\omega}\quad(\forall\,\boldsymbol{\xi}\in V),$$

求 f 的特征多项式、特征值及相应的特征子空间.

5. 设

$$A=\begin{bmatrix}1 & 2 & 1\\ 2 & 1 & 1\\ 0 & -4 & -1\end{bmatrix},$$

求 $A^{100}-3A^{25}$.

6. 试证:相似的矩阵必有相同的最小多项式.

7. 求解矩阵方程 $X^2-X-20I=O$,其中 $X\in C^{n\times n}$.

8. 设 f,g 为线性空间 V 上线性变换,且 $fg=gf$,试证:f 的特征值子空间是 g 的不变子空间.

9. 设 A 与 B 分别为 s 与 t 阶方阵,$C(\lambda)$ 为 A 的特征多项式,试证:$C(B)$可逆$\Leftrightarrow A$ 与 B 无公共特征值.

10. 设 A 与 B 分别为 s 与 t 阶方阵,试证:A 与 B 无公共特征值$\Leftrightarrow$矩阵方程 $AX=XB$ 只有零解.

11. 设 A 与 B 分别为 s 与 t 阶方阵,D 是秩为 r 的 $s\times t$ 阵,且 $AD=DB$,试证:A 与 B 至少有 r 个(k 重根计 k 个)公共特征值.

12. 试证:酉矩阵之特征值的模必等于 1.

13. 设 $A=(a_{ij})_{n\times n}$为上三角阵且主对角元全等于 k,试证:A 相似于对角阵的充要条件为 $A=kI$.

14. 设 $f\in \mathrm{Hom}(V,V)$.

(1) 若存在正整数 k 及 $\alpha\in V$ 使 $f^{k-1}(\alpha)\neq 0$, $f^k(\alpha)=0$,试证:向量组 $\alpha, f(\alpha),\cdots,f^{k-1}(\alpha)$线性无关;且当 $\dim V=k$ 时,$f^k=0$.

(2) 若 $\dim V=k$, $f^k=0$,但 $f^{k-1}\neq 0$,则 f 的矩阵必相似于

$$N=\begin{bmatrix}O & I_{k-1}\\ O & O\end{bmatrix}.$$

15. 设

$$\boldsymbol{J}_0=\begin{bmatrix} a & 1 & 0 & \cdots & 0 & 0 \\ 0 & a & 1 & \cdots & 0 & 0 \\ \vdots & \vdots & \vdots & & \vdots & \vdots \\ 0 & 0 & 0 & \cdots & a & 1 \\ 0 & 0 & 0 & \cdots & 0 & a \end{bmatrix}_{k\times k}=a\boldsymbol{I}_k+\boldsymbol{N},$$

且 $p(x)$为 x 的多项式,试证:

$$p(\boldsymbol{J}_0)=\begin{bmatrix} p(a) & p'(a) & \cdots & p^{(k-1)}(a)/(k-1)! \\ 0 & p(a) & \cdots & p^{(k-2)}(a)/(k-2)! \\ \vdots & \vdots & & \vdots \\ 0 & 0 & \cdots & p'(a) \\ 0 & 0 & \cdots & p(a) \end{bmatrix}_{k\times k}$$

16. 分别写出满足下列条件的矩阵 $\boldsymbol{A}$ 的 Jordan 标准形之一切可能形式(不计 Jordan 块的次序).

(1) $\boldsymbol{A}$ 的特征多项式为

$$C(\lambda)=(\lambda-a)^2(\lambda-b)^3 \quad (a\neq b);$$

(2) $C(\lambda)=(\lambda-a)^2(\lambda-b)^3$,最小多项式

$$m(\lambda)=(\lambda-a)(\lambda-b)^2 \quad (a\neq b);$$

(3) $C(\lambda)=(\lambda-a)^4, m(\lambda)=(\lambda-a)^2, r(\boldsymbol{A}-a\boldsymbol{I})=2$;

(4) $C(\lambda)=(\lambda-a)^7, m(\lambda)=(\lambda-a)^3, r(\boldsymbol{A}-a\boldsymbol{I})=4$.

17. 已知 n 阶阵 $\boldsymbol{A}$ 的特征值为 $\lambda_1,\lambda_2,\cdots,\lambda_n$, $p(x)$为 x 的多项式,求 $p(\boldsymbol{A})$的特征多项式.

18. 试证:复数域上任一 n 阶方阵 $\boldsymbol{A}$ 必有分解式

$$\boldsymbol{A}=\boldsymbol{S}+\boldsymbol{M},$$

其中 $\boldsymbol{S}$ 可相似对角化,$\boldsymbol{M}$ 是幂零阵,且 $\boldsymbol{SM}=\boldsymbol{MS}$.

19. 已知 $\boldsymbol{A}$ 的 Jordan 标准形为

$$\boldsymbol{J}=\begin{bmatrix} a & 1 & 0 & 0 \\ 0 & a & 1 & 0 \\ 0 & 0 & a & 1 \\ 0 & 0 & 0 & a \end{bmatrix},$$

当 $a\neq 0$ 和 $a=0$ 时，分别求 $\boldsymbol{A}^2$ 的 Jordan 标准形.

20. 设 $\boldsymbol{\alpha},\boldsymbol{\beta}$ 为 n 维列向量，研究矩阵 $\boldsymbol{\alpha\beta}^{\mathrm{H}}$ 的 Jordan 标准形.

21. 试利用 Jordan 标准形证明：若矩阵 $\boldsymbol{A}$ 的最小多项式无重因式，则 $\boldsymbol{A}$ 必可相似于对角阵.

22. 若

$$\boldsymbol{A}=\begin{bmatrix} 1 & 2 & 3 \\ 0 & 1 & 2 \\ 0 & 0 & d \end{bmatrix} \quad 与 \quad \boldsymbol{B}=\begin{bmatrix} a & 0 & 0 \\ c & 5 & 0 \\ 1 & 2 & b \end{bmatrix}$$

相似，问：a,b,c,d 应满足什么条件？

23. 已知矩阵

$$\boldsymbol{A}=\begin{bmatrix} 2 & 5 & 7 \\ 0 & 2 & 6 \\ 0 & 0 & 3 \end{bmatrix}, \quad \boldsymbol{B}=\begin{bmatrix} 0 & 0 & 0 \\ 3 & 0 & 0 \\ 5 & 4 & 0 \end{bmatrix},$$

证明：矩阵方程 $\boldsymbol{X}^2=\boldsymbol{A}$ 有解，但 $\boldsymbol{X}^2=\boldsymbol{B}$ 没有解.

24. 求 Jordan 标准形；并求 $\boldsymbol{P}$，使 $\boldsymbol{P}^{-1}\boldsymbol{AP}=\boldsymbol{J}$.

(1) $\begin{bmatrix} 1 & 1 & -1 \\ -3 & -3 & 3 \\ -2 & -2 & 2 \end{bmatrix}$； (2) $\begin{bmatrix} 3 & 0 & 8 \\ 3 & -1 & 6 \\ -2 & 0 & -5 \end{bmatrix}$；

(3) $\begin{bmatrix} 0 & 3 & 3 \\ -1 & 8 & 6 \\ 2 & -14 & -10 \end{bmatrix}$； (4) $\begin{bmatrix} 1 & 2 & 3 & 4 \\ 0 & 1 & 2 & 3 \\ 0 & 0 & 1 & 2 \\ 0 & 0 & 0 & 1 \end{bmatrix}$.

25. 已知$A=\begin{bmatrix}1 & 1\\ -10 & 3\end{bmatrix}$,试适当选择$d_1,d_2$,由$D^{-1}AD$来作出$\rho(A)$较精确的估计,其中$D=\mathrm{diag}(d_1,d_2)$.

26. 设$A=(a_{ij})_{n\times n}$, $|a_{ii}|>\sum\limits_{\substack{j=1\\ j\neq i}}^{n}|a_{ij}|\ (i=1,2,\cdots,k)$,试证:$A$的秩至少为$k$.

27. 已知$A=(a_{ij})_{n\times n}$为对角占优矩阵,作

$$\Lambda=\mathrm{diag}(a_{11},a_{22},\cdots,a_{nn}),$$

试分别就A为行对角占优与列对角占优证明:

$$\rho(I-\Lambda^{-1}A)<1.$$

28. 设$A=\begin{bmatrix}1 & 2 & 3 & 4\\ 2 & 3 & 4 & 1\\ 3 & 4 & 1 & 2\\ 4 & 1 & 2 & 3\end{bmatrix}$,试证:$\rho(A)=10$.

29. 设$A=\begin{bmatrix}1 & 2 & 3 & 4\\ 2 & 3 & 4 & 1\\ 3 & 4 & 1 & 2\\ 1 & 1 & 2 & 3\end{bmatrix}$,试证:$\rho(A)<10$.

30. 设$A=\begin{bmatrix}0 & \frac{1}{n} & \frac{1}{n} & \cdots & \frac{1}{n} & \frac{1}{n}\\ \frac{2}{n} & 2 & \frac{1}{n} & \cdots & \frac{1}{n} & \frac{1}{n}\\ \frac{1}{n} & \frac{1}{n} & 4 & \cdots & \frac{1}{n} & \frac{1}{n}\\ \vdots & \vdots & \vdots & & \vdots & \vdots\\ \frac{1}{n} & \frac{1}{n} & \frac{1}{n} & \cdots & 2n-4 & \frac{1}{n}\\ \frac{1}{n} & \frac{1}{n} & \frac{1}{n} & \cdots & \frac{1}{n} & 2n-2\end{bmatrix}$.

试证：$\boldsymbol{A}$ 必相似于实对角阵.

31. 若 A 的盖尔圆系中有一个 2 区由两外切圆组成，试证：此两圆上必各有一特征值. 并举一例子说明两圆内切时命题不成立.

4 Hermite 二次型

大学线性代数已介绍过实二次型，现在介绍复二次型中应用较广的一类——Hermite 二次型. 本章除研究与实二次型中相仿的 Hermite 二次型的标准形、分类等问题，还将引进 Rayleigh 商来研究 Hermite 阵的特征值.

4.1 Hermite 阵、正规阵

利用矩阵及内积，实二次型可表示为

$$f(x_1,x_2,\cdots,x_n)\equiv\sum_{i,j}a_{ij}x_ix_j=\boldsymbol{X}^{\mathrm{T}}\boldsymbol{A}\boldsymbol{X}=\langle\boldsymbol{A}\boldsymbol{X},\boldsymbol{X}\rangle,$$

其中 $\boldsymbol{A}=(a_{ij})_{n\times n}$ 为实对称阵；$\boldsymbol{X}=(x_1,x_2,\cdots,x_n)^{\mathrm{T}}$ 为实 n 维向量. 现在把它推广到复数情况.

设 $\boldsymbol{A}$ 为复 n 阶阵，$\boldsymbol{X}$ 为复 n 维列向量，则在酉空间 C^n，有

$$f(\boldsymbol{X})\equiv\langle\boldsymbol{A}\boldsymbol{X},\boldsymbol{X}\rangle=\boldsymbol{X}^{\mathrm{H}}\boldsymbol{A}\boldsymbol{X}=\sum_{i,j}a_{ij}\,\overline{x}_ix_j,\tag{4.1.1}$$

对一切 $\boldsymbol{X}$，$f(\boldsymbol{X})$是实数的充要条件为

$$f^{\mathrm{H}}=f\Leftrightarrow\boldsymbol{X}^{\mathrm{H}}\boldsymbol{A}^{\mathrm{H}}\boldsymbol{X}=\boldsymbol{X}^{\mathrm{H}}\boldsymbol{A}\boldsymbol{X}\Leftrightarrow\boldsymbol{X}^{\mathrm{H}}(\boldsymbol{A}^{\mathrm{H}}-\boldsymbol{A})\boldsymbol{X}=0\quad(\forall\boldsymbol{X}\in C^n).$$

记 $\boldsymbol{A}^{\mathrm{H}}-\boldsymbol{A}=\boldsymbol{M}=(m_{ij})_{n\times n}$. 若 $\forall\boldsymbol{X}\in C^n$，有 $\boldsymbol{X}^{\mathrm{H}}\boldsymbol{M}\boldsymbol{X}=0$，则特别对 $\boldsymbol{X}=\boldsymbol{e}_k$，有 $\boldsymbol{e}_k^{\mathrm{H}}\boldsymbol{M}\boldsymbol{e}_k=m_{kk}=0(k=1,2,\cdots,n)$. 又分别令 $\boldsymbol{X}=\boldsymbol{e}_k+\boldsymbol{e}_l$ 及 $\boldsymbol{X}=\boldsymbol{e}_k+\mathrm{i}\boldsymbol{e}_l$，可得对一切 $k\neq l$，$m_{kl}=0$. 因此 $\boldsymbol{M}=\boldsymbol{O}$.

综上便得 $f^{\mathrm{H}}=f\Leftrightarrow\boldsymbol{M}=\boldsymbol{O}\Leftrightarrow\boldsymbol{A}^{\mathrm{H}}=\boldsymbol{A}$. 即 $a_{ji}=\overline{a}_{ij}$.

定义 4.1.1 设 $\boldsymbol{A}\in C^{n\times n}$，若 $\boldsymbol{A}^{\mathrm{H}}=\boldsymbol{A}$，则称 $\boldsymbol{A}$ 为 **Hermite 阵**，简称为 ***H* 阵**，记为 $\boldsymbol{A}\in H_m$. 若 $\boldsymbol{A}$ 为 Hermite 阵，则称共轭对称的二次齐式(4.1.1)

为 **Hermite 二次型**.

显然,实对称阵是 Hermite 阵;反之,实的 Hermite 阵就是实对称阵.

下面研究 Hermite 阵的标准形以及特征值、特征向量的性质.

定理 4.1.1 Hermite 阵必酉相似于一实对角阵.

证明 设 $\boldsymbol{A}$ 为 Hermite 阵,根据 Schur 引理,存在酉阵 $\boldsymbol{U}$ 以及上三角阵 $\boldsymbol{T}$ 使

$$\boldsymbol{U}^{\mathrm{H}}\boldsymbol{A}\boldsymbol{U}=\boldsymbol{T},$$

而

$$\boldsymbol{A}^{\mathrm{H}}=\boldsymbol{A},$$

于是

$$\boldsymbol{T}^{\mathrm{H}}=\boldsymbol{U}^{\mathrm{H}}\boldsymbol{A}^{\mathrm{H}}\boldsymbol{U}=\boldsymbol{U}^{\mathrm{H}}\boldsymbol{A}\boldsymbol{U}=\boldsymbol{T},$$

所以 $\boldsymbol{T}$ 是一个实对角阵.

证毕.

由于相似矩阵有相同的特征多项式,于是立即得下面定理.

定理 4.1.2 Hermite 阵的特征值全为实数.

从定理 4.1.1 注意到酉矩阵 $\boldsymbol{U}$ 的列向量为 $\boldsymbol{A}$ 的特征向量,由此可知 $\boldsymbol{A}$ 的特征子空间是相互正交的. 故有下面的定理.

定理 4.1.3 Hermite 阵相异特征值对应的特征向量必正交.

下面研究矩阵酉相似于对角阵的充要条件.

定义 4.1.2 若 n 阶复方阵 $\boldsymbol{A}$ 满足 $\boldsymbol{A}^{\mathrm{H}}\boldsymbol{A}=\boldsymbol{A}\boldsymbol{A}^{\mathrm{H}}$,则称 $\boldsymbol{A}$ 为**正规阵(Normal matrix)**.

例如,Hermite 阵、酉矩阵都是正规阵.

定理 4.1.4 方阵 $\boldsymbol{A}$ 酉相似于对角阵的充分必要条件为 $\boldsymbol{A}$ 是正规阵.

证明 先证必要性.

设 $\boldsymbol{U}$ 为酉阵,$\boldsymbol{\Lambda}$ 为对角阵,$\boldsymbol{U}^{\mathrm{H}}\boldsymbol{A}\boldsymbol{U}=\boldsymbol{\Lambda}$. 由于 $\boldsymbol{\Lambda}^{\mathrm{H}}\boldsymbol{\Lambda}=\boldsymbol{\Lambda}\boldsymbol{\Lambda}^{\mathrm{H}}$,故

$$\boldsymbol{A}^{\mathrm{H}}\boldsymbol{A}=\boldsymbol{U}\boldsymbol{\Lambda}^{\mathrm{H}}\boldsymbol{U}^{\mathrm{H}}\boldsymbol{U}\boldsymbol{\Lambda}\boldsymbol{U}^{\mathrm{H}}=\boldsymbol{U}\boldsymbol{\Lambda}^{\mathrm{H}}\boldsymbol{\Lambda}\boldsymbol{U}^{\mathrm{H}}$$
$$=\boldsymbol{U}\boldsymbol{\Lambda}\boldsymbol{\Lambda}^{\mathrm{H}}\boldsymbol{U}^{\mathrm{H}}=\boldsymbol{A}\boldsymbol{A}^{\mathrm{H}}.$$

再证充分性.

由 Schur 引理,存在酉阵 $\boldsymbol{U}$ 及上三角阵 $\boldsymbol{T}$ 使

$$\boldsymbol{U}^{\mathrm{H}}\boldsymbol{A}\boldsymbol{U}=\boldsymbol{T},$$

又由于 $\boldsymbol{A}^{\mathrm{H}}\boldsymbol{A}=\boldsymbol{A}\boldsymbol{A}^{\mathrm{H}}$,故可得 $\boldsymbol{T}^{\mathrm{H}}\boldsymbol{T}=\boldsymbol{T}\boldsymbol{T}^{\mathrm{H}}$.

现在来证上三角的正规阵必是对角阵. 对矩阵的阶数用归纳法.

显然,一阶的矩阵为对角阵. 今由$(n-1)$阶的上三角正规阵为对角阵来推出 n 阶的上三角正规阵为对角阵.

设 $\boldsymbol{T}=\begin{bmatrix} r & \boldsymbol{\alpha} \\ \boldsymbol{O} & \boldsymbol{T}_1 \end{bmatrix}$是 n 阶上三角正规阵,其中 $\boldsymbol{T}_1$ 为$(n-1)$阶上三角阵.

由 $\boldsymbol{T}^{\mathrm{H}}\boldsymbol{T}=\boldsymbol{T}\boldsymbol{T}^{\mathrm{H}}$,经计算不难得到$|r|^2=|r|^2+\boldsymbol{\alpha}\boldsymbol{\alpha}^{\mathrm{H}}$,于是 $\boldsymbol{\alpha}\boldsymbol{\alpha}^{\mathrm{H}}=0$,所以 $\boldsymbol{\alpha}=\boldsymbol{0}$,另外

$$\boldsymbol{T}_1^{\mathrm{H}}\boldsymbol{T}_1=\boldsymbol{T}_1\boldsymbol{T}_1^{\mathrm{H}},$$

根据归纳法假设 $\boldsymbol{T}_1$ 为对角阵,故 $\boldsymbol{T}$ 为对角阵.

证毕.

从定理 4.1.4 可以推得正规阵的特征子空间也是相互正交的,故正规阵的相异特征值对应的特征向量也是正交的. 正规阵的其它一些性质作为习题(见本章习题第 2 题和第 3 题).

4.2 Hermite 二次型

对 Hermite 二次型作可逆线性变换

$$\boldsymbol{X}=\boldsymbol{C}\boldsymbol{Y},$$

其中 $\boldsymbol{C}$ 为可逆 n 阶阵,则

$$\boldsymbol{X}^{\mathrm{H}}\boldsymbol{A}\boldsymbol{X}=\boldsymbol{Y}^{\mathrm{H}}\boldsymbol{C}^{\mathrm{H}}\boldsymbol{A}\boldsymbol{C}\boldsymbol{Y}.$$

显然,$\boldsymbol{C}^{\mathrm{H}}\boldsymbol{A}\boldsymbol{C}$ 仍是 Hermite 阵.

定义 4.2.1 设 $\boldsymbol{A}\in C^{n\times n}$,$\boldsymbol{C}$ 为 n 阶可逆阵,则称 $\boldsymbol{A}$ 与 $\boldsymbol{C}^{\mathrm{H}}\boldsymbol{A}\boldsymbol{C}$ **共轭合同.**

由定理 4.1.1 可知 Hermite 阵必共轭合同于实对角阵. 若

$$\boldsymbol{C}^{\mathrm{H}}\boldsymbol{A}\boldsymbol{C}=\mathrm{diag}(d_1,d_2,\cdots,d_n)=\boldsymbol{D},$$

则经变换 $\boldsymbol{X}=\boldsymbol{C}\boldsymbol{Y}$ 得

$$\boldsymbol{X}^{\mathrm{H}}\boldsymbol{A}\boldsymbol{X}=\boldsymbol{Y}^{\mathrm{H}}\boldsymbol{D}\boldsymbol{Y}=d_1|y_1|^2+d_2|y_2|^2+\cdots+d_n|y_n|^2. \tag{4.2.1}$$

注:定理 4.1.1 中变换矩阵 $\boldsymbol{U}$ 是酉阵,事实上共轭合同并不要求变换矩阵为酉阵,只要可逆即可. 于是系数 $d_1,\cdots,d_n$ 也就不一定是特征值,但一定是实数,这是因为 $\boldsymbol{X}^{\mathrm{H}}\boldsymbol{A}\boldsymbol{X}$ 是实数,而 $f(\boldsymbol{C}\boldsymbol{e}_k)=d_k$.

从定理 4.1.1 以及上面的分析,可得下面的定理.

定理 4.2.1 任一 Hermite 二次型

$$f(x_1,x_2,\cdots,x_n)=\sum_{i,j}a_{ij}\,\bar{x}_i x_j=\boldsymbol{X}^{\mathrm{H}}\boldsymbol{A}\boldsymbol{X},$$

其中 $\boldsymbol{A}^{\mathrm{H}}=\boldsymbol{A}$,必存在可逆阵 $\boldsymbol{C}$ 使经 $\boldsymbol{X}=\boldsymbol{C}\boldsymbol{Y}$,$f$ 化为标准形为

$$f=d_1|y_1|^2+d_2|y_2|^2+\cdots+d_n|y_n|^2,$$

其中系数 $d_1,d_2,\cdots,d_n$ 全为实数.

与实二次型类似,可以用初等变换法求标准形及变换矩阵.

由于可逆阵 $\boldsymbol{C}$ 可分解为初等阵之积,设 $\boldsymbol{C}=\boldsymbol{P}_1\boldsymbol{P}_2\cdots\boldsymbol{P}_s$,于是由 $\boldsymbol{C}^{\mathrm{H}}\boldsymbol{A}\boldsymbol{C}=\boldsymbol{D}$ 得

$$\boldsymbol{P}_s^{\mathrm{H}}\cdots\boldsymbol{P}_2^{\mathrm{H}}\boldsymbol{P}_1^{\mathrm{H}}\boldsymbol{A}\boldsymbol{P}_1\boldsymbol{P}_2\cdots\boldsymbol{P}_s=\boldsymbol{D},$$

即对 $\boldsymbol{A}$ 作一系列相互“协调一致”的行、列初等变换可求得 $\boldsymbol{D}$,且

$$\boldsymbol{C}=\boldsymbol{P}_1\boldsymbol{P}_2\cdots\boldsymbol{P}_s=\boldsymbol{I}\boldsymbol{P}_1\boldsymbol{P}_2\cdots\boldsymbol{P}_s,$$

故 $\boldsymbol{C}$ 可由对 $\boldsymbol{I}$ 作与 $\boldsymbol{A}$ 同样的初等列变换而得.

例 1 求可逆线性变换化 Hermite 二次型为标准形:

$$f(x_1,x_2,x_3)=|x_1|^2+(1-\mathrm{i})\overline{x}_1x_2+(2+\mathrm{i})\overline{x}_1x_3+(1+\mathrm{i})x_1\overline{x}_2$$
$$+3|x_2|^2+(2-\mathrm{i})x_1\overline{x}_3+2|x_3|^2.$$

解 设 f 的矩阵为 $\boldsymbol{A}$,对 $\begin{bmatrix}\boldsymbol{A}\\ \boldsymbol{I}\end{bmatrix}$ 作初等变换化 $\boldsymbol{A}$ 为对角阵:将第 1 列的 $-(1-\mathrm{i})$ 倍加到第 2 列,第 1 行的 $-(1+\mathrm{i})$ 倍加到第 2 行;第 1 列的 $-(2+\mathrm{i})$ 倍加到第 3 列,第 1 行的 $-(2-\mathrm{i})$ 倍加到第 3 行;再将变换后矩阵的第 2 列之 $(1+3\mathrm{i})$ 倍加到第 3 列,第 2 行之 $(1-3\mathrm{i})$ 倍加到第 3 行. 于是得到

$$\begin{bmatrix}1 & 1-\mathrm{i} & 2+\mathrm{i}\\ 1+\mathrm{i} & 3 & 0\\ 2-\mathrm{i} & 0 & 2\\ 1 & 0 & 0\\ 0 & 1 & 1\\ 0 & 0 & 1\end{bmatrix}\rightarrow\begin{bmatrix}1 & 0 & 0\\ 0 & 1 & -1-3\mathrm{i}\\ 0 & -1+3\mathrm{i} & -3\\ 1 & -1+\mathrm{i} & -2-\mathrm{i}\\ 0 & 1 & 0\\ 0 & 0 & 1\end{bmatrix}$$
$$\rightarrow\begin{bmatrix}1 & 0 & 0\\ 0 & 1 & 0\\ 0 & 0 & -13\\ 1 & -1+\mathrm{i} & -6-3\mathrm{i}\\ 0 & 1 & 1+3\mathrm{i}\\ 0 & 0 & 1\end{bmatrix}.$$

令

$$\begin{bmatrix}x_1\\ x_2\\ x_3\end{bmatrix}=\begin{bmatrix}1 & -1+\mathrm{i} & -6-3\mathrm{i}\\ 0 & 1 & 1+3\mathrm{i}\\ 0 & 0 & 1\end{bmatrix}\begin{bmatrix}y_1\\ y_2\\ y_3\end{bmatrix},$$

于是

$$f=|y_1|^2+|y_2|^2-13|y_3|^2.$$

还可进一步令

$$y_1=z_1,\quad y_2=z_2,\quad y_3=\frac{1}{\sqrt{13}}z_3,$$

便得

$$f=|z_1|^2+|z_2|^2-|z_3|^2.$$

可见 f 在共轭合同意义下的标准形不唯一.试问:标准形中系数为正的项数与系数为负的项数是否唯一?

定理 4.2.2(惯性定理) Hermite 二次型的标准形中,系数为正的项数及系数为负的项数唯一.

证明 首先由于矩阵 $\boldsymbol{C}^{\mathrm{H}}\boldsymbol{AC}$($\boldsymbol{C}$ 可逆)的秩与 $\boldsymbol{A}$ 的秩相等,又对角阵的秩等于非零对角元的个数,故 f 标准形中不为零的项数等于 $\boldsymbol{A}$ 的秩,设为 r.

设 Hermite 二次型 $f=\boldsymbol{X}^{\mathrm{H}}\boldsymbol{AX}$ 分别经可逆线性变换 $\boldsymbol{X}=\boldsymbol{CY}$ 与 $\boldsymbol{X}=\boldsymbol{BZ}$ 化为如下标准形:

$$f=c_1|y_1|^2+\cdots+c_p|y_p|^2-c_{p+1}|y_{p+1}|^2-\cdots-c_r|y_r|^2,\tag{4.2.2}$$

$$f=b_1|z_1|^2+\cdots+b_p|z_q|^2-b_{q+1}|z_{q+1}|^2-\cdots-b_r|z_r|^2.\tag{4.2.3}$$

若 $p\neq q$,不妨设 $p>q$,于是式(4.2.2)右端正的项至少有一项.

由 $\boldsymbol{X}=\boldsymbol{CY}=\boldsymbol{BZ}$ 得 $\boldsymbol{Z}=\boldsymbol{B}^{-1}\boldsymbol{CY}$,记 $\boldsymbol{B}^{-1}\boldsymbol{C}=(t_{ij})_{n\times n}$.作齐次方程组

$$\begin{cases}t_{11}y_1+t_{12}y_2+\cdots+t_{1n}y_n=0,\\ \quad\vdots\\ t_{q1}y_1+t_{q2}y_2+\cdots+t_{qn}y_n=0,\\ y_{p+1}=0,\\ \quad\vdots\\ y_n=0,\end{cases}\tag{4.2.4}$$

这是含 n 个未知量，方程个数为 $q+(n-p)=n-(p-q)<n$ 的齐次方程组，故式(4.2.4)有非零解. 任取一非零解

$$\boldsymbol{Y}_0=(a_1,a_2,\cdots,a_p,0,\cdots,0)^{\mathrm{T}},$$

注意到式(4.2.4)的前面 q 个式子可知，由 $\boldsymbol{Z}=\boldsymbol{B}^{-1}\boldsymbol{C}\boldsymbol{Y}_0$ 所得 $\boldsymbol{Z}_0$ 的前 q 个分量必为零，设

$$\boldsymbol{Z}_0=\boldsymbol{B}^{-1}\boldsymbol{C}\boldsymbol{Y}_0=(0,\cdots,0,d_{q+1},\cdots,d_n)^{\mathrm{T}},$$

而 $\boldsymbol{B}\boldsymbol{Z}_0=\boldsymbol{C}\boldsymbol{Y}_0$，故 $f(\boldsymbol{C}\boldsymbol{Y}_0)=f(\boldsymbol{B}\boldsymbol{Z}_0)$.

另一方面将，$\boldsymbol{Y}_0$ 与 $\boldsymbol{Z}_0$ 分别代入式(4.2.2)与式(4.2.3)得到

$$f(\boldsymbol{C}\boldsymbol{Y}_0)=c_1|a_1|^2+\cdots+c_p|a_p|^2>0,$$

$$f(\boldsymbol{B}\boldsymbol{Z}_0)=-b_{q+1}|d_{q+1}|^2-\cdots-b_n|d_n|^2\leqslant 0,$$

这与 $f(\boldsymbol{C}\boldsymbol{Y}_0)=f(\boldsymbol{B}\boldsymbol{Z}_0)$矛盾. 故 $p>q$ 不可能. 同理可证 $q>p$ 也不可能. 所以 $p=q$.

证毕.

称标准形中正的项数为正惯性指数，负的项数为负惯性指数，非零的项数为 f 的秩.

由于 Hermite 二次型的值 $f(\boldsymbol{X})$总是实数，故我们可以类似于实二次型将 Hermite 二次型分类.

定义 4.2.2 设 $\boldsymbol{A}$ 为 n 阶 Hermite 阵，$f(\boldsymbol{X})=\boldsymbol{X}^{\mathrm{H}}\boldsymbol{A}\boldsymbol{X}$，对一切非零 n 维列向量 $\boldsymbol{X}$：

若 $f(\boldsymbol{X})>0$，则称 f 为**正定的**，$\boldsymbol{A}$ 为**正定阵**；

若 $f(\boldsymbol{X})<0$，则称 f 为**负定的**，$\boldsymbol{A}$ 为**负定阵**；

若 $f(\boldsymbol{X})\geqslant 0$，则称 f 为**半正定的**，$\boldsymbol{A}$ 为**半正定阵**；

若 $f(\boldsymbol{X})\leqslant 0$，则称 f 为**半负定的**，$\boldsymbol{A}$ 为**半负定阵**.

否则，f 为不定的.

从定义容易看出，对角阵为正定阵的充要条件是对角元全为正数.

对于一般情况，与实对称阵类似，有下列判别 Hermite 阵是否是正定阵的准则.

定理 4.2.3 设 $\boldsymbol{A}$ 为 n 阶 Hermite 阵，则下列命题等价：

1° $\boldsymbol{A}$ 是正定阵；

2° 与 $\boldsymbol{A}$ 共轭合同的是正定阵；

3° $\boldsymbol{A}$ 的正惯性指数为 n；

4° $\boldsymbol{A}$ 的特征值全大于零；

5° $\boldsymbol{A}=\boldsymbol{S}^2$，其中 $\boldsymbol{S}$ 为正定阵；

6° $\boldsymbol{A}=\boldsymbol{P}^{\mathrm{H}}\boldsymbol{P}$，其中 $\boldsymbol{P}$ 为可逆阵，即 $\boldsymbol{A}$ 共轭合同于单位阵.

证明 先证 1°与 2°等价.

设 $\boldsymbol{A}$ 共轭合同于 $\boldsymbol{B}$，即存在可逆阵 $\boldsymbol{C}$，使 $\boldsymbol{B}=\boldsymbol{C}^{\mathrm{H}}\boldsymbol{A}\boldsymbol{C}$. 对 Hermite 二次型 $\boldsymbol{X}^{\mathrm{H}}\boldsymbol{A}\boldsymbol{X}$ 作 $\boldsymbol{X}=\boldsymbol{C}\boldsymbol{Y}$，由于 $\boldsymbol{Y}=\boldsymbol{C}^{-1}\boldsymbol{X}$，故 $\boldsymbol{X}\neq\boldsymbol{0}\Leftrightarrow\boldsymbol{Y}\neq\boldsymbol{0}$.

又 $\boldsymbol{Y}^{\mathrm{H}}\boldsymbol{B}\boldsymbol{Y}=\boldsymbol{Y}^{\mathrm{H}}\boldsymbol{C}^{\mathrm{H}}\boldsymbol{A}\boldsymbol{C}\boldsymbol{Y}=\boldsymbol{X}^{\mathrm{H}}\boldsymbol{A}\boldsymbol{X}$，因此 $\boldsymbol{X}^{\mathrm{H}}\boldsymbol{A}\boldsymbol{X}>0$，$\forall\boldsymbol{X}\neq\boldsymbol{0}\Leftrightarrow\boldsymbol{Y}^{\mathrm{H}}\boldsymbol{B}\boldsymbol{Y}>0$，$\forall\boldsymbol{Y}\neq\boldsymbol{0}$. 根据定义 4.2.2，便得 $\boldsymbol{A}$ 正定$\Leftrightarrow\boldsymbol{B}$ 正定.

下面采用循环证法.

1°⇒3° 由定理 4.2.1 知 $\boldsymbol{A}$ 共轭合同于对角阵，设

$$\boldsymbol{C}^{\mathrm{H}}\boldsymbol{A}\boldsymbol{C}=\mathrm{diag}(d_1,d_2,\cdots,d_n),$$

作 $\boldsymbol{X}=\boldsymbol{C}\boldsymbol{Y}$，于是

$$\begin{aligned}f(\boldsymbol{X})&=\boldsymbol{X}^{\mathrm{H}}\boldsymbol{A}\boldsymbol{X}=\boldsymbol{Y}^{\mathrm{H}}\boldsymbol{C}^{\mathrm{H}}\boldsymbol{A}\boldsymbol{C}\boldsymbol{Y}\\&=d_1|y_1|^2+d_2|y_2|^2+\cdots+d_n|y_n|^2.\end{aligned}$$

对于非零向量 $\boldsymbol{C}\boldsymbol{e}_k$，$f(\boldsymbol{C}\boldsymbol{e}_k)=d_k$，因为 f 正定，故

$$d_k>0\quad(k=1,2,\cdots,n),$$

即正惯性指数为 n.

3°⇒4° 由定理 4.1.1，存在酉阵 $\boldsymbol{U}$ 使

$$\boldsymbol{U}^{\mathrm{H}}\boldsymbol{A}\boldsymbol{U}=\mathrm{diag}(\lambda_1,\cdots,\lambda_n).\tag{4.2.5}$$

作 $\boldsymbol{X}=\boldsymbol{U}\boldsymbol{Y}$，于是

$$\boldsymbol{X}^{\mathrm{H}}\boldsymbol{A}\boldsymbol{X}=\lambda_1|y_1|^2+\cdots+\lambda_n|y_n|^2,$$

从正惯性指数为 n 即得每个特征值均为正的.

4°⇒5° 从式(4.2.5)得

$$\begin{aligned}\boldsymbol{A}&=\boldsymbol{U}\mathrm{diag}(\lambda_1,\cdots,\lambda_n)\boldsymbol{U}^{\mathrm{H}}\\&=[\boldsymbol{U}\mathrm{diag}(\sqrt{\lambda_1},\cdots,\sqrt{\lambda_n})\boldsymbol{U}^{\mathrm{H}}]^2,\end{aligned}$$

令 $\boldsymbol{S}=\boldsymbol{U}\mathrm{diag}(\sqrt{\lambda_1},\cdots,\sqrt{\lambda_n})\boldsymbol{U}^{\mathrm{H}}$，此 $\boldsymbol{S}$ 共轭合同于正定阵 $\mathrm{diag}(\sqrt{\lambda_1},\cdots,\sqrt{\lambda_n})$，由 2°与 1°等价知 $\boldsymbol{S}$ 正定，即得所证.

5°⇒6° 5°中 $\boldsymbol{S}$ 显然满足 $\boldsymbol{S}$ 可逆且 $\boldsymbol{S}^{\mathrm{H}}=\boldsymbol{S}$，故 $\boldsymbol{A}=\boldsymbol{S}^{\mathrm{H}}\boldsymbol{S}$，即 6°成立.

6°⇒1° 若 $\boldsymbol{A}=\boldsymbol{P}^{\mathrm{H}}\boldsymbol{P}$，$\boldsymbol{P}$ 可逆，则作 $\boldsymbol{Y}=\boldsymbol{P}\boldsymbol{X}$，有

$$\boldsymbol{X}^{\mathrm{H}}\boldsymbol{A}\boldsymbol{X}=\boldsymbol{X}^{\mathrm{H}}\boldsymbol{P}^{\mathrm{H}}\boldsymbol{P}\boldsymbol{X}=\boldsymbol{Y}^{\mathrm{H}}\boldsymbol{Y},$$

由于 $\boldsymbol{P}$ 可逆，故 $\boldsymbol{X}\neq\boldsymbol{0}$时 $\boldsymbol{Y}\neq\boldsymbol{0}$，于是 $\boldsymbol{X}^{\mathrm{H}}\boldsymbol{A}\boldsymbol{X}=\boldsymbol{Y}^{\mathrm{H}}\boldsymbol{Y}>0$，所以 $\boldsymbol{A}$ 是正定阵.

证毕.

定理 4.2.4 设 $\boldsymbol{A}$ 为 n 阶 Hermite 阵，则 $\boldsymbol{A}$ 正定的充分必要条件是 $\boldsymbol{A}$ 的 n 个顺序主子式都大于零.

证明 先证必要性.

首先根据定理 4.2.3 之 4°，正定阵 $\boldsymbol{A}$ 的特征值全大于零，又

$$\det\boldsymbol{A}=\prod_{i=1}^{n}\lambda_i>0,$$

所以正定阵的行列式必大于零.

下面研究 $\boldsymbol{A}$ 的 k 阶顺序主子式对应的 k 阶 Hermite 阵.

记

$$\boldsymbol{A}_k=\begin{bmatrix}a_{11}&\cdots&a_{1k}\\\vdots&&\vdots\\a_{k1}&\cdots&a_{kk}\end{bmatrix},$$

作 $\boldsymbol{X}_k=(x_1,x_2,\cdots,x_k)^{\mathrm{T}}$，则当 $\boldsymbol{X}=(x_1,x_2,\cdots,x_k,0,\cdots,0)^{\mathrm{T}}$ 时，有

$$\boldsymbol{X}^{\mathrm{H}}\boldsymbol{A}\boldsymbol{X}=\boldsymbol{X}_k^{\mathrm{H}}\boldsymbol{A}_k\boldsymbol{X}_k. \tag{4.2.6}$$

对任一非零向量 $\boldsymbol{X}_k$，有 $\boldsymbol{X}\neq\boldsymbol{0}$，由于 $\boldsymbol{A}$ 正定，故式(4.2.6)恒正，所以 $\boldsymbol{A}_k$ 是正定阵，因此 $\det\boldsymbol{A}_k>0(k=1,2,\cdots,n)$. 必要性得证.

再证充分性.

若 $\det\boldsymbol{A}_k>0(k=1,2,\cdots,n)$. 由于 $\det\boldsymbol{A}_1=a_{11}>0$，对 $\boldsymbol{A}$ 作共轭合同变换：第 1 列的 $-\dfrac{a_{1j}}{a_{11}}$ 倍加到第 j 列($j=2,3,\cdots,n$)，第 1 行的 $-\dfrac{\overline{a}_{1j}}{a_{11}}$ 倍加到第 j 行($j=2,3,\cdots,n$)，于是

$$\boldsymbol{A}\rightarrow\begin{bmatrix}a_{11} & \boldsymbol{O}\\ \boldsymbol{O} & \boldsymbol{B}\end{bmatrix}=\boldsymbol{M}. \tag{4.2.7}$$

由行列式性质可知，$\boldsymbol{A}$ 的各阶顺序主子式与 $\boldsymbol{M}$ 的各阶顺序主子式对应相等. 另一方面根据初等阵与初等变换的关系知，若上述列变换对应的初等阵记为 $\boldsymbol{P}_1,\boldsymbol{P}_2,\cdots,\boldsymbol{P}_{n-1}$，则上述行变换对应的初等阵正是 $\boldsymbol{P}_1^{\mathrm{H}},\boldsymbol{P}_2^{\mathrm{H}},\cdots,\boldsymbol{P}_{n-1}^{\mathrm{H}}$. 因此，记 $\boldsymbol{C}=\boldsymbol{P}_1\boldsymbol{P}_2\cdots\boldsymbol{P}_{n-1}$，式(4.2.7)即

$$\boldsymbol{P}_{n-1}^{\mathrm{H}}\cdots\boldsymbol{P}_2^{\mathrm{H}}\boldsymbol{P}_1^{\mathrm{H}}\boldsymbol{A}\boldsymbol{P}_1\boldsymbol{P}_2\cdots\boldsymbol{P}_{n-1}=\boldsymbol{C}^{\mathrm{H}}\boldsymbol{A}\boldsymbol{C}=\begin{bmatrix}a_{11} & \boldsymbol{O}\\ \boldsymbol{O} & \boldsymbol{B}\end{bmatrix}=\boldsymbol{M}.$$

由于 $\det\boldsymbol{A}_k=a_{11}\det\boldsymbol{B}_{k-1}$($|\boldsymbol{B}_{k-1}|$ 为 $\boldsymbol{B}$ 的$(k-1)$阶顺序主子式)，故$(n-1)$阶 Hermite 阵 $\boldsymbol{B}$ 的$(n-1)$个顺序主子式全为正. 对 $\boldsymbol{B}$ 重复刚才的做法，直到化为对角阵，设为

$$\boldsymbol{P}^{\mathrm{H}}\boldsymbol{A}\boldsymbol{P}=\operatorname{diag}(a_{11},d_2,\cdots,d_n)=\boldsymbol{\Lambda}.$$

由以上证明可知 $\boldsymbol{A}$ 的 n 个顺序主子式与 $\boldsymbol{\Lambda}$ 的 n 个顺序主子式对应相等，因此全大于零. 所以对角元全正，即 $\boldsymbol{\Lambda}$ 为正定阵. 根据定理 4.2.3，$\boldsymbol{A}$ 也是正定阵.

证毕.

事实上，正定阵的各阶主子式也全大于零，请读者自己证明.

正定阵还有一些性质.

若 $\boldsymbol{A}$ 正定，则由定理 4.2.3，$\boldsymbol{A}=\boldsymbol{P}^{\mathrm{H}}\boldsymbol{P}$，$\boldsymbol{P}$ 可逆. 根据第 3 章中矩阵的 $\boldsymbol{UT}$ 分解知，$\boldsymbol{P}=\boldsymbol{UT}$，$\boldsymbol{U}$ 为酉阵，$\boldsymbol{T}$ 为主对角元恒正的上三角阵，于是 $\boldsymbol{A}=(\boldsymbol{UT})^{\mathrm{H}}\boldsymbol{UT}=\boldsymbol{T}^{\mathrm{H}}\boldsymbol{T}$. 还可证明这种分解唯一（见本章习题第 12 题），于是有正定阵的三角分解定理. 一般称此分解为 Cholesky 分解.

定理 4.2.5 设 $\boldsymbol{A}$ 为正定阵，则 $\boldsymbol{A}=\boldsymbol{T}^{\mathrm{H}}\boldsymbol{T}$，其中 $\boldsymbol{T}$ 是主对角元恒正的上三角阵，且这种分解唯一.

对于一般的矩阵 $\boldsymbol{A}\in C^{s\times n}$，$\boldsymbol{A}^{\mathrm{H}}\boldsymbol{A}$ 必是 n 阶 $\boldsymbol{H}$ 阵，且

$$\boldsymbol{X}^{\mathrm{H}}\boldsymbol{A}^{\mathrm{H}}\boldsymbol{A}\boldsymbol{X}=\langle \boldsymbol{AX},\boldsymbol{AX}\rangle\geqslant 0,$$

故 $\boldsymbol{A}^{\mathrm{H}}\boldsymbol{A}$ 总是半正定阵. 而 $\langle \boldsymbol{AX},\boldsymbol{AX}\rangle=0$ 的充要条件为 $\boldsymbol{AX}=\boldsymbol{0}$，又 $\boldsymbol{AX}=\boldsymbol{0}$ 只有零解当且仅当 $\boldsymbol{A}$ 的秩等于 n. 所以，$\boldsymbol{A}^{\mathrm{H}}\boldsymbol{A}$ 是正定阵当且仅当 $\boldsymbol{A}$ 的秩（也就是 $\boldsymbol{A}^{\mathrm{H}}\boldsymbol{A}$ 的秩）等于 n.

利用 $\boldsymbol{A}^{\mathrm{H}}\boldsymbol{A}$ 酉相似于对角阵，可以得到矩阵 $\boldsymbol{A}$ 的下列分解式，称为**奇值分解**. 它在矩阵的广义逆中有用.

定理 4.2.6（奇值分解） 对秩为 r 的矩阵 $\boldsymbol{A}\in C^{s\times n}$，必存在 s 阶与 n 阶的酉阵 $\boldsymbol{U}$ 与 $\boldsymbol{V}$ 使 $\boldsymbol{U}^{\mathrm{H}}\boldsymbol{A}\boldsymbol{V}=\begin{bmatrix}\boldsymbol{D} & \boldsymbol{O}\\ \boldsymbol{O} & \boldsymbol{O}\end{bmatrix}_{s\times n}$，其中 $\boldsymbol{D}=\mathrm{diag}(\sqrt{\lambda_1},\sqrt{\lambda_2},\cdots,\sqrt{\lambda_r})$，而 $\lambda_1\geqslant\lambda_2\geqslant\cdots\geqslant\lambda_r>0$ 为 $\boldsymbol{A}^{\mathrm{H}}\boldsymbol{A}$ 的非零特征值.

证明 由第 0 章第 0.2 节中例 1 知 $\boldsymbol{A}^{\mathrm{H}}\boldsymbol{A}$ 的秩 $=\boldsymbol{A}$ 的秩 r，又 $\boldsymbol{A}^{\mathrm{H}}\boldsymbol{A}$ 为半正定，故可设 $\boldsymbol{A}^{\mathrm{H}}\boldsymbol{A}$ 的特征值为 $\lambda_1\geqslant\lambda_2\geqslant\cdots\geqslant\lambda_r>0$，$\lambda_{r+1}=\cdots=\lambda_n=0$.

又设 $\boldsymbol{A}^{\mathrm{H}}\boldsymbol{A}$ 的标准正交特征向量系为 $\boldsymbol{X}_1,\boldsymbol{X}_2,\cdots,\boldsymbol{X}_n$，且

$$\boldsymbol{A}^{\mathrm{H}}\boldsymbol{A}\boldsymbol{X}_i=\lambda_i\boldsymbol{X}_i\quad(i=1,2,\cdots,n),$$

于是

$$\langle \boldsymbol{AX}_i,\boldsymbol{AX}_j\rangle=\boldsymbol{X}_j^{\mathrm{H}}\boldsymbol{A}^{\mathrm{H}}\boldsymbol{A}\boldsymbol{X}_i=\lambda_i\boldsymbol{X}_j^{\mathrm{H}}\boldsymbol{X}_i=\begin{cases}\lambda_i, & 1\leqslant i=j\leqslant r;\\ 0, & 其余.\end{cases}$$

因此，$\boldsymbol{AX}_1,\cdots,\boldsymbol{AX}_r$ 为两两正交的非零向量，以及

$$\boldsymbol{AX}_{r+1}=\cdots=\boldsymbol{AX}_n=\boldsymbol{0}, \tag{4.2.8}$$

作

$$\boldsymbol{Y}_i=\frac{\boldsymbol{AX}_i}{\sqrt{\lambda_i}} \quad (i=1,2\cdots,r), \tag{4.2.9}$$

注意到 $\boldsymbol{Y}_1,\cdots,\boldsymbol{Y}_r$ 是 C^s 中标准正交向量组，将它扩充为 C^s 的标准正交基，设为 $\boldsymbol{Y}_1,\boldsymbol{Y}_2,\cdots,\boldsymbol{Y}_s$. 根据式(4.2.9)与式(4.2.8)，便可得

$$\begin{aligned}&\boldsymbol{A}(\boldsymbol{X}_1,\boldsymbol{X}_2,\cdots,\boldsymbol{X}_n)\\&=(\boldsymbol{Y}_1,\cdots,\boldsymbol{Y}_s)\begin{bmatrix}\sqrt{\lambda_1} & 0 & \cdots & 0 & 0 & \cdots & 0\\ 0 & \sqrt{\lambda_1} & \cdots & 0 & 0 & \cdots & 0\\ \vdots & \vdots & & \vdots & \vdots & & \vdots\\ 0 & 0 & \cdots & \sqrt{\lambda_r} & 0 & \cdots & 0\\ 0 & 0 & \cdots & 0 & 0 & \cdots & 0\\ \vdots & \vdots & & \vdots & \vdots & & \vdots\\ 0 & 0 & \cdots & 0 & 0 & \cdots & 0\end{bmatrix}_{s\times n}.\end{aligned}$$

分别记 n 阶、s 阶酉阵 $(\boldsymbol{X}_1,\boldsymbol{X}_2,\cdots,\boldsymbol{X}_n)=\boldsymbol{V}$，$(\boldsymbol{Y}_1,\cdots,\boldsymbol{Y}_s)=\boldsymbol{U}$，再记 $\boldsymbol{D}=\mathrm{diag}(\sqrt{\lambda_1},\cdots,\sqrt{\lambda_r})$，即得

$$\boldsymbol{U}^{\mathrm{H}}\boldsymbol{AV}=\begin{bmatrix}\boldsymbol{D} & \boldsymbol{O}\\ \boldsymbol{O} & \boldsymbol{O}\end{bmatrix}_{s\times n}.$$

证毕.

推论(方阵的极分解)　设 $\boldsymbol{A}\in C^{n\times n}$，则存在酉阵 $\boldsymbol{U}$ 及半正定阵 $\boldsymbol{M}$，使 $\boldsymbol{A}=\boldsymbol{UM}$.

证明　根据定理 4.2.6，存在酉阵 $\boldsymbol{U}_1$ 及 $\boldsymbol{V}$ 使

$$\boldsymbol{A}=\boldsymbol{U}_1\begin{bmatrix}\boldsymbol{D} & \boldsymbol{O}\\ \boldsymbol{O} & \boldsymbol{O}\end{bmatrix}\boldsymbol{V}^{\mathrm{H}},$$

令 $\boldsymbol{U}=\boldsymbol{U}_1\boldsymbol{V}^{\mathrm{H}}, \boldsymbol{M}=\boldsymbol{V}\begin{bmatrix}\boldsymbol{D} & \boldsymbol{O}\\ \boldsymbol{O} & \boldsymbol{O}\end{bmatrix}\boldsymbol{V}^{\mathrm{H}}$,便得所证.

证毕.

4.3 Rayleigh 商

可以利用 $\boldsymbol{X}^{\mathrm{H}}\boldsymbol{A}\boldsymbol{X}$ 的值来研究 $\boldsymbol{A}$ 的特征值.

定义 称 $R(\boldsymbol{X})=\dfrac{\boldsymbol{X}^{\mathrm{H}}\boldsymbol{A}\boldsymbol{X}}{\boldsymbol{X}^{\mathrm{H}}\boldsymbol{X}}, \forall \boldsymbol{X}(\neq \boldsymbol{0})\in C^n$ 为 $\boldsymbol{A}$ 的 Rayleigh **商**.

不难看出,若 $\boldsymbol{X}_0$ 是 $\boldsymbol{A}$ 的特征值 λ_0 对应的特征向量,则 $R(\boldsymbol{X}_0)$ 的值为 λ_0. 另外 Hermite 阵的 Rayleigh 商之值是实数.

定理 4.3.1 设 $\boldsymbol{A}$ 是 H 阵,最大特征值是 λ_1,最小特征值是 λ_n,则对一切非零的 $\boldsymbol{X}$ 有

$$\lambda_n\leqslant R(\boldsymbol{X})=\frac{\boldsymbol{X}^{\mathrm{H}}\boldsymbol{A}\boldsymbol{X}}{\boldsymbol{X}^{\mathrm{H}}\boldsymbol{X}}\leqslant\lambda_1,$$

且

$$\lambda_1=\max R(\boldsymbol{X}),\quad \lambda_n=\min R(\boldsymbol{X}).$$

证明 设 $\boldsymbol{A}$ 的特征值为 $\lambda_1\geqslant\lambda_2\geqslant\cdots\geqslant\lambda_n$,相应的标准正交特征向量系为 $\boldsymbol{X}_1,\boldsymbol{X}_2,\cdots,\boldsymbol{X}_n$,它构成 C^n 的一组标准正交基. 故 $\forall \boldsymbol{X}\in C^n, \boldsymbol{X}=\sum\limits_{i=1}^{n}a_i\boldsymbol{X}_i$,于是

$$\boldsymbol{A}\boldsymbol{X}=\sum_{i=1}^{n}a_i\lambda_i\boldsymbol{X}_i.$$

由于 $\{\boldsymbol{X}_i\}_1^n$ 是标准正交基,其度量矩阵是单位阵,根据公式(2.1.1)来计算内积,便得

$$R(\boldsymbol{X})=\frac{\langle \boldsymbol{AX},\boldsymbol{X}\rangle}{\langle \boldsymbol{X},\boldsymbol{X}\rangle}=\frac{\sum_{i=1}^{n}\lambda_i\mid a_i\mid^2}{\sum_{i=1}^{n}\mid a_i\mid^2},$$

故

$$\lambda_n \leqslant R(\boldsymbol{X}) \leqslant \lambda_1,$$

又 $R(\boldsymbol{X}_1)=\lambda_1$, $R(\boldsymbol{X}_n)=\lambda_n$,所以

$$\lambda_1=\max R(\boldsymbol{X}),\quad \lambda_n=\min R(\boldsymbol{X}).$$

证毕.

由定理 4.3.1 可见,在空间 C^n 上(除 $\boldsymbol{X}=\boldsymbol{0}$)求 $R(\boldsymbol{X})$ 的最大值与最小值,则可分别得到 $\boldsymbol{A}$ 的最大特征值与最小特征值.

得到 λ_1 后,在 $(\boldsymbol{A}-\lambda_1\boldsymbol{I})\boldsymbol{X}=\boldsymbol{0}$ 的非零解中,取单位向量得 $\boldsymbol{X}_1$,则 $L[\boldsymbol{X}_2,\cdots,\boldsymbol{X}_n]=(L[\boldsymbol{X}_1])^{\perp}$,记为 $S_1^{\perp}$. $S_1^{\perp}$ 中任一向量 $\boldsymbol{X}$ 可表示为

$$\boldsymbol{X}=\sum_{i=2}^{n}a_i\boldsymbol{X}_i.$$

与上面同样讨论可得 $\lambda_2=\max\limits_{\boldsymbol{X}\in S_1^{\perp}}R(\boldsymbol{X})$. 也可以从 λ_n 求出后,再找 λ_{n-1},…. 因此有下面的定理.

定理 4.3.2 设 $\boldsymbol{A}$ 为 n 阶 Hermite 阵,其特征值为 $\lambda_1\geqslant\lambda_2\geqslant\cdots\geqslant\lambda_n$,则

$$\lambda_k=\max_{\boldsymbol{X}\in S_{k-1}^{\perp}}R(\boldsymbol{X})\quad 或\quad \lambda_k=\min_{\boldsymbol{X}\in T_{n-k}^{\perp}}R(\boldsymbol{X}),$$

其中 $S_{k-1}=L[\boldsymbol{X}_1,\cdots,\boldsymbol{X}_{k-1}]$, $T_{n-k}=L[\boldsymbol{X}_{k+1},\cdots,\boldsymbol{X}_n]$.

从定理 4.3.2 可见,为找 λ_k,若按最大值去找,则必须先有 $\boldsymbol{X}_1,\cdots,\boldsymbol{X}_{k-1}$,即需依次去找. 另外,这些 $\boldsymbol{X}_i$ 依赖于 $\boldsymbol{A}$. 当要考虑几个 Hermite 阵之间特征值的关系时,就不能直接用定理 4.3.2. Courant 给出了一个方法,使特征值的确定不依赖于特征向量.

定理 4.3.3（Courant 极大极小原理） 设 n 阶 Hermite 阵 $\boldsymbol{A}$ 的特征值为 $\lambda_1 \geqslant \lambda_2 \geqslant \cdots \geqslant \lambda_n$，则

$$\lambda_k = \min_{\dim S = n-k+1} \{\max_{\boldsymbol{X} \in S} R(\boldsymbol{X})\},$$

或

$$\lambda_k = \max_{\dim S = k} \{\min_{\boldsymbol{X} \in S} R(\boldsymbol{X})\}.$$

证明 设 $1 \leqslant k \leqslant n$，$S$ 为 C^n 的任意一个 $(n-k+1)$ 维子空间，$\boldsymbol{X}_1, \boldsymbol{X}_2, \cdots, \boldsymbol{X}_n$ 为对应于特征值 $\lambda_1, \lambda_2, \cdots, \lambda_n$ 的标准正交特征向量系.

又设 $S_k = L[\boldsymbol{X}_1, \cdots, \boldsymbol{X}_k]$，$S_k$ 上任取一向量 $\boldsymbol{X} = \sum_{i=1}^{k} c_i \boldsymbol{X}_i$，于是

$$\boldsymbol{AX} = \sum_{i=1}^{k} c_i \lambda_i \boldsymbol{X}_i,$$

故

$$R(\boldsymbol{X}) = \frac{\langle \boldsymbol{AX}, \boldsymbol{X} \rangle}{\langle \boldsymbol{X}, \boldsymbol{X} \rangle} = \frac{\sum_{i=1}^{k} \lambda_i |c_i|^2}{\sum_{i=1}^{k} |c_i|^2} \geqslant \lambda_k \quad (\forall \boldsymbol{X}(\neq \boldsymbol{0}) \in S_k). \tag{4.3.1}$$

又由于

$$\begin{aligned} \dim(S \cap S_k) &= \dim S + \dim S_k - \dim(S + S_k) \\ &= n - k + 1 + k - \dim(S + S_k) \\ &\geqslant n + 1 - n = 1, \end{aligned}$$

因此，$S \cap S_k \neq \{\boldsymbol{0}\}$. 注意到式(4.3.1)，所以

$$\max_{\boldsymbol{X} \in S} R(\boldsymbol{X}) \geqslant \lambda_k.$$

又根据定理 4.3.2，在 $(n-k+1)$ 维空间 $S_{k-1}^{\perp}$ 上，$R(\boldsymbol{X})$ 的最大值等于 λ_k，所以

$$\lambda_k = \min_{\dim S = n-k+1} \{\max_{\boldsymbol{X}\in S} R(\boldsymbol{X})\}.$$

利用定理 4.3.2 中 $\lambda_k = \min\limits_{\boldsymbol{X}\in T_{n-k}^{\perp}} R(\boldsymbol{X})$，注意到 $\dim T_{n-k}^{\perp} = k$，同理可得

$$\lambda_k = \max_{\dim S = k} \{\min_{\boldsymbol{X}\in S} R(\boldsymbol{X})\}.$$

证毕.

例 1 记 Hermite 阵 $\boldsymbol{A}$ 的特征值为

$$\lambda_1(\boldsymbol{A}) \geqslant \lambda_2(\boldsymbol{A}) \geqslant \cdots \geqslant \lambda_n(\boldsymbol{A}),$$

对 n 阶 Hermite 阵 $\boldsymbol{A}$ 与 $\boldsymbol{B}$，试证：

$$\lambda_k(\boldsymbol{A}) + \lambda_n(\boldsymbol{B}) \leqslant \lambda_k(\boldsymbol{A}+\boldsymbol{B}) \leqslant \lambda_k(\boldsymbol{A}) + \lambda_1(\boldsymbol{B}) \quad (k=1,2,\cdots,n).$$

证明 首先 $\dfrac{\boldsymbol{X}^{\mathrm{H}}(\boldsymbol{A}+\boldsymbol{B})\boldsymbol{X}}{\boldsymbol{X}^{\mathrm{H}}\boldsymbol{X}} = \dfrac{\boldsymbol{X}^{\mathrm{H}}\boldsymbol{A}\boldsymbol{X}}{\boldsymbol{X}^{\mathrm{H}}\boldsymbol{X}} + \dfrac{\boldsymbol{X}^{\mathrm{H}}\boldsymbol{B}\boldsymbol{X}}{\boldsymbol{X}^{\mathrm{H}}\boldsymbol{X}}$，由于

$$\lambda_n(\boldsymbol{B}) \leqslant \frac{\boldsymbol{X}^{\mathrm{H}}\boldsymbol{B}\boldsymbol{X}}{\boldsymbol{X}^{\mathrm{H}}\boldsymbol{X}} \leqslant \lambda_1(\boldsymbol{B}),$$

故

$$\frac{\boldsymbol{X}^{\mathrm{H}}\boldsymbol{A}\boldsymbol{X}}{\boldsymbol{X}^{\mathrm{H}}\boldsymbol{X}} + \lambda_n(\boldsymbol{B}) \leqslant \frac{\boldsymbol{X}^{\mathrm{H}}(\boldsymbol{A}+\boldsymbol{B})\boldsymbol{X}}{\boldsymbol{X}^{\mathrm{H}}\boldsymbol{X}} \leqslant \frac{\boldsymbol{X}^{\mathrm{H}}\boldsymbol{A}\boldsymbol{X}}{\boldsymbol{X}^{\mathrm{H}}\boldsymbol{A}} + \lambda_1(\boldsymbol{B}).$$

设 S 为 C^n 的任一 k 维子空间，对上式取 S 上的最小值(注意到 $\lambda_1(\boldsymbol{B})$，$\lambda_n(\boldsymbol{B})$ 是常量)，再对一切 k 维子空间 S 取最大值，根据定理 4.3.3 即得所证.

证毕.

例 2 设 $\boldsymbol{A}$ 为 n 阶 Hermite 阵，其特征值为

$$\lambda_1 \geqslant \lambda_2 \geqslant \cdots \geqslant \lambda_n,$$

$\boldsymbol{A}_{n-1}$ 为 $\boldsymbol{A}$ 的$(n-1)$阶顺序主子阵，即为

$$\begin{bmatrix} a_{11} & \cdots & a_{1,n-1} \\ \vdots & & \vdots \\ a_{n-1,1} & \cdots & a_{n-1,n-1} \end{bmatrix},$$

其特征值为

$$\mu_1 \geqslant \mu_2 \geqslant \cdots \geqslant \mu_{n-1},$$

试证：$\lambda_1 \geqslant \mu_1 \geqslant \lambda_2 \geqslant \cdots \geqslant \mu_{n-1} \geqslant \lambda_n$.

证明 设 $\boldsymbol{X}_{n-1}$ 为 $(n-1)$ 维列向量，分别记 $\boldsymbol{A}$ 与 $\boldsymbol{A}_{n-1}$ 的 Rayleigh 商为 $R_1(\boldsymbol{X})$ 与 $R_2(\boldsymbol{X}_{n-1})$. 作 n 维列向量

$$\boldsymbol{Y}=\begin{bmatrix}\boldsymbol{X}_{n-1}\\ \boldsymbol{0}\end{bmatrix},$$

则

$$R_1(\boldsymbol{Y})=R_2(\boldsymbol{X}_{n-1}). \tag{4.3.2}$$

设 $1 \leqslant k \leqslant n-1$，先研究 λ_k 与 μ_k 的关系. 记

$$W=\left\{\boldsymbol{Y}=\begin{bmatrix}\boldsymbol{X}_{n-1}\\ \boldsymbol{0}\end{bmatrix} \middle| \ \forall\, \boldsymbol{X}_{n-1} \in C^{n-1}\right\},$$

由于

$$\{W_1 \mid W_1 \leqslant W, \dim W_1 = k\} \subset \{S_1 \mid S_1 \leqslant C^n, \dim S_1 = k\},$$

故

$$\max_{\dim S_1 = k} \min_{\boldsymbol{X} \in S_1} R_1(\boldsymbol{X}) \geqslant \max_{\dim \boldsymbol{W}_1 = k} \min_{\boldsymbol{X} \in \boldsymbol{W}_1} R_1(\boldsymbol{X}). \tag{4.3.3}$$

记 S_2 为 C^{n-1} 的 k 维子空间，注意到 W_1 的定义及式(4.3.2)，便有

$$\forall\, \boldsymbol{X} \in W_1, \quad R_1(\boldsymbol{X})=R_2(\boldsymbol{X}_{n-1}), \quad \forall\, \boldsymbol{X}_{n-1} \in S_2,$$

于是式(4.3.3)右端等于

$$\max_{\dim S_2 = k} \min_{\boldsymbol{X}_{n-1} \in S_2} R_2(\boldsymbol{X}_{n-1}), \tag{4.3.4}$$

根据定理 4.3.3，式(4.3.3)左端是 λ_k，式(4.3.4)是 μ_k，所以

$$\lambda_k \geqslant \mu_k \quad (1 \leqslant k \leqslant n-1).$$

现在研究 λ_{k+1} 与 μ_k 的关系. 由于

$$\{W_1 \mid W_1 \leqslant W, \dim W_1 = n-k\} \subset \{S_1 \mid S_1 \leqslant C^n, \dim S_1 = n-k\},$$

故

$$\min_{\dim S_1 = n-k} \max_{X \in S_1} R_1(\boldsymbol{X}) \leqslant \min_{\dim W_1 = n-k} \max_{X \in W_1} R_1(\boldsymbol{X}). \qquad (4.3.5)$$

记 S_2 为 C^{n-1} 的 $(n-k)$ 维子空间,注意到 W_1 的定义及式(4.3.2),便有

$$\forall \boldsymbol{X} \in W_1, \quad R_1(\boldsymbol{X}) = R_2(\boldsymbol{X}_{n-1}), \quad \forall \boldsymbol{X}_{n-1} \in S_2,$$

于是式(4.3.5)右端等于

$$\min_{\dim S_2 = n-k} \max_{\boldsymbol{X}_{n-1} \in S_2} R_2(\boldsymbol{X}_{n-1}), \qquad (4.3.6)$$

根据定理 4.3.3,式(4.3.5)左端是 λ_{k+1},再注意到 $n-k=(n-1)-(k-1)$,故式(4.3.6)即为 μ_k,于是便得

$$\mu_k \geqslant \lambda_{k+1} \quad (1 \leqslant k \leqslant n-1).$$

综上即得

$$\lambda_1 \geqslant \mu_1 \geqslant \lambda_2 \geqslant \cdots \geqslant \mu_{n-1} \geqslant \lambda_n.$$

证毕.

习 题 4

1. 设 $\boldsymbol{A}$ 为正规阵,试证:

(1) $\boldsymbol{A}$ 为 Hermite 阵的充分必要条件为 $\boldsymbol{A}$ 的特征值全为实数;

(2) $\boldsymbol{A}$ 为酉矩阵的充分必要条件为 $\boldsymbol{A}$ 的特征值之模为 1.

2. 试证:n 阶方阵 $\boldsymbol{A}$ 为正规阵的充分必要条件为

$$\|\boldsymbol{AX}\| = \|\boldsymbol{A}^{\mathrm{H}}\boldsymbol{X}\| \quad (\forall \boldsymbol{X} \in C^n).$$

3. 试证：(1) 若 $\boldsymbol{A}$ 为正规性，则 $\boldsymbol{A}-\lambda\boldsymbol{I}$ 也是正规阵；

(2) 若 $\boldsymbol{A}$ 为正规阵，则 $\boldsymbol{AX}=\lambda\boldsymbol{X}$ 之充分必要条件为

$$\boldsymbol{A}^{\mathrm{H}}\boldsymbol{X}=\bar{\lambda}\boldsymbol{X}.$$

(即 $\boldsymbol{A}$ 的特征值 λ 之共轭 $\bar{\lambda}$ 为 $\boldsymbol{A}^{\mathrm{H}}$ 的特征值，且可对应于相同的特征向量)

4. 试证：若 $\boldsymbol{A}$ 是正规阵，有 r 个互异特征值 $\lambda_1,\cdots,\lambda_r$，则存在 r 个矩阵 $\boldsymbol{P}_1,\cdots,\boldsymbol{P}_r$ 使

(1) $\boldsymbol{A}=\sum_{i=1}^{r}\lambda_i\boldsymbol{P}_i$；

(2) $\boldsymbol{P}_i^{\mathrm{H}}=\boldsymbol{P}_i=\boldsymbol{P}_i^2 \quad (i=1,2,\cdots,r)$；

(3) $i\neq j$ 时，$\boldsymbol{P}_i\boldsymbol{P}_j=\boldsymbol{O}$；

(4) $\sum_{i=1}^{r}\boldsymbol{P}_i=\boldsymbol{I}$.

5. 试证：若对 n 阶方阵 $\boldsymbol{A}$ 存在满足上题四个方程的 r 个互异数 λ_i 及 r 个非零矩阵 $\boldsymbol{P}_i$，则

(1) $\boldsymbol{A}$ 为正规阵；

(2) $\boldsymbol{A}$ 的特征值为 $\lambda_1,\lambda_2,\cdots,\lambda_r$；

(3) 相应于特征值 λ_k 的特征子空间 $V_{\lambda_k}=R(\boldsymbol{P}_k)$.

6. 设 $\boldsymbol{\alpha}\in C^n$，且 $\boldsymbol{\alpha}^{\mathrm{H}}\boldsymbol{\alpha}<1$，试证：$\boldsymbol{I}-\boldsymbol{\alpha}\boldsymbol{\alpha}^{\mathrm{H}}$ 是正定阵.

7. 试证：Hermite 阵 $\boldsymbol{A}$ 是半正定阵的充要条件是 $\boldsymbol{A}$ 的特征值非负.

8. 试证：Hermite 阵 $\boldsymbol{A}$ 是半正定阵的充要条件是 $\boldsymbol{A}$ 的一切主子式非负.

9. 试证：Hermite 阵 $\boldsymbol{A}$ 是负定阵的充要条件是 $\boldsymbol{A}$ 的 k 阶顺序主子式与 $(-1)^k$ 同号.

10. 设 $\boldsymbol{A}=(a_{ij})_{n\times n}$ 为正定阵，试证：$\max\limits_{i\neq j}\{|a_{ij}|\}<\max\limits_{i}\{a_{ii}\}$.

11. 设 $\boldsymbol{A}$ 为半正定阵，试证：

(1) 必存在半正定阵 $\boldsymbol{S}$ 使 $\boldsymbol{A}=\boldsymbol{S}^2$；

(2) $|\boldsymbol{Y}^{H}\boldsymbol{AX}|^{2}\leqslant|\boldsymbol{Y}^{H}\boldsymbol{AY}|\,|\boldsymbol{X}^{H}\boldsymbol{AX}|$, $\forall\,\boldsymbol{X},\boldsymbol{Y}\in C^{n}$.

12. 设 $\boldsymbol{T}_1,\boldsymbol{T}_2$ 为主对角元恒正的上三角阵，若 $\boldsymbol{T}_1^{H}\boldsymbol{T}_1=\boldsymbol{T}_2^{H}\boldsymbol{T}_2$，试证：$\boldsymbol{T}_1=\boldsymbol{T}_2$.

13. 设 $\boldsymbol{A},\boldsymbol{B}$ 为同阶 Hermite 阵，且 $\boldsymbol{A}$ 为正定阵，试证：存在可逆阵 $\boldsymbol{C}$，使 $\boldsymbol{C}^{H}\boldsymbol{AC}$ 与 $\boldsymbol{C}^{H}\boldsymbol{BC}$ 均为对角阵.

14. 设 $\boldsymbol{A}$ 为正定阵，作 n 元 Hermite 二次型

$$f(\boldsymbol{X})=\begin{bmatrix}\boldsymbol{A} & \boldsymbol{X}\\ \boldsymbol{X}^{H} & \boldsymbol{O}\end{bmatrix}\quad(\boldsymbol{X}\in C^{n}),$$

试证：f 是负定的.

15. 设正规阵 $\boldsymbol{A}$ 的特征值为 $\lambda_1,\lambda_2,\cdots,\lambda_n$，相应的标准正交特征向量系为 $\boldsymbol{X}_1,\boldsymbol{X}_2,\cdots,\boldsymbol{X}_n$. 试证：线性方程组

$$\boldsymbol{AX}=k\boldsymbol{X}+\boldsymbol{b},\quad k\in C,\boldsymbol{b}\in C^{n},k\neq\lambda_i\quad(i=1,2,\cdots,n)$$

的解可表示为 $\boldsymbol{X}=\sum\limits_{i=1}^{n}\dfrac{\langle\boldsymbol{b},\boldsymbol{X}_i\rangle}{\lambda_i-k}\boldsymbol{X}_i$.

16. 设 $\boldsymbol{A},\boldsymbol{B}$ 为 n 阶 Hermite 阵，且 $\boldsymbol{B}$ 是正定阵，设有非零 n 维列向量 $\boldsymbol{X}$ 及数 λ 使

$$\boldsymbol{AX}=\lambda\boldsymbol{BX},\tag{$*$}$$

则称 λ 为 $\boldsymbol{A}$(关于 $\boldsymbol{B}$)的广义特征值.

(1) 试证：λ 为实数，且 λ 是 $\det(\lambda\boldsymbol{I}-\boldsymbol{B}^{-1}\boldsymbol{A})=0$ 的根；

(2) 将满足式($*$)的 λ 按大到小排列($\lambda_1\geqslant\lambda_2\geqslant\cdots\geqslant\lambda_n$)，试证：

$$\lambda_1=\max_{0\neq\boldsymbol{X}\in C^{n}}\frac{\boldsymbol{X}^{H}\boldsymbol{AX}}{\boldsymbol{X}^{H}\boldsymbol{BX}},\quad\lambda_n=\min_{0\neq\boldsymbol{X}\in C^{n}}\frac{\boldsymbol{X}^{H}\boldsymbol{AX}}{\boldsymbol{X}^{H}\boldsymbol{BX}}.$$

17. 设 $\boldsymbol{A},\boldsymbol{B}$ 为同阶 Hermite 阵，且 $\boldsymbol{A}$ 正定，试证：$\boldsymbol{AB}$ 的特征值都是实数.

5　范数及矩阵函数

本章首先引进范数概念，然后介绍矩阵序列及幂级数的收敛定理，在此基础上给出矩阵函数的定义，并介绍其计算，最后简单介绍它在线性微分方程组上的应用.

5.1　范数的基本概念

为研究线性空间 V 上的极限，需要引进衡量 V 上向量间“距离”的量. 内积空间中两向量之差的长度固然是这样的一种量，但还可以有其它形式的量. 范数是更为一般的反映向量间“距离”的量.

定义　设数域 F 为复数域或实数域，$V(F)$为线性空间，ν 为 $V(F)$到 R 的映射，满足：

1° 正定性，即对 V 中一切非零向量 $\boldsymbol{\alpha}$，有 $\nu(\boldsymbol{\alpha})>0$；

2° 齐次性，即对 V 中一切向量 $\boldsymbol{\alpha}$ 及 F 中一切数 k，有

$$\nu(k\boldsymbol{\alpha})=|k|\nu(\boldsymbol{\alpha});$$

3° 三角不等式，即对 V 中一切向量 $\boldsymbol{\alpha}$ 及 $\boldsymbol{\beta}$ 有

$$\nu(\boldsymbol{\alpha}+\boldsymbol{\beta})\leqslant\nu(\boldsymbol{\alpha})+\nu(\boldsymbol{\beta}).$$

则称 ν 是 V 上的**范数**. 并称定义了范数的线性空间为**赋范线性空间**.

注：由于$\mathbf{0}=0\boldsymbol{\alpha}$，根据齐次性可见 $\nu(\mathbf{0})=0$.

从定义不难看出内积空间 V 中，$\|\boldsymbol{\alpha}\|=\sqrt{\langle\boldsymbol{\alpha},\boldsymbol{\alpha}\rangle}$ 是 V 的一种范数. 一般赋范线性空间 V 上向量 $\boldsymbol{\alpha}$ 的范数有时也用 $\|\boldsymbol{\alpha}\|$ 表示，请勿与内积空间的 $\sqrt{\langle\boldsymbol{\alpha},\boldsymbol{\alpha}\rangle}$ 混为一谈.

例 1　在 C^n 中有三种常用的向量范数，设

$$X=(x_1,x_2,\cdots,x_n)^{\mathrm{T}}.$$

(1) 1-范数：$\|X\|_1=\sum_{i=1}^{n}|x_i|$；

(2) 2-范数：$\|X\|_2=\left(\sum_{i=1}^{n}|x_i|^2\right)^{\frac{1}{2}}=(X^{\mathrm{H}}X)^{\frac{1}{2}}$；

(3) ∞-范数：$\|X\|_\infty=\max_i\{|x_i|\}$.

不难一一验证它们都满足范数定义，证明留作习题.

以上三种范数都是 p-范数的特例. p-范数定义为

$$\|X\|_p=\left(\sum_{i=1}^{n}|x_i|^p\right)^{\frac{1}{p}}, \tag{5.1.1}$$

其中 p 为不小于 1 的实数.

下面来证由式(5.1.1)定义的 $\|\cdot\|_p$ 是 C^n 上的范数.

引理 若实数 $p,q>1$，且 $\frac{1}{p}+\frac{1}{q}=1$，则对一切正实数 a,b 有

$$ab\leqslant\frac{a^p}{p}+\frac{b^q}{q}. \tag{5.1.2}$$

证明 在 xOy 平面上作曲线 $y=x^{p-1}$，即

$$x=y^{\frac{1}{p-1}}=y^{q-1},$$

于是面积(见图 5.1)

$$S_1=\int_0^a x^{p-1}\mathrm{d}x=\frac{a^p}{p},$$

$$S_2=\int_0^b y^{q-1}\mathrm{d}y=\frac{b^q}{q},$$

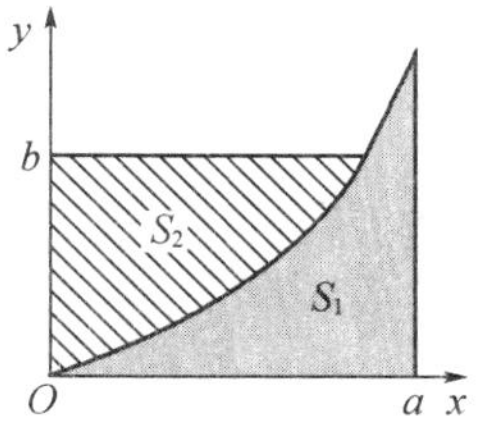

图 5.1

而 $S_1+S_2\geqslant$ 矩形面积 ab，故式(5.1.2)得证.

定理 5.1.1(Hölder 不等式) 设

$$X=(x_1,x_2,\cdots,x_n)^{\mathrm{T}}\in C^n,\quad Y=(y_1,y_2,\cdots,y_n)^{\mathrm{T}}\in C^n,$$

则

$$|\boldsymbol{X}^{\mathrm{H}}\boldsymbol{Y}| = \left|\sum_{i=1}^{n} \bar{x}_i y_i\right| \leqslant \sum_{i=1}^{n} |x_i||y_i|$$

$$\leqslant \left(\sum_{i=1}^{n} |x_i|^p\right)^{\frac{1}{p}} \left(\sum_{i=1}^{n} |y_i|^q\right)^{\frac{1}{q}}, \qquad (5.1.3)$$

其中 p,q 为正实数，且$\frac{1}{p}+\frac{1}{q}=1$.

证明 式(5.1.3)的前一不等式显然成立，只需证式(5.1.3)的最后一个不等式.

首先 $\boldsymbol{X}$ 与 $\boldsymbol{Y}$ 至少有一为 $\boldsymbol{0}$ 时式(5.1.3)显然成立. 今设 $\boldsymbol{X}\neq\boldsymbol{0},\boldsymbol{Y}\neq\boldsymbol{0}$.

令

$$a_i = \frac{|x_i|}{\left(\sum_{i=1}^{n} |x_i|^p\right)^{\frac{1}{p}}}, \quad b_i = \frac{|y_i|}{\left(\sum_{i=1}^{n} |y_i|^q\right)^{\frac{1}{q}}}, \qquad (5.1.4)$$

根据式(5.1.2)得

$$\frac{|x_i||y_i|}{\left(\sum_{i=1}^{n} |x_i|^p\right)^{\frac{1}{p}}\left(\sum_{i=1}^{n} |y_i|^q\right)^{\frac{1}{q}}} \leqslant \frac{|x_i|^p}{p\sum_{i=1}^{n} |x_i|^p} + \frac{|y_i|^q}{q\sum_{i=1}^{n} |y_i|^q}$$

$$(i=1,2\cdots,n),$$

将 n 个式子相加，再注意到$\frac{1}{p}+\frac{1}{q}=1$，即所得证.

定理 5.1.2(Minkowski 不等式) 设 $p\geqslant 1, x_i, y_i \in C$，则

$$\left(\sum_{i=1}^{n} |x_i+y_i|^p\right)^{\frac{1}{p}} \leqslant \left(\sum_{i=1}^{n} |x_i|^p\right)^{\frac{1}{p}} + \left(\sum_{i=1}^{n} |y_i|^p\right)^{\frac{1}{p}}.$$

$$(5.1.5)$$

证明 $p=1$ 时，式(5.1.5)显然成立.

当 $p>1$ 时，有

$$
\begin{aligned}
&\sum_{i=1}^{n} |x_i+y_i|^p \\
&\quad \leqslant \sum_{i=1}^{n}(|x_i|+|y_i|)^p \\
&\quad = \sum_{i=1}^{n}(|x_i|+|y_i|)(|x_i|+|y_i|)^{p-1} \\
&\quad = \sum_{i=1}^{n}|x_i|(|x_i|+|y_i|)^{p-1}+\sum_{i=1}^{n}|y_i|(|x_i|+|y_i|)^{p-1},
\end{aligned}
\tag{5.1.6}
$$

记 $q=\dfrac{p}{p-1}$，则 $q>0$ 且 $\dfrac{1}{p}+\dfrac{1}{q}=1$，对式(5.1.6)的最后一式用式(5.1.3)得

$$
\begin{aligned}
&\sum_{i=1}^{n}(|x_i|+|y_i|)^p \\
&\leqslant \Big(\sum_{i=1}^{n}|x_i|^p\Big)^{\frac{1}{p}}\Big[\sum_{i=1}^{n}(|x_i|+|y_i|)^{(p-1)q}\Big]^{\frac{1}{q}} \\
&\quad +\Big(\sum_{i=1}^{n}|y_i|^p\Big)^{\frac{1}{p}}\Big[\sum_{i=1}^{n}(|x_i|+|y_i|)^{(p-1)q}\Big]^{\frac{1}{q}} \\
&= \Big[\Big(\sum_{i=1}^{n}|x_i|^p\Big)^{\frac{1}{p}}+\Big(\sum_{i=1}^{n}|y_i|^p\Big)^{\frac{1}{p}}\Big]\Big[\sum_{i=1}^{n}(|x_i|+|y_i|)^p\Big]^{1-\frac{1}{p}}.
\end{aligned}
\tag{5.1.7}
$$

当 $\boldsymbol{X}=\boldsymbol{Y}=\boldsymbol{0}$ 时，式(5.1.5)显然成立. 当 $\boldsymbol{X},\boldsymbol{Y}$ 不全为零向量时，由式(5.1.7)与式(5.1.6)即得式(5.1.5).

证毕.

定理 5.1.3　在 C^n 中定义

$$
\|\boldsymbol{X}\|_p=\Big(\sum_{i=1}^{n}|x_i|^p\Big)^{\frac{1}{p}}\quad (\forall \boldsymbol{X}=(x_1,x_2,\cdots,x_n)^{\mathrm{T}}\in C^n),
$$

则对 $1\leqslant p<+\infty$，$\|\boldsymbol{X}\|_p$ 都是 C^n 中的范数. 特别

$$\lim_{p\to+\infty}\|\boldsymbol{X}\|_p=\|\boldsymbol{X}\|_\infty. \tag{5.1.8}$$

证明 正定性与齐次性显然满足;利用式(5.1.5)即可知三角不等式也满足.因此,对 $1\leqslant p<+\infty$, $\|\boldsymbol{X}\|_p$ 是 C^n 中的范数.

再证式(5.1.8).当 $\boldsymbol{X}=\boldsymbol{0}$时,式(5.1.8)显然成立.今考虑 $\boldsymbol{X}\neq\boldsymbol{0}$,设 $|x_k|=\max\{|x_i|\}\neq0$,于是

$$\frac{1}{|x_k|}\left(\sum_{i=1}^{n}|x_i|^p\right)^{\frac{1}{p}}=\left(\sum_{i=1}^{n}\left(\frac{|x_i|}{|x_k|}\right)^p\right)^{\frac{1}{p}}\leqslant n^{\frac{1}{p}},$$

而 $\lim\limits_{p\to+\infty}n^{\frac{1}{p}}=1$,又 $\left(\sum\limits_{i=1}^{n}\left|\frac{x_i}{x_k}\right|^p\right)^{\frac{1}{p}}\geqslant1$,所以

$$\lim_{p\to+\infty}\|\boldsymbol{X}\|_p=|x_k|=\|\boldsymbol{X}\|_\infty.$$

证毕.

例 2 设 $\|\cdot\|$ 为 C^n 上范数,今有 $\boldsymbol{A}\in C^{n\times n}$,定义

$$\|\boldsymbol{X}\|_A=\|\boldsymbol{AX}\|,$$

试证:$\|\cdot\|_A$ 为 C^n 上范数$\Leftrightarrow\det\boldsymbol{A}\neq0$.

证明 首先对一切非零向量 $\boldsymbol{X}$,$\boldsymbol{AX}\neq\boldsymbol{0}\Leftrightarrow\det\boldsymbol{A}\neq0$.故对一切非零向量 $\boldsymbol{X}$,$\|\boldsymbol{X}\|_A=\|\boldsymbol{AX}\|>0\Leftrightarrow\det\boldsymbol{A}\neq0$.即 $\|\cdot\|_{\boldsymbol{A}}$ 满足正定性的充要条件为 $\det\boldsymbol{A}\neq0$.又

$$\begin{aligned}\|k\boldsymbol{X}\|_{\boldsymbol{A}}&=\|\boldsymbol{A}(k\boldsymbol{X})\|=\|k\boldsymbol{AX}\|\\&=|k|\|\boldsymbol{AX}\|=|k|\|\boldsymbol{X}\|_{\boldsymbol{A}},\end{aligned}$$

$$\begin{aligned}\|\boldsymbol{X}+\boldsymbol{Y}\|_{\boldsymbol{A}}&=\|\boldsymbol{A}(\boldsymbol{X}+\boldsymbol{Y})\|=\|\boldsymbol{AX}+\boldsymbol{AY}\|\\&\leqslant\|\boldsymbol{AX}\|+\|\boldsymbol{AY}\|\\&=\|\boldsymbol{X}\|_{\boldsymbol{A}}+\|\boldsymbol{Y}\|_{\boldsymbol{A}},\end{aligned}$$

所以齐次性及三角不等式满足.

证毕.

定理 5.1.4 设 $V(C)$为 n 维线性空间,$\boldsymbol{\varepsilon}_1,\boldsymbol{\varepsilon}_2,\cdots,\boldsymbol{\varepsilon}_n$ 为 V 的一组基,

于是 V 中任一向量 $\boldsymbol{\xi}=\sum_{i=1}^{n}x_i\boldsymbol{\varepsilon}_i$，$\boldsymbol{X}=(x_1,x_2,\cdots,x_n)^{\mathrm{T}}\in C^n$.

又设 $\|\cdot\|$ 为 C^n 的范数，今定义

$$\|\boldsymbol{\xi}\|_V=\|\boldsymbol{X}\|\quad(\forall\boldsymbol{\xi}\in V),$$

则 $\|\cdot\|_V$ 为 V 上范数.

证明 首先对 V 中每一非零向量 $\boldsymbol{\xi}$，由于其坐标向量 $\boldsymbol{X}\neq\boldsymbol{0}$，故

$$\|\boldsymbol{\xi}\|_V=\|\boldsymbol{X}\|>0\quad(\text{正定性满足}),$$

又 $k\boldsymbol{\xi}=\sum_{i=1}^{n}kx_i\boldsymbol{\varepsilon}_i$，$k\boldsymbol{\xi}$ 的坐标向量为 $(kx_1,kx_2,\cdots,kx_n)^{\mathrm{T}}=k\boldsymbol{X}$，故 $\|k\boldsymbol{\xi}\|_V=\|k\boldsymbol{X}\|=|k|\|\boldsymbol{X}\|=|k|\|\boldsymbol{\xi}\|_V$，所以齐次性满足.

最后，若 $\boldsymbol{\eta}=\sum_{i=1}^{n}y_i\boldsymbol{\varepsilon}_i$，记 $\boldsymbol{\eta}$ 的坐标向量 $(y_1,y_2,\cdots,y_n)^{\mathrm{T}}=\boldsymbol{Y}$，于是 $\boldsymbol{\xi}+\boldsymbol{\eta}$ 的坐标向量为 $\boldsymbol{X}+\boldsymbol{Y}$，根据定义

$$\|\boldsymbol{\xi}+\boldsymbol{\eta}\|_V=\|\boldsymbol{X}+\boldsymbol{Y}\|\leqslant\|\boldsymbol{X}\|+\|\boldsymbol{Y}\|=\|\boldsymbol{\xi}\|_V+\|\boldsymbol{\eta}\|_V,$$

即三角不等式成立，所以 $\|\cdot\|_V$ 为 V 中的范数.

证毕.

下面研究一般线性空间 $V(C)$ 上范数的性质.

定理 5.1.5 设 $\|\cdot\|$ 是线性空间 $V(C)$ 上范数，则

1° $\|\boldsymbol{\alpha}\|=0\Leftrightarrow\boldsymbol{\alpha}=\boldsymbol{0}$;

2° $\|\boldsymbol{\alpha}-\boldsymbol{\beta}\|\geqslant|\|\boldsymbol{\alpha}\|-\|\boldsymbol{\beta}\||$;

3° 设 $\dim V=n$，$\boldsymbol{\varepsilon}_1,\boldsymbol{\varepsilon}_2,\cdots,\boldsymbol{\varepsilon}_n$ 为 V 的一组基，$\boldsymbol{\xi}=\sum_{i=1}^{n}x_i\boldsymbol{\varepsilon}_i$，则 $\|\boldsymbol{\xi}\|$ 是 $x_1,x_2,\cdots,x_n$ 的 n 元连续函数.

证明 1° 由于 $\boldsymbol{0}=0\boldsymbol{\alpha}$，$\boldsymbol{\alpha}\in V$，根据齐次性，有

$$\|\boldsymbol{0}\|=\|0\boldsymbol{\alpha}\|=0\|\boldsymbol{\alpha}\|=0.$$

若 $\boldsymbol{\alpha}\neq\boldsymbol{0}$，由正定性 $\|\boldsymbol{\alpha}\|>0$，故 $\|\boldsymbol{\alpha}\|=0\Leftrightarrow\boldsymbol{\alpha}=\boldsymbol{0}$.

2° 因为

$$\|\boldsymbol{\alpha}\| = \|\boldsymbol{\alpha}-\boldsymbol{\beta}+\boldsymbol{\beta}\| \leqslant \|\boldsymbol{\alpha}-\boldsymbol{\beta}\| + \|\boldsymbol{\beta}\|,$$

故

$$\|\boldsymbol{\alpha}-\boldsymbol{\beta}\| \geqslant \|\boldsymbol{\alpha}\| - \|\boldsymbol{\beta}\|,$$

又

$$\|\boldsymbol{\alpha}-\boldsymbol{\beta}\| = \|\boldsymbol{\beta}-\boldsymbol{\alpha}\| \geqslant \|\boldsymbol{\beta}\| - \|\boldsymbol{\alpha}\|,$$

所以

$$\|\boldsymbol{\alpha}-\boldsymbol{\beta}\| \geqslant \big|\|\boldsymbol{\alpha}\| - \|\boldsymbol{\beta}\|\big|.$$

3° 设 $x_i \to a_i (i=1,2,\cdots,n)$；记 $\boldsymbol{\alpha} = \sum\limits_{i=1}^{n} a_i \boldsymbol{\varepsilon}_i$. 于是根据 2°以及范数定义有

$$0 \leqslant \big|\|\boldsymbol{\xi}\| - \|\boldsymbol{\alpha}\|\big| \leqslant \|\boldsymbol{\xi}-\boldsymbol{\alpha}\| = \left\|\sum_{i=1}^{n}(x_i - a_i)\boldsymbol{\varepsilon}_i\right\|$$

$$\leqslant \sum_{i=1}^{n} |x_i - a_i| \|\boldsymbol{\varepsilon}_i\| \leqslant \Big(\sum_{i=1}^{n} \|\boldsymbol{\varepsilon}_i\|\Big) \max_{1\leqslant i\leqslant n}\{|x_i - a_i|\},$$

由于 $\max\limits_{1\leqslant i\leqslant n}\{|x_i - a_i|\} \to 0$，所以有 $\lim\limits_{x_i \to a_i} \|\boldsymbol{\xi}\| = \|\boldsymbol{\alpha}\|$.

证毕.

注：若 $\boldsymbol{\xi} = \sum\limits_{i=1}^{n} x_i \boldsymbol{\varepsilon}_i$，$\boldsymbol{\alpha} = \sum\limits_{i=1}^{n} a_i \boldsymbol{\varepsilon}_i$，又 $\lim x_i = a_i (i = 1,2,\cdots,n)$，则称 $\lim \boldsymbol{\xi} = \boldsymbol{\alpha}$. 从定义表面上看，似乎这种极限依赖于基，而事实上并非如此. 设 $\{\boldsymbol{\alpha}_i\}_1^n$ 与 $\{\boldsymbol{\beta}_i\}_1^n$ 为线性空间 V 的两组基，已知它们之间的关系如式(1.2.6)，又设

$$\boldsymbol{\xi}(t) = \sum_{i=1}^{n} x_i(t)\boldsymbol{\alpha}_i = \sum_{i=1}^{n} y_i(t)\boldsymbol{\beta}_i,$$

$$\lim x_i(t) = a_i, \quad \lim y_i(t) = b_i \quad (i = 1,2,\cdots,n),$$

则由公式(1.2.7)得

$$x_i(t)=\sum_{j=1}^{n}p_{ij}y_j(t)\quad(i=1,2,\cdots,n),$$

由于 p_{ij} 与 t 无关,故

$$\begin{aligned}a_i&=\lim x_i(t)=\sum_{j=1}^{n}p_{ij}\lim y_j(t)\\&=\sum_{j=1}^{n}p_{ij}b_j\quad(i=1,2,\cdots,n),\end{aligned}$$

因此

$$\sum_{i=1}^{n}a_i\boldsymbol{\alpha}_i=\sum_{i=1}^{n}\sum_{j=1}^{n}p_{ij}b_j\boldsymbol{\alpha}_i=\sum_{j=1}^{n}b_j\sum_{i=1}^{n}p_{ij}\boldsymbol{\alpha}_i=\sum_{j=1}^{n}b_j\boldsymbol{\beta}_j.$$

这就说明关于向量 $\boldsymbol{\xi}(t)$ 的极限定义不依赖于基.

根据定理 5.1.5 可以知道,在有限维线性空间,若向量的极限是零向量,则向量范数的极限也是零.反之怎样?对于 C^n 的 p -范数可以看出,若 $\|\boldsymbol{\alpha}\|_p\to 0$,则 $\boldsymbol{\alpha}\to\mathbf{0}$.一般情况的证明基于下列定理.

定理 5.1.6 对于有限维线性空间 V 的任意两种范数 $\|\cdot\|_a$ 与 $\|\cdot\|_b$,必存在正实数 $k_1\geqslant k_2$,使对 V 中一切向量 $\boldsymbol{\xi}$ 都有

$$k_2\|\boldsymbol{\xi}\|_b\leqslant\|\boldsymbol{\xi}\|_a\leqslant k_1\|\boldsymbol{\xi}\|_b.\tag{5.1.9}$$

(称这两种范数是可**比较的**或是**等价的**)

证明 当 $\boldsymbol{\xi}=\mathbf{0}$时,式(5.1.9)显然成立.今考虑 $\boldsymbol{\xi}\neq\mathbf{0}$.

设 $\boldsymbol{\varepsilon}_1,\boldsymbol{\varepsilon}_2,\cdots,\boldsymbol{\varepsilon}_n$ 为 V 的一组基,$\boldsymbol{\xi}=\sum\limits_{i=1}^{n}x_i\boldsymbol{\varepsilon}_i$.

作 $\boldsymbol{\eta}=\dfrac{\boldsymbol{\xi}}{\sum\limits_{i=1}^{n}|x_i|}$,记 $y_i=\dfrac{x_i}{\sum\limits_{i=1}^{n}|x_i|}$,于是

$$\sum_{i=1}^{n}|y_i|=1,\quad\boldsymbol{\eta}=\sum_{i=1}^{n}y_i\boldsymbol{\varepsilon}_i.$$

记 $S=\left\{(y_1,y_2,\cdots,y_n)\,\middle|\,\sum_{i=1}^{n}|y_i|=1\right\}$，则 S 是一个有界闭集. 由范数的齐次性可得

$$\frac{\|\boldsymbol{\xi}\|_a}{\|\boldsymbol{\xi}\|_b}=\frac{\|\boldsymbol{\eta}\|_a}{\|\boldsymbol{\eta}\|_b},$$

因为 $\|\boldsymbol{\eta}\|_a$，$\|\boldsymbol{\eta}\|_b$ 都是 $y_1,\cdots,y_n$ 的连续函数，且 $\|\boldsymbol{\eta}\|_b\neq 0$，故 $\dfrac{\|\boldsymbol{\eta}\|_a}{\|\boldsymbol{\eta}\|_b}$ 是有界闭域 S 上连续函数，存在最大与最小值，记为 k_1 与 k_2. 即对一切非零向量 $\boldsymbol{\xi}$ 有

$$k_2\leqslant\frac{\|\boldsymbol{\xi}\|_a}{\|\boldsymbol{\xi}\|_b}\leqslant k_1,$$

即

$$k_2\|\boldsymbol{\xi}\|_b\leqslant\|\boldsymbol{\xi}\|_a\leqslant k_1\|\boldsymbol{\xi}\|_b.$$

证毕.

例如，在 C^n 中有(其证明作习题)：

$$\|\boldsymbol{X}\|_\infty\leqslant\|\boldsymbol{X}\|_1\leqslant n\|\boldsymbol{X}\|_\infty,$$

$$\|\boldsymbol{X}\|_2\leqslant\|\boldsymbol{X}\|_1\leqslant\sqrt{n}\|\boldsymbol{X}\|_2,$$

$$\|\boldsymbol{X}\|_\infty\leqslant\|\boldsymbol{X}\|_2\leqslant\sqrt{n}\|\boldsymbol{X}\|_\infty.$$

利用定理 5.1.5 及定理 5.1.6 可以得到下面的推论.

推论 在有限维线性空间 V 上，$\|\cdot\|$ 为 V 中的范数，则

$$\boldsymbol{\xi}\to\mathbf{0}\Leftrightarrow\|\boldsymbol{\xi}\|\to 0,$$

于是

$$\boldsymbol{\xi}\to\boldsymbol{\alpha}\Leftrightarrow\|\boldsymbol{\xi}-\boldsymbol{\alpha}\|\to 0.$$

证明 必要性由定理 5.1.5 之 3°直接得到. 下面证充分性.

已知 V 上范数 $\|\cdot\|$，且 $\|\boldsymbol{\xi}\|\to 0$，今作 $\|\boldsymbol{\xi}\|_a=\sum_{i=1}^{n}|x_i|$，其中

$x_1,x_2,\cdots,x_n$ 为 $\boldsymbol{\xi}$ 在选定基 $\boldsymbol{\varepsilon}_1,\boldsymbol{\varepsilon}_2,\cdots,\boldsymbol{\varepsilon}_n$ 下的坐标. 根据定理 5.1.6,存在正实数 k_1,k_2 使

$$k_2\|\boldsymbol{\xi}\|\leqslant\|\boldsymbol{\xi}\|_a\leqslant k_1\|\boldsymbol{\xi}\|.$$

由于 $\|\boldsymbol{\xi}\|\to 0$,故 $\|\boldsymbol{\xi}\|_a\to 0$, 而 $\|\boldsymbol{\xi}\|_a=\sum\limits_{i=1}^{n}|x_i|$, 所以 $x_i\to 0(i=1,2,\cdots,n)$,即 $\boldsymbol{\xi}\to\mathbf{0}$.

证毕.

有了以上推论,使今后在研究向量序列的极限问题时可以用范数来代替. 前者有多个分量,后者是一个量.

5.2 矩阵的范数

一切 $s\times n$ 矩阵的集合 $C^{s\times n}$ 是复数域上线性空间,因此第 5.1 节中范数定义也适用于矩阵. 根据定理 5.1.4,对应于 C^n 中范数可以得到 $C^{s\times n}$ 中的矩阵范数,今以定义形式给出.

定义 5.2.1 设 $\boldsymbol{A}=(a_{ij})_{s\times n}$,则记

$$\|\boldsymbol{A}\|_{m_1}=\sum_{i,j}|a_{ij}|,$$

$$\|\boldsymbol{A}\|_{m_2}=\left(\sum_{i,j}|a_{ij}|^2\right)^{\frac{1}{2}}=(\mathrm{tr}\boldsymbol{A}^{\mathrm{H}}\boldsymbol{A})^{\frac{1}{2}}=(\mathrm{tr}\boldsymbol{A}\boldsymbol{A}^{\mathrm{H}})^{\frac{1}{2}},$$

$$\|\boldsymbol{A}\|_{m_\infty}=\max_{i,j}\{|a_{ij}|\}.$$

对应于 2 - 范数的矩阵范数 $\|\boldsymbol{A}\|_{m_2}$,叫做 Frobenius 范数,一般记为 $\|\boldsymbol{A}\|_F$. 若 $\boldsymbol{U},\boldsymbol{V}$ 是酉阵,由于

$$(\boldsymbol{UA})^{\mathrm{H}}\boldsymbol{UA}=\boldsymbol{A}^{\mathrm{H}}\boldsymbol{U}^{\mathrm{H}}\boldsymbol{UA}=\boldsymbol{A}^{\mathrm{H}}\boldsymbol{A},$$

$$(\boldsymbol{AV})(\boldsymbol{AV})^{\mathrm{H}}=\boldsymbol{AVV}^{\mathrm{H}}\boldsymbol{A}^{\mathrm{H}}=\boldsymbol{AA}^{\mathrm{H}},$$

故 $\|\boldsymbol{UA}\|_F=\|\boldsymbol{AV}\|_F=\|\boldsymbol{A}\|_F$,即 Frobenius 范数是酉变换的不变量.

在矩阵的运算中经常遇到两矩阵的乘积 $\boldsymbol{AB}$. 当 $\boldsymbol{A}$ 与 $\boldsymbol{B}$ 分别为 $s\times n$

与 $n\times t$ 矩阵时,$\boldsymbol{AB}$ 为 $s\times t$ 矩阵. 因此它们的范数分别属于线性空间 $C^{s\times n}$, $C^{n\times t}$ 与 $C^{s\times t}$. 于是就产生了范数之间的相容性问题. 例如 $s=t=1$ 时,设

$$\boldsymbol{A}=(a_1,a_2,\cdots,a_n),\quad \boldsymbol{B}=(b_1,b_2,\cdots,b_n)^{\mathrm{T}},$$

则

$$\boldsymbol{AB}=\sum_{i=1}^{n}a_ib_i,$$

于是

$$\|\boldsymbol{A}\|_{m_1}=\sum_{i=1}^{n}|a_i|,$$

$$\|\boldsymbol{B}\|_{m_1}=\sum_{i=1}^{n}|b_i|,$$

$$\|\boldsymbol{AB}\|_{m_1}=\left|\sum_{i=1}^{n}a_ib_i\right|,$$

显然有

$$\|\boldsymbol{AB}\|_{m_1}\leqslant\|\boldsymbol{A}\|_{m_1}\|\boldsymbol{B}\|_{m_1}.$$

矩阵范数所具有的上述性质称为相容性.

定义 5.2.2 设 $\|\cdot\|_a$, $\|\cdot\|_b$, $\|\cdot\|_c$ 分别为 $C^{s\times n}$, $C^{n\times t}$, $C^{s\times t}$ 上矩阵范数(即它们均满足正定性、齐次性与三角不等式),若对一切 $s\times n$ 矩阵 $\boldsymbol{A}$ 及一切 $n\times t$ 矩阵 $\boldsymbol{B}$ 有

$$\|\boldsymbol{AB}\|_c\leqslant\|\boldsymbol{A}\|_a\|\boldsymbol{B}\|_b,$$

则称以上三种矩阵范数是**相容的**. 特别当这三种范数属于同一类时,便称这类矩阵范数是相容的.

定理 5.2.1 矩阵范数 $\|\cdot\|_{m_1}$ 及 $\|\cdot\|_F$ 都是相容的, $\|\cdot\|_{m_\infty}$ 不相容.

证明 先看 $\|\cdot\|_{m_\infty}$,举一反例即可说明.

例如 $\boldsymbol{A}=(1,1)$, $\boldsymbol{B}=(1,1)^{\mathrm{T}}$, 则 $\boldsymbol{AB}=(2)$. 于是 $\|\boldsymbol{A}\|_{m_\infty}=1=$

$\|\boldsymbol{B}\|_{m_\infty}$，而 $\|\boldsymbol{AB}\|_{m_\infty}=2>\|\boldsymbol{A}\|_{m_\infty}\|\boldsymbol{B}\|_{m_\infty}$，不满足相容性.

再看 $\|\cdot\|_{m_1}$，设 $\boldsymbol{A}=(a_{ij})_{s\times n}$，$\boldsymbol{B}=(b_{ij})_{n\times t}$，于是

$$\begin{aligned}\|\boldsymbol{A}\|_{m_1}\|\boldsymbol{B}\|_{m_1}&=\left(\sum_{i=1}^{s}\sum_{k=1}^{n}|a_{ik}|\right)\left(\sum_{j=1}^{t}\sum_{p=1}^{n}|b_{pj}|\right)\\&\geqslant\sum_{i=1}^{s}\sum_{j=1}^{t}\sum_{k=1}^{n}|a_{ik}||b_{kj}|\\&\geqslant\sum_{i=1}^{s}\sum_{j=1}^{t}\left|\sum_{k=1}^{n}a_{ik}b_{kj}\right|\\&=\|\boldsymbol{AB}\|_{m_1},\end{aligned}$$

所以 $\|\cdot\|_{m_1}$ 满足相容性.

对于 Frobenius 范数，设

$$\boldsymbol{A}=(a_{ij})_{s\times n}=\begin{bmatrix}\boldsymbol{\alpha}_1^{\mathrm{H}}\\\vdots\\\boldsymbol{\alpha}_s^{\mathrm{H}}\end{bmatrix},$$

$$\boldsymbol{B}=(b_{ij})_{n\times t}=(\boldsymbol{\beta}_1,\cdots,\boldsymbol{\beta}_t),$$

其中 $\boldsymbol{\alpha}_i,\boldsymbol{\beta}_i\in C^n$. 根据定义 5.2.1，有

$$\|\boldsymbol{A}\|_F^2=\sum_{i,j}|a_{ij}|^2=\sum_{i=1}^{s}\|\boldsymbol{\alpha}_i\|_2^2,$$

$$\|\boldsymbol{B}\|_F^2=\sum_{i,j}|b_{ij}|^2=\sum_{j=1}^{t}\|\boldsymbol{\beta}_j\|_2^2,$$

而 $\boldsymbol{AB}=(\boldsymbol{\alpha}_i^{\mathrm{H}}\boldsymbol{\beta}_j)_{s\times t}$，根据定义 5.2.1，再用 C－Б 不等式可得

$$\begin{aligned}\|\boldsymbol{AB}\|_F^2&=\sum_{i=1}^{s}\sum_{j=1}^{t}|\boldsymbol{\alpha}_i^{\mathrm{H}}\boldsymbol{\beta}_j|^2\\&\leqslant\sum_{i=1}^{s}\sum_{j=1}^{t}\|\boldsymbol{\alpha}_i\|_2^2\|\boldsymbol{\beta}_j\|_2^2\\&=\sum_{i=1}^{s}\|\boldsymbol{\alpha}_i\|_2^2\sum_{j=1}^{t}\|\boldsymbol{\beta}_j\|_2^2\\&=\|\boldsymbol{A}\|_F^2\|\boldsymbol{B}\|_F^2,\end{aligned}$$

所以$\|\cdot\|_F$是相容的矩阵范数.

证毕.

矩阵范数$\|\cdot\|_{m_1}$与$\|\cdot\|_F$虽然都是相容的矩阵范数,但也都有缺点.例如$\|\boldsymbol{I}\|_{m_1}=n$,对于$C^n$中向量$\boldsymbol{X}$,当然$\boldsymbol{X}$可看作是矩阵,于是

$$\|\boldsymbol{X}\|_{m_1}=\|\boldsymbol{IX}\|_{m_1}\leqslant\|\boldsymbol{I}\|_{m_1}\|\boldsymbol{X}\|_{m_1}=n\|\boldsymbol{X}\|_{m_1},$$

上面的不等式是不能令人满意的.对于 Frobenius 范数,由于$\|\boldsymbol{I}\|_F=\sqrt{n}$,故也有同样的缺点.现在我们要来找出一种矩阵的范数,使对一切非零向量$\boldsymbol{X}$,既满足相容性,$\|\boldsymbol{AX}\|\leqslant\|\boldsymbol{A}\|\|\boldsymbol{X}\|$,又不致于把$\|\boldsymbol{A}\|$放得太大.

定理 5.2.2 设$\|\cdot\|_v$为$C^m(m=1,2,\cdots)$上某类范数,则对每一矩阵$\boldsymbol{A}$,有

$$\max_{\boldsymbol{X}\neq\boldsymbol{0}}\frac{\|\boldsymbol{AX}\|_v}{\|\boldsymbol{X}\|_v}=\max_{\|\boldsymbol{Y}\|_v=1}\|\boldsymbol{AY}\|_v,$$

且

$$\|\boldsymbol{A}\|=\max_{\|\boldsymbol{Y}\|_v=1}\|\boldsymbol{AY}\|_v \tag{5.2.1}$$

为相容的矩阵范数.

证明 首先$\|\boldsymbol{AY}\|_v$是$\boldsymbol{AY}$的分量之连续函数,而后者又是$\boldsymbol{Y}$的分量之连续函数,因此$\|\boldsymbol{AY}\|_v$是$\boldsymbol{Y}$的分量之连续函数.又根据$\|\cdot\|_v$与$\|\cdot\|_1$的可比较性知,$\|\boldsymbol{Y}\|_v=1$是有界闭域,故$\max\limits_{\|\boldsymbol{Y}\|_v=1}\|\boldsymbol{AY}\|_v$存在.而$\|\boldsymbol{AY}\|_v\geqslant0$,因此式(5.2.1)确定的是非负实数.下面再证它满足正定性等.

1° 对于任一列数为n的非零矩阵$\boldsymbol{A}$,由于$\boldsymbol{A}$的秩至少是1,故$\boldsymbol{AX}=\boldsymbol{0}$的解空间维数至多为$(n-1)$.因此,$C^n$中必存在$\boldsymbol{Y}_0$,$\|\boldsymbol{Y}_0\|_v=1$,而$\boldsymbol{AY}_0\neq\boldsymbol{0}$,于是$\|\boldsymbol{AY}_0\|_v>0$,所以$\|\boldsymbol{AY}\|_v$的最大值恒正.即式(5.2.1)确定的$\|\boldsymbol{A}\|$满足正定性.

2° 由于 $\|kAY\|_v=|k|\|AY\|_v$，取条件 $\|Y\|_v=1$ 下最大值，即得齐次性满足.

3° 在条件 $\|Y\|_v=1$ 下，有

$$\begin{aligned}\|(A+B)Y\|_v &= \|AY+BY\| \leqslant \|AY\|_v+\|BY\|_v \\ &\leqslant \max_{\|Y\|_v=1}\|AY\|_v+\max_{\|Y\|_v=1}\|BY\|_v \\ &= \|A\|+\|B\|,\end{aligned}$$

再取最大值，即得三角不等式成立.

4° 因为 $\|A\|=\max\limits_{X\neq 0}\dfrac{\|AX\|_v}{\|X\|_v}\geqslant\dfrac{\|AX\|_v}{\|X\|_v}$，故有

$$\|AX\|_v\leqslant\|A\|\ \|X\|_v,$$

此式当 $X=0$ 时也成立.

同样对矩阵 B 也有

$$\|BY\|_v\leqslant\|B\|\ \|Y\|_v,$$

于是

$$\|ABY\|_v\leqslant\|A\|\ \|BY\|_v\leqslant\|A\|\ \|B\|\ \|Y\|_v.$$

取上式在条件 $\|Y\|_v=1$ 下的最大值，即得

$$\|AB\|\leqslant\|A\|\ \|B\|,$$

故式(5.2.1)确定的是相容的矩阵范数.

证毕.

定义 5.2.3　称式(5.2.1)确定的矩阵范数为**算子范数**(由 $\|\cdot\|_v$ 导出的).

定理 5.2.3　设 $A=(a_{ij})_{s\times n}$，则

$$1°\quad \|A\|_1=\max_{\|Y\|_1=1}\|AY\|_1=\max_j\left\{\sum_{i=1}^{s}|a_{ij}|\right\};\qquad(5.2.2)$$

2° $\|A\|_2 = \max_{\|Y\|_2=1} \|AY\|_2 = \sqrt{\rho(A^H A)}$； (5.2.3)

3° $\|A\|_\infty = \max_{\|Y\|_\infty=1} \|AY\|_\infty = \max_i \left\{ \sum_{j=1}^{n} |a_{ij}| \right\}$. (5.2.4)

证明 设 $Y=(y_1, y_2, \cdots, y_n)^T$.

1° 设 $\max_j \left\{ \sum_{i=1}^{s} |a_{ij}| \right\} = \sum_{i=1}^{s} |a_{ik}|$，于是在条件

$$\|Y\|_1 = \sum_{i=1}^{n} |y_i| = 1$$

下，有

$$\begin{aligned}\|AY\|_1 &= \sum_{i=1}^{s} \left| \sum_{j=1}^{n} a_{ij} y_j \right| \leqslant \sum_{i=1}^{s} \sum_{j=1}^{n} |a_{ij}| |y_j| \\ &= \sum_{j=1}^{n} \sum_{i=1}^{s} |a_{ij}| |y_j| \\ &\leqslant \sum_{i=1}^{s} |a_{ik}| \sum_{j=1}^{n} |y_j| = \sum_{i=1}^{s} |a_{ik}|,\end{aligned}$$

又 $\|Ae_k\|_1 = \sum_{i=1}^{s} |a_{ik}|$，故式(5.2.2)得证.

2° 由于 $\|AY\|_2^2 = Y^H A^H A Y$，根据 Hermite 阵 $A^H A$ 的 Rayleigh 商知，$\|AY\|_2^2$ 的最大值(在条件 $Y^H Y=1$ 下)为半正定阵 $A^H A$ 的最大特征值 $=\rho(A^H A)$，故式(5.2.3)得证.

3° 设

$$\max_i \left\{ \sum_{j=1}^{n} |a_{ij}| \right\} = \sum_{j=1}^{n} |a_{kj}|.$$

在条件 $\|Y\|_\infty = \max_i \{|y_i|\} = 1$ 下，每一 $|y_i| \leqslant 1 (1 \leqslant i \leqslant n)$，于是 AY 第 i 分量的模

$$\begin{aligned}\left|\sum_{j=1}^{n}a_{ij}y_j\right| &\leqslant \sum_{j=1}^{n}|a_{ij}||y_j| \\ &\leqslant \sum_{j=1}^{n}|a_{ij}| \leqslant \sum_{j=1}^{n}|a_{kj}|,\end{aligned} \tag{5.2.5}$$

因此，$\|AY\|_\infty \leqslant \sum_{j=1}^{n}|a_{kj}|$ 对一切满足 $\|Y\|_\infty=1$ 的 Y 成立.

又令

$$y_j^{(0)}=\begin{cases}|a_{kj}|/a_{kj} & (a_{kj}\neq 0),\\ 1 & (a_{kj}=0),\end{cases}$$

作 $Y_0=(y_1^{(0)},\cdots,y_n^{(0)})^{\mathrm T}$，则 $\|Y_0\|_\infty=1$，且 AY_0 中的第 k 分量为 $\sum_{j=1}^{n}|a_{kj}|$. 又由式(5.2.5)知

$$\|AY_0\|_\infty=\sum_{j=1}^{n}|a_{kj}|,$$

故式(5.2.4)得证.

证毕.

从算子范数的定义不难看出，单位矩阵 I 的任何一种算子范数都等于1. 因此，算子范数是常用的相容矩阵范数.

5.3 两个收敛定理

定义 设有矩阵序列 $\{A_k\}$，其中 $A_k=(x_{ij}^{(k)})_{n\times n}$. 若 n^2 个数列 $\{x_{ij}^{(k)}\}$ 极限存在，即 $\lim\limits_{k\to\infty}x_{ij}^{(k)}=a_{ij}\,(i,j=1,2,\cdots,n)$，则称矩阵序列 $\{A_k\}$ 收敛于矩阵 $(a_{ij})_{n\times n}$. 若矩阵级数 $\sum\limits_{m=1}^{\infty}A_m$ 的部分和序列 $\left\{\sum\limits_{m=1}^{k}A_m\right\}$ 当 $k\to\infty$ 时收敛于 $(s_{ij})_{n\times n}$，则称该矩阵级数收敛于和 $(s_{ij})_{n\times n}$，记

$$\sum_{m=1}^{\infty}A_m=(s_{ij})_{n\times n}.$$

定理 5.3.1 设 $\boldsymbol{A}\in C^{n\times n}$，则 $\lim\limits_{k\to\infty}\boldsymbol{A}^k=\boldsymbol{O}$ 的充要条件为 $\boldsymbol{A}$ 的谱半径 $\rho(\boldsymbol{A})<1$.

证明 设 $\boldsymbol{A}$ 的 Jordan 标准形为 $\boldsymbol{J}=\mathrm{diag}(\boldsymbol{J}_1,\cdots,\boldsymbol{J}_s)$，其中

$$\boldsymbol{J}_i=\begin{bmatrix}\lambda_i & 1 & 0 & \cdots & 0\\ 0 & \lambda_i & 1 & \cdots & 0\\ \vdots & \vdots & \vdots & & \vdots\\ 0 & 0 & 0 & \cdots & 1\\ 0 & 0 & 0 & \cdots & \lambda_i\end{bmatrix}_{r_i\times r_i}, \tag{5.3.1}$$

则 $\boldsymbol{P}^{-1}\boldsymbol{A}\boldsymbol{P}=\boldsymbol{J}$，于是

$$\boldsymbol{P}^{-1}\boldsymbol{A}^k\boldsymbol{P}=\boldsymbol{J}^k=\mathrm{diag}(\boldsymbol{J}_1^k,\cdots,\boldsymbol{J}_s^k),$$

由于矩阵 $\boldsymbol{P}$ 与 k 无关，故

$$\lim_{k\to\infty}\boldsymbol{A}^k=\boldsymbol{O}\Leftrightarrow\lim_{k\to\infty}\boldsymbol{J}^k=\boldsymbol{O}\Leftrightarrow\lim_{k\to\infty}\boldsymbol{J}_i^k=\boldsymbol{O}\quad(i=1,2,\cdots,s). \tag{5.3.2}$$

根据第 3 章习题之第 15 题，有

$$\boldsymbol{J}_i^k=\begin{bmatrix}g(\lambda_i) & g'(\lambda_i) & \cdots & \dfrac{g^{(r_i-1)}(\lambda_i)}{(r_i-1)!}\\ 0 & g(\lambda_i) & \cdots & \dfrac{g^{(r_i-2)}(\lambda_i)}{(r_i-2)!}\\ \vdots & \vdots & & \vdots\\ 0 & 0 & \cdots & g'(\lambda_i)\\ 0 & 0 & \cdots & g(\lambda_i)\end{bmatrix}_{r_i\times r_i},$$

其中 $g(x)=x^k$. 因为当 $k\to\infty$ 时，有

$$k^m|\lambda_i|^k\to 0\Leftrightarrow|\lambda_i|<1\quad(m=0,1,\cdots,r_i-1),$$

又

$$|\lambda_i|<1 \quad (i=1,2,\cdots,s)\Leftrightarrow\rho(\boldsymbol{A})<1, \tag{5.3.3}$$

根据式(5.3.2)及式(5.3.3)即得所证.

证毕.

下面研究矩阵谱半径与范数的关系.

定理 5.3.2　设 $\boldsymbol{A}\in C^{n\times n}$,则

1° 对任一类相容的矩阵范数 $\|\cdot\|$,均有 $\rho(\boldsymbol{A})\leqslant\|\boldsymbol{A}\|$;

2° 对任给 $\varepsilon>0$,总存在相容的矩阵范数 $\|\cdot\|_{\varepsilon}$,使

$$\rho(\boldsymbol{A})+\varepsilon>\|\boldsymbol{A}\|_{\varepsilon}.$$

证明　设 λ_0 为 $\boldsymbol{A}$ 的最大模特征值,$\boldsymbol{X}$ 为相应特征向量,则

$$\boldsymbol{AX}=\lambda_0\boldsymbol{X},$$

于是

$$\begin{aligned}\|\boldsymbol{AX}\|=\|\lambda_0\boldsymbol{X}\|&=|\lambda_0|\,\|\boldsymbol{X}\|\\&=\rho(\boldsymbol{A})\,\|\boldsymbol{X}\|,\end{aligned}$$

而

$$\|\boldsymbol{AX}\|\leqslant\|\boldsymbol{A}\|\,\|\boldsymbol{X}\|,$$

又

$$\|\boldsymbol{X}\|>0,$$

故 $\rho(\boldsymbol{A})\leqslant\|\boldsymbol{A}\|$,1°得证. *

设给定 $\varepsilon>0$,利用 $\boldsymbol{A}$ 的 Jordan 标准形,设

$$\boldsymbol{P}^{-1}\boldsymbol{AP}=\begin{bmatrix}\lambda_1 & a_2 & 0 & \cdots & 0 & 0\\ 0 & \lambda_2 & a_3 & \cdots & 0 & 0\\ \vdots & \vdots & \vdots & & \vdots & \vdots\\ 0 & 0 & 0 & \cdots & \lambda_{n-1} & a_n\\ 0 & 0 & 0 & \cdots & 0 & \lambda_n\end{bmatrix},$$

* 若 $\|\cdot\|$ 只对方阵有定义,则作 $\boldsymbol{B}=(x,\cdots,x)$,易证对 $\boldsymbol{B}$ 仍有 $\boldsymbol{AB}=\lambda\boldsymbol{B}$,便可同理证 1°.

其中 a_i 或为 1 或为 0.

记

$$D=\mathrm{diag}\left(1,\frac{\varepsilon}{2},\cdots,\left(\frac{\varepsilon}{2}\right)^{n-1}\right),$$

定义

$$\|\boldsymbol{M}\|_{\varepsilon}=\|\boldsymbol{D}^{-1}\boldsymbol{P}^{-1}\boldsymbol{MPD}\|_1\quad(\forall \boldsymbol{M}\in C^{n\times n}),$$

根据习题 5 的第 11 题知 $\|\cdot\|_{\varepsilon}$ 是 $C^{n\times n}$ 上相容的矩阵范数,又

$$\boldsymbol{D}^{-1}\boldsymbol{P}^{-1}\boldsymbol{APD}=\begin{bmatrix}\lambda_1 & \frac{\varepsilon}{2}a_2 & 0 & \cdots & 0 & 0\\ 0 & \lambda_2 & \frac{\varepsilon}{2}a_3 & \cdots & 0 & 0\\ \vdots & \vdots & \vdots & & \vdots & \vdots\\ 0 & 0 & 0 & \cdots & \lambda_{n-1} & \frac{\varepsilon}{2}a_n\\ 0 & 0 & 0 & \cdots & 0 & \lambda_n\end{bmatrix},$$

故

$$\|\boldsymbol{A}\|_{\varepsilon}=\|\boldsymbol{D}^{-1}\boldsymbol{P}^{-1}\boldsymbol{APD}\|_1\leqslant\rho(\boldsymbol{A})+\frac{\varepsilon}{2}<\rho(\boldsymbol{A})+\varepsilon,$$

2°得证.

证毕.

推论 1 设 $\boldsymbol{A}\in C^{n\times n}$,则 $\lim\limits_{k\to\infty}\boldsymbol{A}^k=\boldsymbol{O}\Leftrightarrow$ 存在相容的矩阵范数 $\|\cdot\|$,使 $\|\boldsymbol{A}\|<1$.

证明 充分性可直接由定理 5.3.2 之 1°及定理 5.3.1 得证.

至于必要性,根据定理 5.3.1 可知若 $\lim\limits_{k\to\infty}\boldsymbol{A}^k=\boldsymbol{O}$,则 $\rho(\boldsymbol{A})<1$. 令 $\varepsilon=1-\rho(\boldsymbol{A})$,于是 $\varepsilon>0$,由定理 5.3.2 之 2°知存在相容矩阵范数 $\|\cdot\|$,使 $\|\boldsymbol{A}\|<\rho(\boldsymbol{A})+\varepsilon=1$.

证毕.

类似可证下面的推论 2.

推论 2　设 $\boldsymbol{A}\in C^{n\times n}$，$R$ 为正实数，则 $\rho(A)<R\Leftrightarrow$存在相容范数使 $\|\boldsymbol{A}\|<R$.

推论 2 说明谱半径小于 R 与存在相容范数小于 R，这两个条件可以互相替代.

下面给出矩阵幂级数的收敛定理.

定理 5.3.3　设复变数 x 的幂级数 $\sum\limits_{m=0}^{\infty}a_m x^m$ 的收敛半径为 R，$\boldsymbol{A}\in C^{n\times n}$，则矩阵幂级数 $\sum\limits_{m=0}^{\infty}a_m\boldsymbol{A}^m$，当 $\rho(\boldsymbol{A})<R$ 时收敛，当 $\rho(\boldsymbol{A})>R$ 时发散.

证明　与定理 5.3.1 的证明相仿，我们仍用 $\boldsymbol{A}$ 的 Jordan 标准形，设如式(5.3.1)所示，再设

$$\sum_{m=0}^{k}a_m x^m = S_k(x), \tag{5.3.4}$$

于是

$$\begin{aligned}\sum_{m=0}^{k}a_m\boldsymbol{A}^m &= S_k(\boldsymbol{A}) = \boldsymbol{P}S_k(\boldsymbol{J})\boldsymbol{P}^{-1}\\ &=\boldsymbol{P}\mathrm{diag}[S_k(\boldsymbol{J}_1),\cdots,S_k(\boldsymbol{J}_s)]\boldsymbol{P}^{-1}.\end{aligned} \tag{5.3.5}$$

根据习题 3 之第 15 题，有

$$S_k(\boldsymbol{J}_i)=\begin{bmatrix} S_k(\lambda_i) & S'_k(\lambda_i) & \cdots & \dfrac{S_k^{(r_i-1)}(\lambda_i)}{(r_i-1)!}\\ 0 & S_k(\lambda_i) & \cdots & \dfrac{S_k^{(r_i-2)}(\lambda_i)}{(r_i-2)!}\\ \vdots & \vdots & & \vdots\\ 0 & 0 & \cdots & S'_k(\lambda_i)\\ 0 & 0 & \cdots & S_k(\lambda_i)\end{bmatrix}_{r_i\times r_i}\quad(i=1,\cdots,s). \tag{5.3.6}$$

由于幂级数在收敛域内可逐项求导,又 $\rho(\mathbf{A})<R$ 保证了 $\mathbf{A}$ 的每个特征值 λ_i 均在收敛域内,故当 $k\rightarrow\infty$时,式(5.3.6)极限存在.若 $\rho(\mathbf{A})>R$,则至少有一特征值 λ_j 其模大于 R,故 $\sum\limits_{m=0}^{\infty}a_m\lambda_j^m$ 发散,于是 $S_k(\boldsymbol{J}_j)$发散.根据定义,定理得证.

证毕.

5.4 矩阵函数

定义 若复变量函数 $f(x)=\sum\limits_{m=0}^{\infty}a_m x^m$, $|x|<R$,设 $\mathbf{A}\in C^{n\times n}$,$\rho(\mathbf{A})<R$,则定义 $f(\mathbf{A})=\sum\limits_{m=0}^{\infty}a_m\mathbf{A}^m$.

例如,对一切 x 均有

$$\mathrm{e}^x=\sum_{m=0}^{\infty}\frac{x^m}{m!},$$

$$\sin x=\sum_{m=0}^{\infty}\frac{(-1)^m x^{2m+1}}{(2m+1)!},$$

$$\cos x=\sum_{m=0}^{\infty}\frac{(-1)^m x^{2m}}{(2m)!},$$

又

$$(1-x)^{-1}=\sum_{m=0}^{\infty}x^m \quad (|x|<1),$$

因而,对任一复方阵 $\mathbf{A}$,有

$$\mathrm{e}^{\boldsymbol{A}}=\boldsymbol{I}+\boldsymbol{A}+\frac{\boldsymbol{A}^2}{2!}+\cdots+\frac{\boldsymbol{A}^m}{m!}+\cdots, \tag{5.4.1}$$

$$\sin\boldsymbol{A}=\boldsymbol{A}-\frac{\boldsymbol{A}^3}{3!}+\cdots+(-1)^m\frac{\boldsymbol{A}^{2m+1}}{(2m+1)!}+\cdots, \tag{5.4.2}$$

$$\cos\boldsymbol{A}=\boldsymbol{I}-\frac{\boldsymbol{A}^2}{2!}+\cdots+(-1)^m\frac{\boldsymbol{A}^{2m}}{(2m)!}+\cdots, \tag{5.4.3}$$

对于谱半径小于 1 的复方阵 $\boldsymbol{A}$ 有

$$(\boldsymbol{I}-\boldsymbol{A})^{-1}=\boldsymbol{I}+\boldsymbol{A}+\boldsymbol{A}^2+\cdots+\boldsymbol{A}^m+\cdots. \tag{5.4.4}$$

式(5.4.4)之$(\boldsymbol{I}-\boldsymbol{A})^{-1}$确实是 $\boldsymbol{I}-\boldsymbol{A}$ 的逆,因为当 $\rho(\boldsymbol{A})<1$ 时,1 不是 $\boldsymbol{A}$ 的特征值,故$(\boldsymbol{I}-\boldsymbol{A})^{-1}$存在. 又根据定理 5.3.1 知$\lim\limits_{k\to\infty}\boldsymbol{A}^k=\boldsymbol{O}$. 而

$$(\boldsymbol{I}-\boldsymbol{A})(\boldsymbol{I}+\boldsymbol{A}+\cdots+\boldsymbol{A}^{k-1})=\boldsymbol{I}-\boldsymbol{A}^k,$$

因此

$$\boldsymbol{I}+\boldsymbol{A}+\cdots+\boldsymbol{A}^{k-1}=(\boldsymbol{I}-\boldsymbol{A})^{-1}(\boldsymbol{I}-\boldsymbol{A}^k),$$

令 $k\to\infty$,便得

$$\sum_{m=0}^{\infty}\boldsymbol{A}^m=(\boldsymbol{I}-\boldsymbol{A})^{-1}.$$

从式(5.4.1),(5.4.2),(5.4.3)不难得到下列公式:

$$\mathrm{e}^{\mathrm{i}\boldsymbol{A}}=\cos\boldsymbol{A}+\mathrm{i}\sin\boldsymbol{A},\quad \mathrm{e}^{-\mathrm{i}\boldsymbol{A}}=\cos\boldsymbol{A}-\mathrm{i}\sin\boldsymbol{A},$$

于是

$$\cos\boldsymbol{A}=\frac{1}{2}(\mathrm{e}^{\mathrm{i}\boldsymbol{A}}+\mathrm{e}^{-\mathrm{i}\boldsymbol{A}}),\quad \sin\boldsymbol{A}=\frac{1}{2\mathrm{i}}(\mathrm{e}^{\mathrm{i}\boldsymbol{A}}-\mathrm{e}^{-\mathrm{i}\boldsymbol{A}}).$$

例 1 已知 $\boldsymbol{A}=\begin{bmatrix}1&0\\0&0\end{bmatrix}$,$\boldsymbol{B}=\begin{bmatrix}0&1\\0&0\end{bmatrix}$,分别求 $\mathrm{e}^{\boldsymbol{A}}$,$\mathrm{e}^{\boldsymbol{B}}$ 及 $\mathrm{e}^{\boldsymbol{A}+\boldsymbol{B}}$.

解 因为 $\boldsymbol{A}^2=\boldsymbol{A}$,对一切正整数 k 有 $\boldsymbol{A}^k=\boldsymbol{A}$,故

$$\begin{aligned}\mathrm{e}^{\boldsymbol{A}}&=\boldsymbol{I}+\boldsymbol{A}+\cdots+\frac{\boldsymbol{A}}{m!}+\cdots\\&=\begin{bmatrix}1&0\\0&1\end{bmatrix}+\sum_{m=1}^{\infty}\begin{bmatrix}\frac{1}{m!}&0\\0&0\end{bmatrix}=\begin{bmatrix}\mathrm{e}&0\\0&1\end{bmatrix}.\end{aligned}$$

对于 $\boldsymbol{B}$,由于 $\boldsymbol{B}^2=\boldsymbol{O}$,故

$$\mathrm{e}^{\boldsymbol{B}}=\boldsymbol{I}+\boldsymbol{B}=\begin{bmatrix}1 & 1\\0 & 1\end{bmatrix}.$$

对于 $\boldsymbol{A}+\boldsymbol{B}=\begin{bmatrix}1 & 1\\0 & 0\end{bmatrix}$,而 $(\boldsymbol{A}+\boldsymbol{B})^2=\boldsymbol{A}+\boldsymbol{B},\cdots$,故

$$\begin{aligned}\mathrm{e}^{\boldsymbol{A}+\boldsymbol{B}}&=\boldsymbol{I}+\sum_{m=1}^{\infty}\frac{\boldsymbol{A}+\boldsymbol{B}}{m!}\\&=\begin{bmatrix}1 & 0\\0 & 1\end{bmatrix}+\sum_{m=1}^{\infty}\begin{bmatrix}\frac{1}{m!} & \frac{1}{m!}\\0 & 0\end{bmatrix}\\&=\begin{bmatrix}\mathrm{e} & \mathrm{e}-1\\0 & 1\end{bmatrix}.\end{aligned}$$

当矩阵比较复杂时,直接用矩阵幂级数求会很麻烦,下面先介绍一个基本公式.

若 $f(x)=\sum\limits_{m=0}^{\infty}a_m x^m$,仍用式(5.3.4)的符号,则 $\lim\limits_{k\to\infty}S_k(x)=f(x)$. 由式(5.3.6)和(5.3.5)以及定义可得下面的定理.

定理 5.4.1 设 $\mathbf{A}\in C^{n\times n}$,$\rho(\mathbf{A})<R$,其 Jordan 标准形如式(5.3.1),又 $f(x)$ 为 x 的解析函数($|x|<R$),则

$$f(\mathbf{A})=\boldsymbol{P}\mathrm{diag}[f(\boldsymbol{J}_1),\cdots,f(\boldsymbol{J}_s)]\boldsymbol{P}^{-1},$$

其中

$$f(\boldsymbol{J}_i)=\begin{bmatrix}f(\lambda_i) & f'(\lambda_i) & \cdots & \dfrac{f^{(r_i-1)}(\lambda_i)}{(r_i-1)!}\\ 0 & f(\lambda_i) & \cdots & \dfrac{f^{(r_i-2)}(\lambda_i)}{(r_i-2)!}\\ \vdots & \vdots & & \vdots\\ 0 & 0 & \cdots & f'(\lambda_i)\\ 0 & 0 & \cdots & f(\lambda_i)\end{bmatrix}_{r_i\times r_i} \tag{5.4.5}$$

例 2 已知 $\boldsymbol{A}=\begin{bmatrix} a & 0 & 0 \\ 0 & a & 1 \\ 0 & 0 & a \end{bmatrix}$，求 $\sin\boldsymbol{A}$ 及 $\sin\boldsymbol{A}t$.

解 先求 $\sin\boldsymbol{A}$. 现在相当于 $f(x)=\sin x$，而 $\boldsymbol{A}$ 是一个由两个 Jordan 块构成的 Jordan 阵，直接代公式(5.4.5)便得

$$\sin\boldsymbol{A}=\begin{bmatrix} \sin a & 0 & 0 \\ 0 & \sin a & \cos a \\ 0 & 0 & \sin a \end{bmatrix}.$$

再求 $\sin\boldsymbol{A}t$. 现在相当于 $f(x)=\sin xt$，注意到 $f'(x)=t\cos xt$，代公式(5.4.5)便得

$$\sin\boldsymbol{A}t=\begin{bmatrix} \sin at & 0 & 0 \\ 0 & \sin at & t\cos at \\ 0 & 0 & \sin at \end{bmatrix}.$$

对于一般方阵 $\boldsymbol{A}$，若用公式(5.4.5)求 $f(\boldsymbol{A})$，则要计算变换矩阵 $\boldsymbol{P}$. 例 1 中由于 $\boldsymbol{B}^2=\boldsymbol{O}$，则 $\boldsymbol{B}$ 的幂级数化为有限项之和. 一般的，可利用矩阵的最小多项式来进行. 为此先研究两个解析函数 $f(x)$ 与 $g(x)$，有 $f(A)=g(\boldsymbol{A})$ 的条件.

从式(5.4.5)可见 $f(\boldsymbol{J}_i)$ 由 $f(\lambda_i)$，$f'(\lambda_i)$，…，$f^{(r_i-1)}(\lambda_i)$ 的值唯一确定，r_i 为 $\boldsymbol{J}_i$ 的阶数，而对应于特征值 λ_0 的 Jordan 块最高阶数又唯一取决于 $\boldsymbol{A}$ 的最小多项式中 $\lambda-\lambda_0$ 的方幂，故有下面定理.

定理 5.4.2 设 $\boldsymbol{A}\in C^{n\times n}$，$\boldsymbol{A}$ 的最小多项式为

$$m(\lambda)=(\lambda-\lambda_1)^{l_1}(\lambda-\lambda_2)^{l_2}\cdots(\lambda-\lambda_r)^{l_r},$$

其中 $\lambda_1,\lambda_2,\cdots,\lambda_r$ 互异. 若 $f(x)$ 与 $g(x)$ 均为 x 的解析函数，则 $f(\boldsymbol{A})=g(\boldsymbol{A})$ 的充要条件为对 $\boldsymbol{A}$ 的每一特征值 $\lambda_i(i=1,2,\cdots,r)$，均有

$$f(\lambda_i)=g(\lambda_i),\quad \cdots,\quad f^{(l_i-1)}(\lambda_i)=g^{(l_i-1)}(\lambda_i). \tag{5.4.6}$$

称式(5.4.6)为 $f(x)$ 与 $g(x)$ 在 $\boldsymbol{A}$ 上谱值相等.

例 3 已知 $\boldsymbol{A}=\begin{bmatrix} a & 0 & 2 \\ 0 & a & 3 \\ 0 & 0 & a \end{bmatrix}$,用两种方法求 $\sin\boldsymbol{A}$.

解法 1 $\boldsymbol{A}$ 的特征值多项式为 $|\lambda\boldsymbol{I}-\boldsymbol{A}|=(\lambda-a)^3$,又 $\boldsymbol{A}-a\boldsymbol{I}$ 秩为 1,故 $\boldsymbol{A}$ 的 Jordan 标准形为

$$\boldsymbol{J}=\begin{bmatrix} a & 0 & 0 \\ 0 & a & 1 \\ 0 & 0 & a \end{bmatrix}.$$

在第 3 章中已求得

$$\boldsymbol{P}=\begin{bmatrix} 1 & 2 & 0 \\ 0 & 3 & 0 \\ 0 & 0 & 1 \end{bmatrix},$$

根据公式(5.4.5)即得

$$\sin\boldsymbol{A}=\begin{bmatrix} 1 & 2 & 0 \\ 0 & 3 & 0 \\ 0 & 0 & 1 \end{bmatrix}\begin{bmatrix} \sin a & 0 & 0 \\ 0 & \sin a & \cos a \\ 0 & 0 & \sin a \end{bmatrix}\begin{bmatrix} 1 & -2/3 & 0 \\ 0 & 1/3 & 0 \\ 0 & 0 & 1 \end{bmatrix}$$

$$=\begin{bmatrix} \sin a & 0 & 2\cos a \\ 0 & \sin a & 3\cos a \\ 0 & 0 & \sin a \end{bmatrix}.$$

解法 2 从解法 1 求出的 $\boldsymbol{J}$ 知 $\boldsymbol{A}$ 的最小多项式为 $(\lambda-a)^2$,故 $(\boldsymbol{A}-a\boldsymbol{I})^2=\boldsymbol{O}$,因此对于 $m\geqslant 2$ 的 $\boldsymbol{A}^m$ 均可化为 $\boldsymbol{A}$ 的次数不超过 1 的多项式,故可设

$$\sin\boldsymbol{A}=c_0\boldsymbol{I}+c_1\boldsymbol{A}.$$

令 $f(x)=\sin x$,$g(x)=c_0+c_1x$. 根据定理 5.4.2,$f(a)=g(a)$,$f'(a)$

$=g'(a)$，故有

$$\sin a=c_0+c_1a,\quad \cos a=c_1,$$

所以求得

$$c_0=\sin a-a\cos a,\quad c_1=\cos a,$$

$$\sin\boldsymbol{A}=(\sin a-a\cos a)\boldsymbol{I}+(\cos a)\boldsymbol{A}$$

$$=\begin{bmatrix}\sin a & 0 & 2\cos a\\ 0 & \sin a & 3\cos a\\ 0 & 0 & \sin a\end{bmatrix}.$$

例 4　已知 $\boldsymbol{A}=\begin{bmatrix}0 & 0 & 1\\ 2 & -1 & 2\\ -1 & 0 & -2\end{bmatrix}$，求 $\mathrm{e}^{\boldsymbol{A}}$ 及 $\mathrm{e}^{\boldsymbol{A}t}$.

解　$\boldsymbol{A}$ 的特征多项式为

$$|\lambda\boldsymbol{I}-\boldsymbol{A}|=\begin{bmatrix}\lambda & 0 & -1\\ -2 & \lambda+1 & -2\\ 1 & 0 & \lambda+2\end{bmatrix}=(\lambda+1)^3,$$

又 $\boldsymbol{A}+\boldsymbol{I}$ 的秩为 1，故 $\boldsymbol{A}$ 的 Jordan 标准形为

$$\boldsymbol{J}=\begin{bmatrix}-1 & 0 & 0\\ 0 & -1 & 1\\ 0 & 0 & -1\end{bmatrix},$$

因此，$\boldsymbol{A}$ 的最小多项式为 $(\lambda+1)^2$，故 $(\boldsymbol{A}+\boldsymbol{I})^2=\boldsymbol{O}$，所以可设

$$\mathrm{e}^{\boldsymbol{A}}=c_0\boldsymbol{I}+c_1\boldsymbol{A}.\qquad(5.4.7)$$

令

$$f(x)=\mathrm{e}^x,\quad g(x)=c_0+c_1x,$$

根据定理 5.4.2，式(5.4.7)成立当且仅当

$$f(-1)=g(-1),\quad f'(-1)=g'(-1),$$

于是

$$e^{-1}=c_0-c_1,\quad e^{-1}=c_1,$$

解出 $c_0=2e^{-1}$,$c_1=e^{-1}$,代入式(5.4.7)即得

$$e^{\boldsymbol{A}}=2e^{-1}\begin{bmatrix}1&0&0\\0&1&0\\0&0&1\end{bmatrix}+e^{-1}\begin{bmatrix}0&0&1\\2&-1&2\\-1&0&-2\end{bmatrix}$$

$$=\begin{bmatrix}2e^{-1}&0&e^{-1}\\2e^{-1}&e^{-1}&2e^{-1}\\-e^{-1}&0&0\end{bmatrix}.$$

由于

$$e^{\boldsymbol{A}t}=\sum_{m=0}^{\infty}\frac{\boldsymbol{A}^m t^m}{m!},\quad (\boldsymbol{A}+\boldsymbol{I})^2=\boldsymbol{O},$$

同理可设

$$e^{\boldsymbol{A}t}=c_0(t)\boldsymbol{I}+c_1(t)\boldsymbol{A},$$

令

$$f(x)=e^{xt},\quad g(x)=c_0(t)+c_1(t)x,$$

根据定理5.4.2,有

$$f(-1)=g(-1),\quad f'(-1)=g'(-1),$$

可得

$$e^{-t}=c_0-c_1,\quad te^{-t}=c_1,$$

解得

$$c_0(t)=te^{-t}+e^{-t},\quad c_1(t)=te^{-t},$$

故

$$e^{At}=\begin{bmatrix}(t+1)e^{-t} & 0 & te^{-t}\\ 2te^{-t} & e^{-t} & 2te^{-t}\\ -te^{-t} & 0 & (1-t)e^{-t}\end{bmatrix}.$$

注:使用定理 5.4.2 时若最小多项式不易找到,则可用特征多项式来代替.

5.5 矩阵函数 e^{At} 与线性微分方程组

先研究 e^{A} 的性质.

定理 5.5.1 设 $\boldsymbol{A},\boldsymbol{B}\in C^{n\times n}$,$\boldsymbol{O}$ 为 n 阶零矩阵,则

1° $e^{\boldsymbol{O}}=\boldsymbol{I}$;

2° 若 $\boldsymbol{AB}=\boldsymbol{BA}$,则 $e^{\boldsymbol{A}+\boldsymbol{B}}=e^{\boldsymbol{A}}e^{\boldsymbol{B}}=e^{\boldsymbol{B}}e^{\boldsymbol{A}}$;

3° $(e^{\boldsymbol{A}})^{-1}=e^{-\boldsymbol{A}}$.

证明 1° 直接由式(5.4.1)得证.

2° 由式(5.4.1),有

$$e^{\boldsymbol{A}+\boldsymbol{B}}=\sum_{m=0}^{\infty}\frac{(\boldsymbol{A}+\boldsymbol{B})^{m}}{m!},\tag{5.5.1}$$

$$e^{\boldsymbol{A}}e^{\boldsymbol{B}}=\left(\sum_{k=0}^{\infty}\frac{\boldsymbol{A}^{k}}{k!}\right)\left(\sum_{l=0}^{\infty}\frac{\boldsymbol{B}^{l}}{l!}\right).\tag{5.5.2}$$

式(5.5.2)右端 $\boldsymbol{A}^k\boldsymbol{B}^l$ 的系数为$\frac{1}{k!\,l!}$. 设 $k+l=p$,则式(5.5.1)右端仅在$(\boldsymbol{A}+\boldsymbol{B})^p$ 中出现 $\boldsymbol{A}^k\boldsymbol{B}^l$. 由于 $\boldsymbol{AB}=\boldsymbol{BA}$,由二项式定理,式(5.5.1)中 $\boldsymbol{A}^k\boldsymbol{B}^l$ 系数为

$$\frac{1}{p!}\left(\frac{p(p-1)\cdots(p-l+1)}{l!}\right)=\frac{1}{l!\,k!},$$

所以式(5.5.1)与式(5.5.2)右端相等,即 $e^{\boldsymbol{A}+\boldsymbol{B}}=e^{\boldsymbol{A}}e^{\boldsymbol{B}}$. 由于 $\boldsymbol{AB}=\boldsymbol{BA}$,

$\boldsymbol{A}^k\boldsymbol{B}^l=\boldsymbol{B}^l\boldsymbol{A}^k$,故式(5.5.2)右端$=\mathrm{e}^{\boldsymbol{B}}\mathrm{e}^{\boldsymbol{A}}$.

3° $\boldsymbol{A}$ 与 $-\boldsymbol{A}$ 乘积可交换,根据 1°与 2°得

$$\boldsymbol{I}=\mathrm{e}^{\boldsymbol{O}}=\mathrm{e}^{\boldsymbol{A}+(-\boldsymbol{A})}=\mathrm{e}^{\boldsymbol{A}}\mathrm{e}^{-\boldsymbol{A}},$$

所以 $\mathrm{e}^{\boldsymbol{A}}$ 可逆,且$(\mathrm{e}^{\boldsymbol{A}})^{-1}=\mathrm{e}^{-\boldsymbol{A}}$.

证毕.

例 利用定理 5.5.1 之 2° 来计算上节例 3 中 $\boldsymbol{A}$ 之 $\mathrm{e}^{\boldsymbol{A}}$.

解 由于 $\boldsymbol{A}=a\boldsymbol{I}+\boldsymbol{B}$,其中 $\boldsymbol{B}=\begin{bmatrix}0&0&2\\0&0&3\\0&0&0\end{bmatrix}$,而 $a\boldsymbol{I}$ 与 $\boldsymbol{B}$ 可交换,故 $\mathrm{e}^{\boldsymbol{A}}=\mathrm{e}^{a\boldsymbol{I}}\mathrm{e}^{\boldsymbol{B}}$. 又 $\boldsymbol{B}^2=\boldsymbol{O}$,所以 $\mathrm{e}^{\boldsymbol{B}}=\boldsymbol{I}+\boldsymbol{B}$,因此

$$\mathrm{e}^{\boldsymbol{A}}=\begin{bmatrix}\mathrm{e}^a&0&0\\0&\mathrm{e}^a&0\\0&0&\mathrm{e}^a\end{bmatrix}\begin{bmatrix}1&0&2\\0&1&3\\0&0&1\end{bmatrix}=\begin{bmatrix}\mathrm{e}^a&0&2\mathrm{e}^a\\0&\mathrm{e}^a&3\mathrm{e}^a\\0&0&\mathrm{e}^a\end{bmatrix}.$$

现在研究 $\mathrm{e}^{\boldsymbol{A}t}$,其中 t 为参变量. 首先引进矩阵的导数与积分.

定义 若矩阵 $\boldsymbol{A}(t)=(a_{ij}(t))$的每个 $a_{ij}(t)$可微,则定义

$$\frac{\mathrm{d}\boldsymbol{A}(t)}{\mathrm{d}t}=(a'_{ij}(t));$$

若每个元 $a_{ij}(t)$可积,则定义

$$\int_a^b\boldsymbol{A}(t)\mathrm{d}t=\left(\int_a^b a_{ij}(t)\mathrm{d}t\right).$$

对于不定积分可类似定义.

按定义容易证明如下性质:

$$\frac{\mathrm{d}}{\mathrm{d}t}[\boldsymbol{A}(t)+\boldsymbol{B}(t)]=\frac{\mathrm{d}\boldsymbol{A}(t)}{\mathrm{d}t}+\frac{\mathrm{d}\boldsymbol{B}(t)}{\mathrm{d}t},$$

$$\frac{\mathrm{d}}{\mathrm{d}t}[\boldsymbol{A}(t)\boldsymbol{B}(t)]=\left[\frac{\mathrm{d}}{\mathrm{d}t}\boldsymbol{A}(t)\right]\boldsymbol{B}(t)+\boldsymbol{A}(t)\frac{\mathrm{d}}{\mathrm{d}t}\boldsymbol{B}(t).$$

定理 5.5.2 $\frac{\mathrm{d}}{\mathrm{d}t}\mathrm{e}^{\boldsymbol{A}t}=\mathrm{e}^{\boldsymbol{A}t}\boldsymbol{A}=\boldsymbol{A}\mathrm{e}^{\boldsymbol{A}t}$.

证明 由于 $\mathrm{e}^{\boldsymbol{A}t}\boldsymbol{A}=\boldsymbol{A}\mathrm{e}^{\boldsymbol{A}t}$,故只需证第一个等式.设 $\boldsymbol{A}$ 的 Jordan 标准形如式(5.3.1),于是由公式(5.4.5)有

$$\mathrm{e}^{\boldsymbol{A}t}=\boldsymbol{P}\mathrm{diag}(\mathrm{e}^{\boldsymbol{J}_1 t},\cdots,\mathrm{e}^{\boldsymbol{J}_s t})\boldsymbol{P}^{-1}=\boldsymbol{P}\mathrm{e}^{\boldsymbol{J}t}\boldsymbol{P}^{-1},$$

其中

$$\mathrm{e}^{\boldsymbol{J}_k t}=\begin{bmatrix}\mathrm{e}^{\lambda_k t} & t\mathrm{e}^{\lambda_k t} & \cdots & \frac{t^{r_k-1}\mathrm{e}^{\lambda_k t}}{(r_k-1)!}\\ \vdots & \vdots & & \vdots\\ 0 & 0 & \cdots & \mathrm{e}^{\lambda_k t}\end{bmatrix}_{r_k\times k_k}\quad(k=1,2,\cdots,s).$$

由于 $\boldsymbol{P},\boldsymbol{P}^{-1}$ 与 t 无关,故

$$\frac{\mathrm{d}}{\mathrm{d}t}\mathrm{e}^{\boldsymbol{A}t}=\boldsymbol{P}\frac{\mathrm{d}}{\mathrm{d}t}\mathrm{e}^{\boldsymbol{J}t}\boldsymbol{P}^{-1},$$

又

$$\frac{\mathrm{d}}{\mathrm{d}t}\mathrm{e}^{\boldsymbol{J}t}=\mathrm{diag}\left(\frac{\mathrm{d}}{\mathrm{d}t}\mathrm{e}^{\boldsymbol{J}_1 t},\cdots,\frac{\mathrm{d}}{\mathrm{d}t}\mathrm{e}^{\boldsymbol{J}_s t}\right),$$

对于 $j\geqslant m$,第 k 块之(m,j)元

$$\frac{\lambda_k t^{j-m}\mathrm{e}^{\lambda_k t}}{(j-m)!}+\frac{t^{j-m-1}\mathrm{e}^{\lambda_k t}}{(j-m-1)!}\quad(\text{当 } j=m \text{ 时,只有第一项})$$

正是 $\mathrm{e}^{\boldsymbol{J}_k t}\boldsymbol{J}_k$ 之(m,j)元,所以

$$\frac{\mathrm{d}}{\mathrm{d}t}\mathrm{e}^{\boldsymbol{J}t}=\mathrm{e}^{\boldsymbol{J}t}\boldsymbol{J},$$

于是

$$\boldsymbol{P}\frac{\mathrm{d}}{\mathrm{d}t}\mathrm{e}^{\boldsymbol{J}t}\boldsymbol{P}^{-1}=\boldsymbol{P}\mathrm{e}^{\boldsymbol{J}t}\boldsymbol{P}^{-1}\boldsymbol{P}\boldsymbol{J}\boldsymbol{P}^{-1},$$

即

$$\frac{\mathrm{d}}{\mathrm{d}t}\mathrm{e}^{\boldsymbol{A}t}=\mathrm{e}^{\boldsymbol{A}t}\boldsymbol{A}.$$

证毕.

注:如果对 $\mathrm{e}^{\boldsymbol{A}t}$ 的幂级数展开式 $\sum\limits_{m=0}^{\infty}\frac{\boldsymbol{A}^m t^m}{m!}$ 关于 t"逐项"求导,则也得到 $\mathrm{e}^{\boldsymbol{A}t}\boldsymbol{A}$. 事实上,对解析函数 $f(x)$ 用定理 5.5.2 的方法,可证"逐项"求导是允许的,且

$$[f(\boldsymbol{A}t)]_t'=f'(\boldsymbol{A}t)\boldsymbol{A}=\boldsymbol{A}f'(\boldsymbol{A}t).$$

定理 5.5.3 设 $\boldsymbol{A}\in C^{n\times n}$, $\boldsymbol{X}_0\in C^{n\times s}$, $\boldsymbol{X}(t)\in C^{n\times s}$,则初值问题

$$\begin{cases}\dfrac{\mathrm{d}}{\mathrm{d}t}\boldsymbol{X}(t)=\boldsymbol{A}\boldsymbol{X}(t),\\ \boldsymbol{X}(0)=\boldsymbol{X}_0\end{cases} \tag{5.5.3}$$

有唯一解

$$\boldsymbol{X}(t)=\mathrm{e}^{\boldsymbol{A}t}\boldsymbol{X}_0.$$

证明 首先 $\boldsymbol{X}(0)=\mathrm{e}^0\boldsymbol{X}_0=\boldsymbol{X}_0$,且 $\frac{\mathrm{d}}{\mathrm{d}t}\mathrm{e}^{\boldsymbol{A}t}\boldsymbol{X}_0=\boldsymbol{A}\mathrm{e}^{\boldsymbol{A}t}\boldsymbol{X}_0$,故 $\boldsymbol{X}(t)=\mathrm{e}^{\boldsymbol{A}t}\boldsymbol{X}_0$ 是式(5.5.3)的解.

再证唯一. 令 $\boldsymbol{Y}(t)=\mathrm{e}^{-\boldsymbol{A}t}\boldsymbol{X}(t)$,其中 $\boldsymbol{X}(t)$ 为式(5.5.3)的解,则

$$\boldsymbol{Y}(0)=\mathrm{e}^0\boldsymbol{X}(0)=\boldsymbol{X}_0,$$

又

$$\frac{\mathrm{d}}{\mathrm{d}t}\boldsymbol{Y}(t)=-\boldsymbol{A}\mathrm{e}^{-\boldsymbol{A}t}\boldsymbol{X}(t)+\mathrm{e}^{-\boldsymbol{A}t}\boldsymbol{A}\boldsymbol{X}(t)=\boldsymbol{0},$$

故

$$\boldsymbol{Y}(t)=\boldsymbol{Y}(0)=\boldsymbol{X}_0,$$

于是

$$\boldsymbol{X}(t)=\mathrm{e}^{\boldsymbol{A}t}\boldsymbol{Y}(t)=\mathrm{e}^{\boldsymbol{A}t}\boldsymbol{X}_0.$$

证毕.

定理 5.5.4　设 $\boldsymbol{A}\in C^{n\times n}$，$\boldsymbol{B}(t)\in C^{n\times s}$，$\boldsymbol{X}(t)\in C^{n\times s}$，则非齐次线性微分方程组的初值问题

$$\begin{cases}\dfrac{\mathrm{d}}{\mathrm{d}t}\boldsymbol{X}(t)=\boldsymbol{A}\boldsymbol{X}(t)+\boldsymbol{B}(t),\\ \boldsymbol{X}(0)=\boldsymbol{X}_0\end{cases}\tag{5.5.4}$$

的解为

$$\boldsymbol{X}(t)=\mathrm{e}^{\boldsymbol{A}t}\boldsymbol{X}_0+\mathrm{e}^{\boldsymbol{A}t}\int_0^t\mathrm{e}^{-\boldsymbol{A}t}\boldsymbol{B}(t)\mathrm{d}t.$$

证明　对微分方程组作变换，令

$$\boldsymbol{Y}(t)=\mathrm{e}^{-\boldsymbol{A}t}\boldsymbol{X}(t),$$

于是

$$\begin{aligned}\frac{\mathrm{d}}{\mathrm{d}t}\boldsymbol{Y}(t)&=-\mathrm{e}^{\boldsymbol{A}t}\boldsymbol{A}\boldsymbol{X}(t)+\mathrm{e}^{-\boldsymbol{A}t}[\boldsymbol{A}\boldsymbol{X}(t)+\boldsymbol{B}(t)]\\&=\mathrm{e}^{-\boldsymbol{A}t}\boldsymbol{B}(t),\end{aligned}$$

积分得

$$\boldsymbol{Y}(t)-\boldsymbol{Y}(0)=\int_0^t\mathrm{e}^{-\boldsymbol{A}t}\boldsymbol{B}(t)\mathrm{d}t,$$

而 $\boldsymbol{Y}(0)=\boldsymbol{X}_0$，即得

$$\boldsymbol{X}(t)=\mathrm{e}^{\boldsymbol{A}t}\boldsymbol{Y}(t)=\mathrm{e}^{\boldsymbol{A}t}\boldsymbol{X}_0+\mathrm{e}^{\boldsymbol{A}t}\int_0^t\mathrm{e}^{-\boldsymbol{A}t}\boldsymbol{B}(t)\mathrm{d}t.$$

证毕.

5.6 矩阵对矩阵的导数

本节在实数域中考虑.

有些问题中引进矩阵对矩阵的导数，将会使运算式变得简洁. 例如，用多元函数微分学的方法考虑实二次型

$$\sum_{i,j} a_{ij} x_i x_j \quad (\text{其中 } a_{ji} = a_{ij})$$

在条件 $\sum_{i=1}^{n} x_i^2 = 1$ 下的极值时，需要同时考察多元函数

$$F(x_1, x_2, \cdots, x_n) = \sum_{i,j} a_{ij} x_i x_j - \lambda\left(\sum_{i=1}^{n} x_i^2 - 1\right)$$

的 n 个一阶偏导 $\frac{\partial F}{\partial x_1}, \frac{\partial F}{\partial x_2}, \cdots, \frac{\partial F}{\partial x_n}$.

若引进矩阵 $\boldsymbol{X}=(x_1, x_2, \cdots, X_n)^{\mathrm{T}}$，$\boldsymbol{A}=(a_{ij})_{n\times n}$，则 F 可看作是 n 行 1 列的矩阵 $\boldsymbol{X}$ 的数量函数，记为 $F(\boldsymbol{X})$，于是

$$F(\boldsymbol{X})=\boldsymbol{X}^{\mathrm{T}}\boldsymbol{A}\boldsymbol{X}-\lambda(\boldsymbol{X}^{\mathrm{T}}\boldsymbol{X}-1).$$

n 个一阶偏导也可写成矩阵形式，记

$$\frac{\mathrm{d}F}{\mathrm{d}\boldsymbol{X}}=\left(\frac{\partial F}{\partial x_1}, \frac{\partial F}{\partial x_2}, \cdots, \frac{\partial F}{\partial x_n}\right)^{\mathrm{T}},$$

于是可得

$$\frac{\mathrm{d}F}{\mathrm{d}\boldsymbol{X}}=2(\boldsymbol{A}\boldsymbol{X}-\lambda\boldsymbol{X}).$$

推广到矩阵的矩阵函数.

定义 设有矩阵 $\boldsymbol{A}=(a_{ij})_{p\times q}$ 及 $\boldsymbol{X}=(x_{ij})_{n\times s}$，而每个 a_{ij} 为 x_{kl} $(k=1, 2, \cdots, n; l=1, 2, \cdots, s)$ 的 $n\times s$ 元函数，则称矩阵 $\boldsymbol{A}$ 为矩阵 $\boldsymbol{X}$ 的函数，记为 $\boldsymbol{A}(\boldsymbol{X})$. 若每个 a_{ij} 对每个变元 x_{kl} 均可导，则称 $\boldsymbol{A}$ 可导. 并规定 $\boldsymbol{A}$ 对 $\boldsymbol{X}$ 的

导数

$$\frac{\mathrm{d}\boldsymbol{A}}{\mathrm{d}\boldsymbol{X}}=\begin{bmatrix}\frac{\partial \boldsymbol{A}}{\partial x_{11}} & \cdots & \frac{\partial \boldsymbol{A}}{\partial x_{1s}}\\ \vdots & & \vdots\\ \frac{\partial \boldsymbol{A}}{\partial x_{n1}} & \cdots & \frac{\partial \boldsymbol{A}}{\partial x_{ns}}\end{bmatrix},$$

其中

$$\frac{\partial \boldsymbol{A}}{\partial x_{kl}}=\left(\frac{\partial a_{ij}}{\partial x_{kl}}\right)_{p\times q}\quad (k=1,2,\cdots,n;l=1,2,\cdots,s).$$

请注意，$\frac{\mathrm{d}\boldsymbol{A}}{\mathrm{d}\boldsymbol{X}}$是一个$n\times p$行、$s\times q$列的矩阵. 常见的情况是$\boldsymbol{A}$为数量，或$\boldsymbol{A}$与$\boldsymbol{X}^{\mathrm{T}}$都是列(行)矩阵. 下面分别就这两种情况来研究.

例 1 设$\boldsymbol{A}=(a_{ij})_{s\times n}$为常量矩阵，$\boldsymbol{X}=(x_{ij})_{n\times s}$，则

$$\mathrm{tr}\boldsymbol{AX}=\sum_{l=1}^{s}\sum_{k=1}^{n}a_{lk}x_{kl}.$$

由于

$$\frac{\partial}{\partial x_{ij}}(\mathrm{tr}\boldsymbol{AX})=a_{ji},$$

所以

$$\frac{\mathrm{d}}{\mathrm{d}\boldsymbol{X}}(\mathrm{tr}\boldsymbol{AX})=\boldsymbol{A}^{\mathrm{T}},$$

又因为

$$\mathrm{tr}\boldsymbol{AX}=\mathrm{tr}\boldsymbol{XA}=\mathrm{tr}\boldsymbol{A}^{\mathrm{T}}\boldsymbol{X}^{\mathrm{T}},$$

所以

$$\frac{\mathrm{d}}{\mathrm{d}\boldsymbol{X}}(\mathrm{tr}\boldsymbol{XA})=\frac{\mathrm{d}}{\mathrm{d}\boldsymbol{X}}(\mathrm{tr}\boldsymbol{A}^{\mathrm{T}}\boldsymbol{X}^{\mathrm{T}})=\boldsymbol{A}^{\mathrm{T}}.$$

特别，当 $\boldsymbol{X}$ 为方阵时，由于 $\boldsymbol{X}=\boldsymbol{I}\boldsymbol{X}$，所以

$$\frac{\mathrm{d}}{\mathrm{d}\boldsymbol{X}}\mathrm{tr}\boldsymbol{X}=\frac{\mathrm{d}}{\mathrm{d}\boldsymbol{X}}\mathrm{tr}\boldsymbol{X}^{\mathrm{T}}=\boldsymbol{I}.$$

例 2 设 $\boldsymbol{X}=(x_{ij})_{n\times n}$，且 $\det\boldsymbol{X}\neq 0$，则

$$\det\boldsymbol{X}=\sum_{j=1}^{n}x_{ij}X_{ij}\quad(i=1,2,\cdots,n),$$

其中 X_{ij} 为 x_{ij} 的代数余子式. 于是

$$\frac{\partial}{\partial x_{ij}}(\det\boldsymbol{X})=X_{ij}\quad(i,j=1,2,\cdots,n),$$

而第 i 行第 j 列元素为 X_{ij} 的 n 阶方阵就是 $\boldsymbol{X}$ 的伴随矩阵之转置. 又 $\mathrm{adj}\boldsymbol{X}=(\det\boldsymbol{X})\boldsymbol{X}^{-1}$，故

$$\frac{\mathrm{d}}{\mathrm{d}\boldsymbol{X}}(\det\boldsymbol{X})=(\det\boldsymbol{X})(\boldsymbol{X}^{-1})^{\mathrm{T}}.$$

矩阵 $\boldsymbol{X}$ 的数量函数，其导数有下列性质.

定理 5.6.1 设 $f(x)$，$g(x)$ 均为 $n\times s$ 矩阵 $\boldsymbol{X}=(x_{ij})$ 的数量函数，且可导，则

1° $\dfrac{\mathrm{d}f}{\mathrm{d}\boldsymbol{X}^{\mathrm{T}}}=\left(\dfrac{\mathrm{d}f}{\mathrm{d}\boldsymbol{X}}\right)^{\mathrm{T}}$；

2° $\dfrac{\mathrm{d}}{\mathrm{d}\boldsymbol{X}}[af(\boldsymbol{X})+bg(\boldsymbol{X})]=a\dfrac{\mathrm{d}f}{\mathrm{d}\boldsymbol{X}}+b\dfrac{\mathrm{d}g}{\mathrm{d}\boldsymbol{X}}$；

3° $\dfrac{\mathrm{d}}{\mathrm{d}\boldsymbol{X}}[f(\boldsymbol{X})g(\boldsymbol{X})]=g(\boldsymbol{X})\dfrac{\mathrm{d}f}{\mathrm{d}\boldsymbol{X}}+f(\boldsymbol{X})\dfrac{\mathrm{d}g}{\mathrm{d}\boldsymbol{X}}$.

该定理可以直接根据定义进行证明，这里作为习题.

下面考虑列(行)矩阵对行(列)矩阵的导数.

例 3 设常量矩阵 $\boldsymbol{A}=(a_{ij})_{m\times n}$，$\boldsymbol{X}=(x_1,x_2,\cdots,x_n)^{\mathrm{T}}$，则 $\boldsymbol{A}\boldsymbol{X}$ 为 $m\times 1$ 矩阵，其第 i 分量为 $\sum\limits_{j=1}^{n}a_{ij}x_j$，由于它对 x_j 的偏导为 a_{ij}，故根据定义

$$\frac{\mathrm{d}}{\mathrm{d}\boldsymbol{X}^{\mathrm{T}}}\boldsymbol{A}\boldsymbol{X}=\boldsymbol{A}.$$

特别当 $\boldsymbol{A}=\boldsymbol{I}_n$ 时，即得$\frac{\mathrm{d}\boldsymbol{X}}{\mathrm{d}\boldsymbol{X}^{\mathrm{T}}}=\boldsymbol{I}_n$.

根据定义，一般的列矩阵 $\boldsymbol{X}=(x_1,x_2,\cdots,x_n)^{\mathrm{T}}$ 的矩阵函数

$$\boldsymbol{A}(\boldsymbol{X})=[a_1(\boldsymbol{X}),a_2(\boldsymbol{X}),\cdots,a_s(\boldsymbol{X})]^{\mathrm{T}},$$

又 $\boldsymbol{X}^{\mathrm{T}}$ 的导数为

$$\frac{\mathrm{d}\boldsymbol{A}}{\mathrm{d}\boldsymbol{X}^{\mathrm{T}}}=\begin{bmatrix}\frac{\partial a_1}{\partial x_1} & \frac{\partial a_1}{\partial x_2} & \cdots & \frac{\partial a_1}{\partial x_n}\\ \vdots & \vdots & & \vdots\\ \frac{\partial a_s}{\partial x_1} & \frac{\partial a_s}{\partial x_2} & \cdots & \frac{\partial a_s}{\partial x_n}\end{bmatrix},$$

同样

$$\frac{\mathrm{d}\boldsymbol{A}^{\mathrm{T}}}{\mathrm{d}\boldsymbol{X}}=\begin{bmatrix}\frac{\partial a_1}{\partial x_1} & \frac{\partial a_2}{\partial x_1} & \cdots & \frac{\partial a_s}{\partial x_1}\\ \vdots & \vdots & & \vdots\\ \frac{\partial a_1}{\partial x_n} & \frac{\partial a_2}{\partial x_n} & \cdots & \frac{\partial a_s}{\partial x_n}\end{bmatrix}.$$

定理 5.6.2　设 $\boldsymbol{A}(\boldsymbol{X}),\boldsymbol{B}(\boldsymbol{X})\in R^{s\times1},\boldsymbol{X}\in R^{n\times1},f(\boldsymbol{X})\in R,\boldsymbol{A},\boldsymbol{B},f$ 均可导，$a,b\in R,\boldsymbol{M}\in R^{m\times s}$，则

1° $\frac{\mathrm{d}}{\mathrm{d}\boldsymbol{X}^{\mathrm{T}}}(a\boldsymbol{A}+b\boldsymbol{B})=a\frac{\mathrm{d}\boldsymbol{A}}{\mathrm{d}\boldsymbol{X}^{\mathrm{T}}}+b\frac{\mathrm{d}\boldsymbol{B}}{\mathrm{d}\boldsymbol{X}^{\mathrm{T}}}$；

2° $\frac{\mathrm{d}\boldsymbol{A}^{\mathrm{T}}}{\mathrm{d}\boldsymbol{X}}=\left(\frac{\mathrm{d}\boldsymbol{A}}{\mathrm{d}\boldsymbol{X}^{\mathrm{T}}}\right)^{\mathrm{T}}$；

3° $\frac{\mathrm{d}}{\mathrm{d}\boldsymbol{X}^{\mathrm{T}}}[\boldsymbol{M}\boldsymbol{A}(\boldsymbol{X})]=\boldsymbol{M}\frac{\mathrm{d}\boldsymbol{A}}{\mathrm{d}\boldsymbol{X}^{\mathrm{T}}}$；

4° $\frac{\mathrm{d}}{\mathrm{d}\boldsymbol{X}^{\mathrm{T}}}[f(\boldsymbol{X})\boldsymbol{A}(\boldsymbol{X})]=\boldsymbol{A}\frac{\mathrm{d}f}{\mathrm{d}\boldsymbol{X}^{\mathrm{T}}}+f\frac{\mathrm{d}\boldsymbol{A}}{\mathrm{d}\boldsymbol{X}^{\mathrm{T}}}$；

5° $\frac{\mathrm{d}}{\mathrm{d}\boldsymbol{X}}(\boldsymbol{A}^{\mathrm{T}}\boldsymbol{B})=\frac{\mathrm{d}\boldsymbol{A}^{\mathrm{T}}}{\mathrm{d}\boldsymbol{X}}\boldsymbol{B}+\frac{\mathrm{d}\boldsymbol{B}^{\mathrm{T}}}{\mathrm{d}\boldsymbol{X}}\boldsymbol{A}$.

证明　1°,2°,3°作为习题,请读者自证,下面先来证 4°.

因$\frac{\mathrm{d}}{\mathrm{d}\boldsymbol{X}^{\mathrm{T}}}[f(\boldsymbol{X})\boldsymbol{A}(\boldsymbol{X})]$为 $s\times n$ 矩阵,其第 i 行第 j 列元素为

$$\frac{\partial fa_i}{\partial x_j}=a_i\frac{\partial f}{\partial x_j}+f\frac{\partial a_i}{\partial x_j},$$

正好与 $\boldsymbol{A}\frac{\mathrm{d}f}{\mathrm{d}\boldsymbol{X}^{\mathrm{T}}}+f\frac{\mathrm{d}\boldsymbol{A}}{\mathrm{d}\boldsymbol{X}^{\mathrm{T}}}$的第 i 行第 j 元列元素相等,故 4°得证.

再证 5°. 由定义及第 5.5 节矩阵乘积求导的性质有

$$\begin{aligned}\frac{\mathrm{d}}{\mathrm{d}\boldsymbol{X}}[\boldsymbol{A}^{\mathrm{T}}(\boldsymbol{X})\boldsymbol{B}(\boldsymbol{X})]&=\left(\frac{\partial\boldsymbol{A}^{\mathrm{T}}\boldsymbol{B}}{\partial x_1},\frac{\partial\boldsymbol{A}^{\mathrm{T}}\boldsymbol{B}}{\partial x_2},\cdots,\frac{\partial\boldsymbol{A}^{\mathrm{T}}\boldsymbol{B}}{\partial x_n}\right)^{\mathrm{T}}\\&=\left(\frac{\partial\boldsymbol{A}^{\mathrm{T}}}{\partial x_1}\boldsymbol{B},\frac{\partial\boldsymbol{A}^{\mathrm{T}}}{\partial x_2}\boldsymbol{B},\cdots,\frac{\partial\boldsymbol{A}^{\mathrm{T}}}{\partial x_n}\boldsymbol{B}\right)^{\mathrm{T}}\\&\quad+\left(\boldsymbol{A}^{\mathrm{T}}\frac{\partial\boldsymbol{B}}{\partial x_1},\boldsymbol{A}^{\mathrm{T}}\frac{\partial\boldsymbol{B}}{\partial x_2},\cdots,\boldsymbol{A}^{\mathrm{T}}\frac{\partial\boldsymbol{B}}{\partial x_n}\right)^{\mathrm{T}},\end{aligned}$$

又

$$\boldsymbol{A}^{\mathrm{T}}\frac{\partial\boldsymbol{B}}{\partial x_i}=\frac{\partial\boldsymbol{B}^{\mathrm{T}}}{\partial x_i}\boldsymbol{A},$$

因此

$$\frac{\mathrm{d}}{\mathrm{d}\boldsymbol{X}}[\boldsymbol{A}^{\mathrm{T}}(\boldsymbol{X})\boldsymbol{B}(\boldsymbol{X})]=\begin{bmatrix}\frac{\partial\boldsymbol{A}^{\mathrm{T}}}{\partial x_1}\\\vdots\\\frac{\partial\boldsymbol{A}^{\mathrm{T}}}{\partial x_n}\end{bmatrix}\boldsymbol{B}+\begin{bmatrix}\frac{\partial\boldsymbol{B}^{\mathrm{T}}}{\partial x_1}\\\vdots\\\frac{\partial\boldsymbol{B}^{\mathrm{T}}}{\partial x_n}\end{bmatrix}\boldsymbol{A}=\frac{\mathrm{d}\boldsymbol{A}^{\mathrm{T}}}{\mathrm{d}\boldsymbol{X}}\boldsymbol{B}+\frac{\mathrm{d}\boldsymbol{B}^{\mathrm{T}}}{\mathrm{d}\boldsymbol{X}}\boldsymbol{A}.$$

证毕.

例 4　设 $f(\boldsymbol{X})=\boldsymbol{X}^{\mathrm{T}}\boldsymbol{A}\boldsymbol{X}$,其中 $\boldsymbol{A}=(a_{ij})_{n\times n}$为实对称阵,$\boldsymbol{X}\in R^n$,则根据定理 5.6.2 之 5°,2°,3°以及例 3 可得

$$\frac{\mathrm{d}f}{\mathrm{d}\boldsymbol{X}}=(\mathrm{d}\boldsymbol{X}^{\mathrm{T}}/\mathrm{d}\boldsymbol{X})\boldsymbol{AX}+(\mathrm{d}\boldsymbol{X}^{\mathrm{T}}\boldsymbol{A}/\mathrm{d}\boldsymbol{X})\boldsymbol{X}=\boldsymbol{IAX}+\boldsymbol{AX}$$
$$=2\boldsymbol{AX}.$$

特别 $\boldsymbol{A}=\boldsymbol{I}$ 时,可得

$$\frac{\mathrm{d}}{\mathrm{d}\boldsymbol{X}}(\boldsymbol{X}^{\mathrm{T}}\boldsymbol{X})=2\boldsymbol{X}.$$

而由 λ 乘数法知 $\boldsymbol{X}^{\mathrm{T}}\boldsymbol{AX}$ 在条件 $\boldsymbol{X}^{\mathrm{T}}\boldsymbol{X}=1$ 下的极值点 $\boldsymbol{X}_0$ 必须满足

$$\frac{\mathrm{d}}{\mathrm{d}\boldsymbol{X}}[\boldsymbol{X}^{\mathrm{T}}\boldsymbol{AX}-\lambda(\boldsymbol{X}^{\mathrm{T}}\boldsymbol{X}-1)]=0,$$

将上面结果代入得 $\boldsymbol{X}_0$ 为线性方程组 $\boldsymbol{AX}=\lambda\boldsymbol{X}$ 的解,即 λ 为 $\boldsymbol{A}$ 的特征值,$\boldsymbol{X}_0$ 为相应的单位特征向量.

习 题 5

1. 完成第 5.1 节中例 1 的证明.

2. 在 C^n 中设 $\boldsymbol{X}=(x_1,x_2,\cdots,x_n)^{\mathrm{T}}$,对于正实数 $a_1,a_2,\cdots,a_n$ 规定

$$\|\boldsymbol{X}\|=\sum_{i=1}^{n}a_i|x_i|\quad(\forall\boldsymbol{X}\in C^n),$$

试证:$\|\cdot\|$ 是 C^n 上范数.

3. 设 $\|\cdot\|_a$ 与 $\|\cdot\|_b$ 均是 C^n 的范数,k_1,k_2 为正实数,试证:

$$\|\boldsymbol{X}\|=k_1\|\boldsymbol{X}\|_a+k_2\|\boldsymbol{X}\|_b\quad(\forall\boldsymbol{X}\in C^n)$$

是 C^n 的范数.

4. 设 $\boldsymbol{A}$ 为 n 阶正定阵,定义 $\|\boldsymbol{X}\|=\sqrt{\boldsymbol{X}^{\mathrm{H}}\boldsymbol{AX}}$, $\forall\boldsymbol{X}\in C^n$.

(1) 试证:$\|\cdot\|$ 是 C^n 的范数;

(2) 当 $\boldsymbol{A}=\mathrm{diag}(d_1,d_2,\cdots,d_n)$,其中 $d_i>0(i=1,2,\cdots,n)$,具体写出 $\|\boldsymbol{X}\|$ 的表达式.

5. 在 C^n 中证明:对任一 $\boldsymbol{X}\in C^n$,有

(1) $\|\boldsymbol{X}\|_\infty\leqslant\|\boldsymbol{X}\|_1\leqslant n\|\boldsymbol{X}\|_\infty$;

(2) $\|\boldsymbol{X}\|_2\leqslant\|\boldsymbol{X}\|_1\leqslant\sqrt{n}\|\boldsymbol{X}\|_2$;

(3) $\|\boldsymbol{X}\|_\infty\leqslant\|\boldsymbol{X}\|_2\leqslant\sqrt{n}\|\boldsymbol{X}\|_\infty$.

6. 在一维线性空间 R 中,绝对值 $|\cdot|$ 是 R 中的一种范数,试证:对于 R 中任一种范数 $\upsilon(\cdot)$,必存在正实数 a,使

$$\upsilon(x)=a|x|\quad(\forall x\in R).$$

7. 将上题之结论推广到复数域上一维线性空间 $V(C)$,设 $\|\cdot\|$ 为 $V(C)$ 的指定范数,$\upsilon_a(\cdot)$ 为 $V(C)$ 的任一种范数.

8. 设 $\|\cdot\|$ 为相容的矩阵范数,试证:

(1) $\|\boldsymbol{I}\|\geqslant1$;

(2) 若 $\boldsymbol{A}$ 为可逆阵,λ 为 $\boldsymbol{A}$ 的特征值,则

$$\|\boldsymbol{A}^{-1}\|^{-1}\leqslant|\lambda|\leqslant\|\boldsymbol{A}\|.$$

9. 试证:$\|\boldsymbol{A}\|=n\|\boldsymbol{A}\|_{m_\infty}$,$\forall\boldsymbol{A}\in C^{n\times n}$ 是相容矩阵范数.

10. 设 $\|\cdot\|$ 是 $C^{n\times n}$ 上相容矩阵范数,$\boldsymbol{A}$ 为 n 阶可逆阵,且 $\|\boldsymbol{A}^{-1}\|\leqslant1$. 试证:

$$\|\boldsymbol{M}\|_a=\|\boldsymbol{AM}\|\quad(\forall\boldsymbol{M}\in C^{n\times n})$$

是 $C^{n\times n}$ 上相容矩阵范数.

11. 设 $\|\cdot\|$ 是 $C^{n\times n}$ 上相容矩阵范数,$\boldsymbol{A}$ 为 n 阶可逆阵,试证:

$$\|\boldsymbol{M}\|_A=\|\boldsymbol{A}^{-1}\boldsymbol{MA}\|\quad(\forall\boldsymbol{M}\in C^{n\times n})$$

是 $C^{n\times n}$ 上相容矩阵范数.

12. 设 $\boldsymbol{A}\in C^{s\times n}$.

(1) 试证:若 $\boldsymbol{A}^{\mathrm{H}}\boldsymbol{A}=\boldsymbol{I}_n$,则 $\|\boldsymbol{A}\|_F=\sqrt{n}$,$\|\boldsymbol{A}\|_2=1$;

(2) 试证:$\|\boldsymbol{A}\|_2\leqslant\|\boldsymbol{A}\|_F\leqslant\sqrt{n}\|\boldsymbol{A}\|_2$.

13. 设 $\|\cdot\|$ 为 $C^{n\times n}$ 上相容矩阵范数，且 $\|\boldsymbol{A}\|<1$.

(1) 试证：$\|(\boldsymbol{I}-\boldsymbol{A})^{-1}-\boldsymbol{I}\|\leqslant\|\boldsymbol{A}\|(1-\|\boldsymbol{A}\|)^{-1}$；

(2) 若 $\|\boldsymbol{I}\|=1$，试证：$\|(\boldsymbol{I}-\boldsymbol{A})^{-1}\|\leqslant(1-\|\boldsymbol{A}\|)^{-1}$.

14. 假设分块对角阵 $\boldsymbol{M}=\begin{bmatrix}\boldsymbol{A} & \boldsymbol{O}\\ \boldsymbol{O} & \boldsymbol{B}\end{bmatrix}$，若已知 $\|\boldsymbol{A}\|_F=a$，$\|\boldsymbol{B}\|_F=b$，$\|\boldsymbol{A}\|_2=c$，$\|\boldsymbol{B}\|_2=d$，分别求 $\|\boldsymbol{M}\|_F$ 和 $\|\boldsymbol{M}\|_2$。

15. 证明：对任意矩阵 $\boldsymbol{A}$，$\|\boldsymbol{A}\|_2^2\leqslant\|\boldsymbol{A}\|_1\|\boldsymbol{A}\|_\infty$。

16. 假设 $\boldsymbol{A}\in C^{n\times n}$，$\|\cdot\|$ 是 $C^{n\times n}$ 上相容的矩阵范数，证明：

$$\lim_{k\to\infty}\|\boldsymbol{A}^k\|^{\frac{1}{k}}=\rho(\boldsymbol{A}).$$

17. 设 $\boldsymbol{A}$ 为 n 阶方阵，试证：$\lim\limits_{k\to\infty}\boldsymbol{A}^k=\boldsymbol{I}$ 的充要条件为 $\boldsymbol{A}=\boldsymbol{I}$.

18. 设 n 阶方阵 $\boldsymbol{A}$ 的谱半径小于 1，试求 $\sum\limits_{m=0}^{\infty}m\boldsymbol{A}^m$。

19. 设 $\boldsymbol{A}$ 为 n 阶方阵，试证：

(1) $\det e^{\boldsymbol{A}}=e^{\mathrm{tr}\boldsymbol{A}}$；

(2) 若 $\|\cdot\|$ 为相容矩阵范数，且 $\|\boldsymbol{I}\|=1$，则

$$\|e^{\boldsymbol{A}}\|\leqslant e^{\|\boldsymbol{A}\|};$$

(3) 以 $\|\cdot\|_{m_1}$ 为例，证明：存在非零矩阵 $\boldsymbol{A}$，使

$$\|e^{\boldsymbol{A}}\|_{m_1}>e^{\|\boldsymbol{A}\|_{m_1}}.$$

20. 已知 $\boldsymbol{A}=\begin{bmatrix}2&0&0&0\\0&1&1&0\\0&0&1&0\\0&0&0&0\end{bmatrix}$，求 $e^{\boldsymbol{A}}$，$\sin\boldsymbol{A}$，$\cos\boldsymbol{A}$.

21. 已知 $\boldsymbol{A}=\begin{bmatrix}0&0\\1&-2\end{bmatrix}$，求 $e^{\boldsymbol{A}}$，$\sin\boldsymbol{A}$，$\cos\boldsymbol{A}$.

22. 求 $e^{\boldsymbol{A}t}$，已知：

(1) $\boldsymbol{A}=\begin{bmatrix}1&0&2\\0&0&0\\-1&0&-2\end{bmatrix}$； (2) $\boldsymbol{A}=\begin{bmatrix}0&4\\3&1\end{bmatrix}$；

(3) $\boldsymbol{A}=\begin{bmatrix}1&2&3\\0&2&3\\0&0&3\end{bmatrix}$.

23. 设 $\boldsymbol{A}\in C^{n\times n}$，$\boldsymbol{X}_0$，$\boldsymbol{b}\in C^{n\times 1}$，且 $\det\boldsymbol{A}\neq 0$，试证：

$$\begin{cases}\dfrac{\mathrm{d}}{\mathrm{d}t}\boldsymbol{X}(t)=\boldsymbol{A}\boldsymbol{X}(t)+\boldsymbol{b},\\ \boldsymbol{X}(0)=\boldsymbol{X}_0\end{cases}$$

的解为 $\boldsymbol{X}(t)=\mathrm{e}^{\boldsymbol{A}t}\boldsymbol{X}_0+\boldsymbol{A}^{-1}\mathrm{e}^{\boldsymbol{A}t}\boldsymbol{b}-\boldsymbol{A}^{-1}\boldsymbol{b}$；且若 $\boldsymbol{A}$ 的特征值的实部全为负，则

$$\lim_{t\to+\infty}\boldsymbol{X}(t)=-\boldsymbol{A}^{-1}\boldsymbol{b}\quad(t\text{ 为实变量})$$

24. 完成定理 5.6.1 的证明；并求 $\dfrac{\mathrm{d}}{\mathrm{d}\boldsymbol{X}^{\mathrm{T}}}(\mathrm{tr}\boldsymbol{A}\boldsymbol{X})$，其中 $\boldsymbol{A}$ 为常量矩阵.

25. 完成定理 5.6.2 中 1°，2°，3°的证明.

26. 设 $\boldsymbol{X}=(x_{ij})_{n\times n}$，求 $\dfrac{\mathrm{d}}{\mathrm{d}\boldsymbol{X}}\mathrm{tr}\boldsymbol{X}^2$ 及 $\dfrac{\mathrm{d}}{\mathrm{d}\boldsymbol{X}}\mathrm{tr}\boldsymbol{X}^{\mathrm{T}}\boldsymbol{X}$.

6 矩阵的广义逆

矩阵的广义逆产生于研究线性方程组 $\boldsymbol{AX}=\boldsymbol{b}$ 的解. 我们已经知道当 $\boldsymbol{A}$ 可逆时,方程组的解可表示为 $\boldsymbol{X}=\boldsymbol{A}^{-1}\boldsymbol{b}$. 那么,当 $\boldsymbol{A}$ 不可逆甚至不是方阵时,是否可引进适当的矩阵来表示线性方程组的通解呢? 利用本章要介绍的广义逆可以给出圆满的回答.

本章首先介绍广义逆的定义、性质及计算,最后介绍它在解线性方程组方面的应用.

6.1 广义逆及其性质

由于应用上的需要,近 30 年来对矩阵各种广义逆的研究有很大进展. 本章仅介绍最常见的一种广义逆 $\boldsymbol{A}^{+}$,在习题中将讨论部分其它种类的广义逆.

定义 设 $\boldsymbol{A}\in C^{s\times n}$,若存在 $\boldsymbol{G}\in C^{n\times s}$满足:

1° $\boldsymbol{AGA}=\boldsymbol{A}$; 2° $\boldsymbol{GAG}=\boldsymbol{G}$;

3° $(\boldsymbol{AG})^{\mathrm{H}}=\boldsymbol{AG}$; 4° $(\boldsymbol{GA})^{\mathrm{H}}=\boldsymbol{GA}$.

则称 $\boldsymbol{G}$ 为 $\boldsymbol{A}$ 的**广义逆**.

以上定义由 Penrose 提出,故上面的四个方程叫 Penrose 方程. 满足这四个方程的 $\boldsymbol{G}$ 也叫 $\boldsymbol{A}$ 的 Moore-Penrose 逆.

由定义可见,当 $\boldsymbol{A}$ 可逆时 $\boldsymbol{A}$ 的广义逆就是 $\boldsymbol{A}^{-1}$,且唯一;零矩阵 $\boldsymbol{O}_{s\times n}$ 的广义逆是 $\boldsymbol{O}_{n\times s}$,也唯一.

试问:是否任一矩阵都存在广义逆? 若存在,是否唯一?

定理 6.1.1 设 $\boldsymbol{A}\in C^{s\times n}$,则 $\boldsymbol{A}$ 的广义逆存在且唯一.

证明 先证存在性.

根据 $\boldsymbol{A}$ 的奇值分解知，存在酉阵 $\boldsymbol{U},\boldsymbol{V}$ 使

$$\boldsymbol{A}=\boldsymbol{U}\begin{bmatrix}\boldsymbol{D} & \boldsymbol{O}\\ \boldsymbol{O} & \boldsymbol{O}\end{bmatrix}_{s\times n}\boldsymbol{V}^{\mathrm{H}},$$

其中 $\boldsymbol{D}=\mathrm{diag}(\sqrt{\lambda_1},\cdots,\sqrt{\lambda_r})$，$\lambda_1,\cdots,\lambda_r$ 为 $\boldsymbol{A}^{\mathrm{H}}\boldsymbol{A}$ 的特征值.

取

$$\boldsymbol{G}=\boldsymbol{V}\begin{bmatrix}\boldsymbol{D}^{-1} & \boldsymbol{O}\\ \boldsymbol{O} & \boldsymbol{O}\end{bmatrix}_{n\times s}\boldsymbol{U}^{\mathrm{H}},$$

于是

$$\boldsymbol{AG}=\boldsymbol{U}\begin{bmatrix}\boldsymbol{I}_r & \boldsymbol{O}\\ \boldsymbol{O} & \boldsymbol{O}\end{bmatrix}_{s\times s}\boldsymbol{U}^{\mathrm{H}},\quad \boldsymbol{GA}=\boldsymbol{V}\begin{bmatrix}\boldsymbol{I}_r & \boldsymbol{O}\\ \boldsymbol{O} & \boldsymbol{O}\end{bmatrix}_{n\times n}\boldsymbol{V}^{\mathrm{H}},$$

由此容易验证 $\boldsymbol{G}$ 满足四个 Penrose 方程，故 $\boldsymbol{A}$ 的广义逆存在.

再证唯一性.

设 $\boldsymbol{G}_1$ 与 $\boldsymbol{G}_2$ 均满足 Penrose 四方程，于是

$$\begin{aligned}\boldsymbol{G}_1 &\overset{2^\circ}{=}\boldsymbol{G}_1\boldsymbol{AG}_1\underset{1^\circ}{=}\boldsymbol{G}_1\boldsymbol{AG}_2\boldsymbol{AG}_1\underset{4^\circ}{\overset{4^\circ}{=}}\boldsymbol{A}^{\mathrm{H}}\boldsymbol{G}_1^{\mathrm{H}}\boldsymbol{A}^{\mathrm{H}}\boldsymbol{G}_2^{\mathrm{H}}\boldsymbol{G}_1\\
&\overset{1^\circ}{=}\boldsymbol{A}^{\mathrm{H}}\boldsymbol{G}_2^{\mathrm{H}}\boldsymbol{G}_1\underset{4^\circ}{=}\boldsymbol{G}_2\boldsymbol{AG}_1\underset{2^\circ}{=}\boldsymbol{G}_2\boldsymbol{AG}_2\boldsymbol{AG}_1\\
&\underset{3^\circ}{\overset{3^\circ}{=}}\boldsymbol{G}_2\boldsymbol{G}_2^{\mathrm{H}}\boldsymbol{A}^{\mathrm{H}}\boldsymbol{G}_1^{\mathrm{H}}\boldsymbol{A}^{\mathrm{H}}\overset{1^\circ}{=}\boldsymbol{G}_2\boldsymbol{G}_2^{\mathrm{H}}\boldsymbol{A}^{\mathrm{H}}\\
&\underset{3^\circ}{=}\boldsymbol{G}_2\boldsymbol{AG}_2\underset{2^\circ}{=}\boldsymbol{G}_2.\end{aligned}$$

证毕.

（以上等号处的号码表示等式的根据，上与下分别对应于 $\boldsymbol{G}_1$ 与 $\boldsymbol{G}_2$）

记 $\boldsymbol{A}$ 的满足四个 Penrose 方程的广义逆为 $\boldsymbol{A}^{+}$.

例 1 $\boldsymbol{O}_{s\times n}^{+}=\boldsymbol{O}_{n\times s}$.

例 2 从定义容易验证(作为习题)：

$$\begin{bmatrix} \boldsymbol{A} & \boldsymbol{O} \\ \boldsymbol{O} & \boldsymbol{B} \end{bmatrix}^+ = \begin{bmatrix} \boldsymbol{A}^+ & \boldsymbol{O} \\ \boldsymbol{O} & \boldsymbol{B}^+ \end{bmatrix}, \quad \begin{bmatrix} \boldsymbol{O} & \boldsymbol{A} \\ \boldsymbol{B} & \boldsymbol{O} \end{bmatrix}^+ = \begin{bmatrix} \boldsymbol{O} & \boldsymbol{B}^+ \\ \boldsymbol{A}^+ & \boldsymbol{O} \end{bmatrix},$$

以及

$$\begin{bmatrix} \boldsymbol{A} \\ \boldsymbol{O} \end{bmatrix}^+ = (\boldsymbol{A}^+, \boldsymbol{O}), \quad (\boldsymbol{A}, \boldsymbol{O})^+ = \begin{bmatrix} \boldsymbol{A}^+ \\ \boldsymbol{O} \end{bmatrix}.$$

例 2 中前两个等式与可逆阵的性质类似.

例 3 设 $\boldsymbol{A} = \begin{bmatrix} 1 & 1 \\ 0 & 0 \end{bmatrix}$,求 $\boldsymbol{A}^+$.

解 先用凑的方法来求 $(1,1)^+$,根据定义可凑出

$$(1,1)^+ = \frac{1}{2}\begin{bmatrix} 1 \\ 1 \end{bmatrix},$$

再利用例 2 中等式得

$$\boldsymbol{A}^+ = \frac{1}{2}\begin{bmatrix} 1 & 0 \\ 1 & 0 \end{bmatrix}.$$

一般的如何求 $\boldsymbol{A}^+$? 为此先研究 $\boldsymbol{A}^+$ 的性质.

定理 6.1.2 设 $\boldsymbol{A} \in C^{s \times n}$,则

1° $(\boldsymbol{A}^+)^+ = \boldsymbol{A}$;

2° $(\boldsymbol{A}^{\mathrm{H}})^+ = (\boldsymbol{A}^+)^{\mathrm{H}}$;

3° $(\boldsymbol{A}^{\mathrm{T}})^+ = (\boldsymbol{A}^+)^{\mathrm{T}}$;

4° $(k\boldsymbol{A})^+ = k^+\boldsymbol{A}^+$,其中 $k \in C$, $k^+ = \begin{cases} \dfrac{1}{k}, & k \neq 0, \\ 0, & k = 0; \end{cases}$

5° $\boldsymbol{A}^{\mathrm{H}} = \boldsymbol{A}^{\mathrm{H}}\boldsymbol{A}\boldsymbol{A}^+ = \boldsymbol{A}^+\boldsymbol{A}\boldsymbol{A}^{\mathrm{H}}$;

6° $(\boldsymbol{A}^{\mathrm{H}}\boldsymbol{A})^+ = \boldsymbol{A}^+(\boldsymbol{A}^{\mathrm{H}})^+$, $(\boldsymbol{A}\boldsymbol{A}^{\mathrm{H}})^+ = (\boldsymbol{A}^{\mathrm{H}})^+\boldsymbol{A}^+$;

7° $\boldsymbol{A}^+ = (\boldsymbol{A}^{\mathrm{H}}\boldsymbol{A})^+\boldsymbol{A}^{\mathrm{H}} = \boldsymbol{A}^{\mathrm{H}}(\boldsymbol{A}\boldsymbol{A}^{\mathrm{H}})^+$;

8° $(\boldsymbol{U}\boldsymbol{A}\boldsymbol{V})^+ = \boldsymbol{V}^{\mathrm{H}}\boldsymbol{A}^+\boldsymbol{U}^{\mathrm{H}}$,其中 $\boldsymbol{U}, \boldsymbol{V}$ 为酉阵;

9° $A^+AB=A^+AC \Leftrightarrow AB=AC$.

证明 1°～5°容易由定义得证；6°和 8°可利用奇值分解来证明；根据 Penrose 方程及 6°和 2°可证得 7°；至于 9°，直接以 A 左乘$A^+AB=A^+AC$ 即得必要性，充分性是明显的.

证毕.

从 5°可见，在与 A^{H} 作运算时，A^+ 起着 A 的逆的作用(事实上 A 未必可逆)；类似的，如果在 6°中把$(A^{\mathrm{H}})^+$ 当作$(A^{\mathrm{H}})^{-1}$，则可得到 7°.

下面要介绍的有关值域与核的性质，可以用来解决 A^+ 的计算.

定理 6.1.3 设 $A \in C^{s\times n}$，则

1° $AA^+X=\begin{cases} X, & X \in R(A), \\ 0, & X \in K(A^{\mathrm{H}}); \end{cases}$

2° $A^+AX=\begin{cases} X, & X \in R(A^{\mathrm{H}}), \\ 0, & X \in K(A); \end{cases}$

3° $R(A)=R(AA^+)=R(AA^{\mathrm{H}})=K(I-AA^+)$；

4° $R(A^+)=R(A^+A)=R(A^{\mathrm{H}})=R(A^{\mathrm{H}}A)=K(I-A^+A)$；

5° $[R(A)]^{\perp}=R(I-AA^+)=K(AA^+)=K(A^{\mathrm{H}})$

$=K(A^+)=K(AA^{\mathrm{H}})$；

6° $[R(A^+)]^{\perp}=R(I-A^+A)=K(A^+A)=K(A)$

$=K(A^{\mathrm{H}}A)=[R(A^{\mathrm{H}})]^{\perp}$.

证明 逐条来证.

1° $\forall X \in R(A)$，$\exists Y$ 使

$$X=AY \Rightarrow AA^+X=AA^+AY=AY=X,$$

$\forall X \in K(A^{\mathrm{H}})$，有

$$AA^+X=(AA^+)^{\mathrm{H}}X=(A^+)^{\mathrm{H}}A^{\mathrm{H}}X=0.$$

2° 对 A^{H} 用 1°，又 $A^{\mathrm{H}}(A^+)^{\mathrm{H}}=(A^+A)^{\mathrm{H}}=A^+A$，即可得证.

3° 根据 1°，$\forall X \in R(A)$，有 $AA^+X=X \Rightarrow (I-AA^+)X=0$. 所以$R(A)$

$\subset K(\boldsymbol{I}-\boldsymbol{AA}^+)$. 反之, $\forall \boldsymbol{X}\in K(\boldsymbol{I}-\boldsymbol{AA}^+)\Rightarrow(\boldsymbol{I}-\boldsymbol{AA}^+)\boldsymbol{X}=\boldsymbol{0}\Rightarrow\boldsymbol{X}=\boldsymbol{AA}^+\boldsymbol{X}\in R(\boldsymbol{A})$. 故 $R(\boldsymbol{A})=K(\boldsymbol{I}-\boldsymbol{AA}^+)$.

另外,由于 $R(\boldsymbol{A})=R(\boldsymbol{AA}^+\boldsymbol{A})\subset R(\boldsymbol{AA}^+)\subset R(\boldsymbol{A})$,所以

$$R(\boldsymbol{A})=R(\boldsymbol{AA}^+).$$

至于 $R(\boldsymbol{A})=R(\boldsymbol{AA}^{\mathrm{H}})$,是因为 $R(\boldsymbol{AA}^{\mathrm{H}})$ 是 $R(\boldsymbol{A})$ 的子空间,又 $\boldsymbol{A}$ 与 $\boldsymbol{AA}^{\mathrm{H}}$ 的秩相等,因此 $R(\boldsymbol{A})$ 与 $R(\boldsymbol{AA}^{\mathrm{H}})$ 的维数相等,因而相同.

4° 对 $\boldsymbol{A}^+$ 用 3°的第一等式即可得 $R(\boldsymbol{A}^+)=R(\boldsymbol{A}^+\boldsymbol{A})$. 对 $\boldsymbol{A}^{\mathrm{H}}$ 用 3°之一可得 $R(\boldsymbol{A}^{\mathrm{H}})=R(\boldsymbol{A}^{\mathrm{H}}(\boldsymbol{A}^{\mathrm{H}})^+)$,而 $\boldsymbol{A}^{\mathrm{H}}(\boldsymbol{A}^{\mathrm{H}})^+=\boldsymbol{A}^{\mathrm{H}}(\boldsymbol{A}^+)^{\mathrm{H}}=\boldsymbol{A}^+\boldsymbol{A}$,故 $R(\boldsymbol{A}^{\mathrm{H}})=R(\boldsymbol{A}^+\boldsymbol{A})$. 而 $R(\boldsymbol{A}^{\mathrm{H}})=R(\boldsymbol{A}^{\mathrm{H}}\boldsymbol{A})$ 是因为 $R(\boldsymbol{A}^{\mathrm{H}}\boldsymbol{A})$ 是与 $R(\boldsymbol{A}^{\mathrm{H}})$ 维数相等的 $R(\boldsymbol{A}^{\mathrm{H}})$ 之子空间. 对 $\boldsymbol{A}^+$ 用 3°的最后等式即得 4°的最后等式.

5° 对 3°中的每一项取正交补,即得 $[R(\boldsymbol{A})]^{\perp}=K(\boldsymbol{AA}^+)=K(\boldsymbol{AA}^{\mathrm{H}})=R(\boldsymbol{I}-\boldsymbol{AA}^+)$. 又有 $[R(\boldsymbol{A})]^{\perp}=K(\boldsymbol{A}^{\mathrm{H}})$. 另外,有 $K(\boldsymbol{A}^+)\subset K(\boldsymbol{AA}^+)\subset K(\boldsymbol{A}^+\boldsymbol{AA}^+)=K(\boldsymbol{A}^+)$,所以 $K(\boldsymbol{A}^+)=K(\boldsymbol{AA}^+)$.

6° 对 $\boldsymbol{A}^+$ 用 5°,并注意到 $K(\boldsymbol{A})$ 是维数与 $K(\boldsymbol{A}^{\mathrm{H}}\boldsymbol{A})$ 相等的 $K(\boldsymbol{A}^{\mathrm{H}}\boldsymbol{A})$ 之子空间,则 6°之各式得证.

证毕.

下面研究 $\boldsymbol{A}^+$ 与正投影变换的关系.

定理 6.1.4 设 $\boldsymbol{A}\in C^{s\times n}$, $\boldsymbol{G}\in C^{n\times s}$,则 $\boldsymbol{G}=\boldsymbol{A}^+$ 的充要条件为

$$\boldsymbol{AGX}=\begin{cases}\boldsymbol{X}, & \forall \boldsymbol{X}\in R(\boldsymbol{A}),\\ \boldsymbol{0}, & \forall \boldsymbol{X}\in[R(\boldsymbol{A})]^{\perp};\end{cases}\tag{6.1.1}$$

及

$$\boldsymbol{GAX}=\begin{cases}\boldsymbol{X}, & \forall \boldsymbol{X}\in R(\boldsymbol{G}),\\ \boldsymbol{0}, & \forall \boldsymbol{X}\in[R(\boldsymbol{G})]^{\perp}.\end{cases}\tag{6.1.2}$$

证明 先证必要性.

根据定理 6.1.3 之 1°以及 4°中 $R(\boldsymbol{A}^+)=R(\boldsymbol{A}^{\mathrm{H}})$, 6°中 $K(\boldsymbol{A})=[R(\boldsymbol{A}^+)]^{\perp}$,又 $K(\boldsymbol{A}^{\mathrm{H}})=[R(\boldsymbol{A})]^{\perp}$,不难得到当 $\boldsymbol{G}=\boldsymbol{A}^+$ 时, $\boldsymbol{G}$ 满足式

(6.1.1)与式(6.1.2).

再证充分性.

首先，$\forall \boldsymbol{Y}\in C^n$，$\boldsymbol{AY}\in R(\boldsymbol{A})$，由式(6.1.1)有 $\boldsymbol{AGAY}=\boldsymbol{AY}$，故 $\boldsymbol{AGA}=\boldsymbol{A}$. 又 $\forall \boldsymbol{Y}\in C^s$，$\boldsymbol{GY}\in R(\boldsymbol{G})$，由式(6.1.2)有 $\boldsymbol{GAGY}=\boldsymbol{GY}$，故 $\boldsymbol{GAG}=\boldsymbol{G}$.

其次，$C^s=R(\boldsymbol{A})\oplus[R(\boldsymbol{A})]^{\perp}$，分别取 $R(\boldsymbol{A})$ 及 $[R(\boldsymbol{A})]^{\perp}$ 的标准正交基，设为 $\boldsymbol{X}_1,\cdots,\boldsymbol{X}_r$ 及 $\boldsymbol{X}_{r+1},\cdots,\boldsymbol{X}_s$. 注意到式(6.1.1)，有

$$\boldsymbol{AGX}_i=\boldsymbol{X}_i \quad (1\leqslant i\leqslant r),$$
$$\boldsymbol{AGX}_j=\boldsymbol{0} \quad (r+1\leqslant j\leqslant s),$$

于是

$$\boldsymbol{AG}(\boldsymbol{X}_1,\cdots,\boldsymbol{X}_s)=(\boldsymbol{X}_1,\cdots,\boldsymbol{X}_s)\begin{bmatrix}\boldsymbol{I}_r & \boldsymbol{O}\\ \boldsymbol{O} & \boldsymbol{O}\end{bmatrix},$$

即 $\boldsymbol{AG}$ 酉相似于实对角阵 $\begin{bmatrix}\boldsymbol{I}_r & \boldsymbol{O}\\ \boldsymbol{O} & \boldsymbol{O}\end{bmatrix}$，故 $\boldsymbol{AG}$ 为 Hermite 阵.

同理，由式(6.1.2)可证得 $\boldsymbol{GA}$ 为 Hermite 阵. 这就证明了满足式(6.1.1)与式(6.1.2)的 $\boldsymbol{G}$ 是 $\boldsymbol{A}$ 的广义逆 $\boldsymbol{A}^{+}$.

证毕.

6.2　$\boldsymbol{A}^{+}$的求法

对于简单的矩阵可直接根据定义来凑出它的广义逆，但一般的就很难凑了. 这里介绍两种常用的方法.

定理 6.2.1　设 $\boldsymbol{A}\in C^{s\times n}$，$r(\boldsymbol{A})=r\geqslant 1$. 已知 $\boldsymbol{A}$ 的满秩分解

$$\boldsymbol{A}=\boldsymbol{BC},$$

其中 $\boldsymbol{B}$,$\boldsymbol{C}$ 分别为 $s\times r$，$r\times n$ 矩阵，则

$$\boldsymbol{A}^{+}=\boldsymbol{C}^{\mathrm{H}}(\boldsymbol{CC}^{\mathrm{H}})^{-1}(\boldsymbol{B}^{\mathrm{H}}\boldsymbol{B})^{-1}\boldsymbol{B}^{\mathrm{H}}. \tag{6.2.1}$$

特别,若 $\boldsymbol{A}$ 的秩为 n,则

$$\boldsymbol{A}^{+}=(\boldsymbol{A}^{\mathrm{H}}\boldsymbol{A})^{-1}\boldsymbol{A}^{\mathrm{H}}; \tag{6.2.2}$$

若 $\boldsymbol{A}$ 的秩为 s,则

$$\boldsymbol{A}^{+}=\boldsymbol{A}^{\mathrm{H}}(\boldsymbol{A}\boldsymbol{A}^{\mathrm{H}})^{-1}. \tag{6.2.3}$$

证明 直接用四个方程来验证. 记式(6.2.1)的右端为 $\boldsymbol{G}$,则

$$\boldsymbol{AGA}=\boldsymbol{BCC}^{\mathrm{H}}(\boldsymbol{CC}^{\mathrm{H}})^{-1}(\boldsymbol{B}^{\mathrm{H}}\boldsymbol{B})^{-1}\boldsymbol{B}^{\mathrm{H}}\boldsymbol{BC}=\boldsymbol{BC}=\boldsymbol{A},$$

$$\begin{aligned}\boldsymbol{GAG}&=\boldsymbol{C}^{\mathrm{H}}(\boldsymbol{CC}^{\mathrm{H}})^{-1}(\boldsymbol{B}^{\mathrm{H}}\boldsymbol{B})^{-1}\boldsymbol{B}^{\mathrm{H}}\boldsymbol{BCC}^{\mathrm{H}}(\boldsymbol{CC}^{\mathrm{H}})^{-1}(\boldsymbol{B}^{\mathrm{H}}\boldsymbol{B})^{-1}\boldsymbol{B}^{\mathrm{H}}\\&=\boldsymbol{C}^{\mathrm{H}}(\boldsymbol{CC}^{\mathrm{H}})^{-1}(\boldsymbol{B}^{\mathrm{H}}\boldsymbol{B})^{-1}\boldsymbol{B}^{\mathrm{H}}=\boldsymbol{G},\end{aligned}$$

$$\boldsymbol{AG}=\boldsymbol{B}(\boldsymbol{B}^{\mathrm{H}}\boldsymbol{B})^{-1}\boldsymbol{B}^{\mathrm{H}},$$

$$\boldsymbol{GA}=\boldsymbol{C}^{\mathrm{H}}(\boldsymbol{CC}^{\mathrm{H}})^{-1}\boldsymbol{C}.$$

容易看出 $\boldsymbol{AG}$ 与 $\boldsymbol{GA}$ 都是 Hermite 阵. 于是式(6.2.1)得证.

当 $r(\boldsymbol{A})=n$ 时,$\boldsymbol{A}$ 的满秩分解为

$$\boldsymbol{A}=\boldsymbol{AI}_n,$$

利用式(6.2.1)便得式(6.2.2).

当 $r(\boldsymbol{A})=s$ 时,$\boldsymbol{A}$ 的满秩分解为

$$\boldsymbol{A}=\boldsymbol{I}_s\boldsymbol{A},$$

直接由式(6.2.1)便得式(6.2.3).

证毕.

若对 $\boldsymbol{A}$ 的满秩分解中的列满秩阵 $\boldsymbol{B}$ 及行满秩阵 $\boldsymbol{C}$ 分别用定理 6.2.1 中式(6.2.2)和(6.2.3),代入式(6.2.1)即得

$$\boldsymbol{A}^{+}=\boldsymbol{C}^{+}\boldsymbol{B}^{+}.$$

上式与可逆阵乘积之逆的公式对应.

例 1 已知 $\boldsymbol{A}=\begin{bmatrix}1&2&3\\2&4&6\end{bmatrix}$,求 $\boldsymbol{A}^{+}$.

解 容易看出 $\boldsymbol{A}$ 的秩为 1,$\boldsymbol{A}$ 的满秩分解为

$$\boldsymbol{A}=\begin{bmatrix}1\\2\end{bmatrix}\begin{bmatrix}1&2&3\end{bmatrix}=\boldsymbol{BC},$$

于是

$$\boldsymbol{B}^{\mathrm{H}}\boldsymbol{B}=\begin{bmatrix}1&2\end{bmatrix}\begin{bmatrix}1\\2\end{bmatrix}=5,\quad (\boldsymbol{B}^{\mathrm{H}}\boldsymbol{B})^{-1}=\frac{1}{5},$$

$$\boldsymbol{C}\boldsymbol{C}^{\mathrm{H}}=\begin{bmatrix}1&2&3\end{bmatrix}\begin{bmatrix}1\\2\\3\end{bmatrix}=14,\quad (\boldsymbol{C}\boldsymbol{C}^{\mathrm{H}})^{-1}=\frac{1}{14},$$

所以

$$\boldsymbol{A}^{+}=\frac{1}{70}\begin{bmatrix}1\\2\\3\end{bmatrix}\begin{bmatrix}1&2\end{bmatrix}=\frac{1}{70}\begin{bmatrix}1&2\\2&4\\3&6\end{bmatrix}.$$

定理 6.2.2 设 $\boldsymbol{A}\in C^{s\times n}$,$r(\boldsymbol{A})=r\geqslant 1$,则

$$\boldsymbol{A}^{+}=(\boldsymbol{X}_1,\cdots,\boldsymbol{X}_r,\boldsymbol{0},\cdots,\boldsymbol{0})_{n\times s}(\boldsymbol{AX}_1,\cdots,\boldsymbol{AX}_r,\boldsymbol{Y}_{r+1},\cdots,\boldsymbol{Y}_s)^{-1},\tag{6.2.4}$$

其中 $\boldsymbol{X}_1,\cdots,\boldsymbol{X}_r$ 为 $R(\boldsymbol{A}^{\mathrm{H}})$ 的一组基;$\boldsymbol{Y}_{r+1},\cdots,\boldsymbol{Y}_s$ 为 $K(\boldsymbol{A}^{\mathrm{H}})$ 的一组基(当 $\dim K(\boldsymbol{A}^{\mathrm{H}})=0$ 时,则 $r=s$,$\boldsymbol{Y}_{r+1},\cdots,\boldsymbol{Y}_s$ 就不出现).

证明 首先 $r(\boldsymbol{A}^{\mathrm{H}})=r(\boldsymbol{A})=r\geqslant 1$. 取 $R(\boldsymbol{A}^{\mathrm{H}})$ 的一组基,设为 $\boldsymbol{X}_1,\cdots,\boldsymbol{X}_r$. 而 $\dim R(\boldsymbol{A}^{\mathrm{H}})+\dim K(\boldsymbol{A}^{\mathrm{H}})=s$,设 $\boldsymbol{Y}_{r+1},\cdots,\boldsymbol{Y}_s$ 为 $K(\boldsymbol{A}^{\mathrm{H}})$ 的一组基.

根据定理 6.1.3 之 5°和 2°,有

$$\boldsymbol{A}^{+}\boldsymbol{Y}_j=\boldsymbol{0}\quad (j=r+1,\cdots,s),$$

$$\boldsymbol{A}^{+}\boldsymbol{AX}_i=\boldsymbol{X}_i\quad (i=1,\cdots,r),$$

于是

$$\boldsymbol{A}^{+}(\boldsymbol{AX}_1,\cdots,\boldsymbol{AX}_r,\boldsymbol{Y}_{r+1},\cdots,\boldsymbol{Y}_s)=(\boldsymbol{X}_1,\cdots,\boldsymbol{X}_r,\boldsymbol{0},\cdots,\boldsymbol{0})_{n\times s}.\tag{6.2.5}$$

又因为 $\boldsymbol{X}_1,\boldsymbol{X}_2,\cdots,\boldsymbol{X}_r$ 线性无关，而 $\boldsymbol{X}_i=\boldsymbol{A}^{+}\boldsymbol{AX}_i\,(i=1,\cdots,r)$，故 $\boldsymbol{AX}_1,\cdots,\boldsymbol{AX}_r$ 也线性无关. 注意到 $r(\boldsymbol{A})=r$，故 $\boldsymbol{AX}_1,\cdots,\boldsymbol{AX}_r$ 是 $R(\boldsymbol{A})$ 的一组基，而 $C^s=R(\boldsymbol{A})\oplus K(\boldsymbol{A}^{\mathrm{H}})$，所以矩阵

$$(\boldsymbol{AX}_1,\cdots,\boldsymbol{AX}_r,\boldsymbol{Y}_{r+1},\cdots,\boldsymbol{Y}_s)$$

可逆. 由式(6.2.5)即得式(6.2.4).

证毕.

例 2　已知 $\boldsymbol{M}=\begin{bmatrix}\boldsymbol{A} & \boldsymbol{O}\\ \boldsymbol{O} & \boldsymbol{B}\end{bmatrix}$，其中 $\boldsymbol{A}=\begin{bmatrix}1 & 1 & 2\\ 2 & 1 & 3\end{bmatrix}$，$\boldsymbol{B}=\begin{bmatrix}0 & 2\\ 3 & 0\end{bmatrix}$，求 $\boldsymbol{M}^{+}$.

解　首先 $\boldsymbol{M}^{+}=\begin{bmatrix}\boldsymbol{A}^{+} & \boldsymbol{O}\\ \boldsymbol{O} & \boldsymbol{B}^{+}\end{bmatrix}$，而 $\boldsymbol{B}$ 可逆，$\boldsymbol{B}^{+}=\boldsymbol{B}^{-1}=\begin{bmatrix}0 & \dfrac{1}{3}\\ \dfrac{1}{2} & 0\end{bmatrix}$.

对 $\boldsymbol{A}$，用定理 6.2.2 的方法，得

$$\boldsymbol{A}^{\mathrm{H}}=\begin{bmatrix}1 & 2\\ 1 & 1\\ 2 & 3\end{bmatrix},\quad r(\boldsymbol{A}^{\mathrm{H}})=2.$$

为计算方便起见，取与 $\boldsymbol{A}^{\mathrm{H}}$ 的列向量组等价的向量组：

$$\boldsymbol{X}_1=\begin{pmatrix}1\\ 0\\ 1\end{pmatrix},\quad \boldsymbol{X}_2=\begin{pmatrix}0\\ 1\\ 1\end{pmatrix}$$

为 $R(\boldsymbol{A}^{\mathrm{H}})$ 的一组基. 因为 $\boldsymbol{A}^{\mathrm{H}}$ 的秩为 2，所以 $K(\boldsymbol{A}^{\mathrm{H}})=\{\boldsymbol{0}\}$. 经过计算得

$$\boldsymbol{AX}_1=\begin{bmatrix}3\\ 5\end{bmatrix},\quad \boldsymbol{AX}_2=\begin{bmatrix}3\\ 4\end{bmatrix},$$

$$(\boldsymbol{AX}_1,\boldsymbol{AX}_2)^{-1}=\begin{bmatrix}3&3\\5&4\end{bmatrix}^{-1}=-\frac{1}{3}\begin{bmatrix}4&-3\\-5&3\end{bmatrix},$$

所以

$$\boldsymbol{A}^+=\begin{bmatrix}1&0\\0&1\\1&1\end{bmatrix}\begin{bmatrix}3&3\\5&4\end{bmatrix}^{-1}=\frac{1}{3}\begin{bmatrix}-4&3\\5&-3\\1&0\end{bmatrix},$$

$$\boldsymbol{M}^+=\begin{bmatrix}-4/3&1&0&0\\5/3&-1&0&0\\1/3&0&0&0\\0&0&0&1/3\\0&0&1/2&0\end{bmatrix}.$$

6.3 广义逆的一个应用

有些实际问题中，线性方程组 $\boldsymbol{AX}=\boldsymbol{b}$ 的系数由实验而得，故方程组往往不相容. 这时，要找使 $\boldsymbol{AX}$ 与 $\boldsymbol{b}$ 最“接近”之 $\boldsymbol{X}$.

定义 设 $\boldsymbol{A}\in C^{s\times n}$，若 $\boldsymbol{X}_0$ 满足

$$\|\boldsymbol{AX}_0-\boldsymbol{b}\|_2=\min_{x\in C^n}\|\boldsymbol{AX}-\boldsymbol{b}\|_2,$$

则称 $\boldsymbol{X}=\boldsymbol{X}_0$ 是方程组 $\boldsymbol{AX}=\boldsymbol{b}$ 的**最小二乘解**；所有最小二乘解中本身长度最小的叫做**极小最小二乘解**.

显然，对于相容的方程组，它的解与最小二乘解是一回事.

定理 6.3.1 设 $\boldsymbol{A}\in C^{s\times n}$，$\boldsymbol{b}\in C^s$，则 $\boldsymbol{X}=\boldsymbol{X}_0$ 是 $\boldsymbol{AX}=\boldsymbol{b}$ 的最小二乘解 $\Leftrightarrow\boldsymbol{AX}_0-\boldsymbol{b}\in[R(\boldsymbol{A})]^\perp\Leftrightarrow\boldsymbol{A}^H\boldsymbol{AX}_0=\boldsymbol{A}^H\boldsymbol{b}$.

证明 记 $W=R(\boldsymbol{A})$，由于 $C^s=W\oplus W^\perp$，故 $\boldsymbol{b}$ 可唯一分解为

$$\boldsymbol{b}=\boldsymbol{AY}_0+(\boldsymbol{b}-\boldsymbol{AY}_0),$$

其中 $\boldsymbol{b}-\boldsymbol{AY}_0\in W^{\perp}$. 于是 $\forall \boldsymbol{X}\in C^n$,有

$$\begin{aligned}\|\boldsymbol{AX}-\boldsymbol{b}\|_2^2 &= \|\boldsymbol{AX}-\boldsymbol{AY}_0-\boldsymbol{b}+\boldsymbol{AY}_0\|_2^2 \\ &= \|\boldsymbol{AX}-\boldsymbol{AY}_0\|_2^2+\|\boldsymbol{AY}_0-\boldsymbol{b}\|_2^2 \\ &\geqslant \|\boldsymbol{AY}_0-\boldsymbol{b}\|_2^2. \end{aligned} \tag{6.3.1}$$

从式(6.3.1)可见

$$\begin{aligned}\|\boldsymbol{AX}_0-\boldsymbol{b}\|_2 = \min_{\boldsymbol{X}\in C^n}\|\boldsymbol{AX}-\boldsymbol{b}\|^2 &\Leftrightarrow \boldsymbol{AX}_0=\boldsymbol{AY}_0 \\ &\Leftrightarrow \boldsymbol{AX}_0-\boldsymbol{b}\in W^{\perp},\end{aligned}$$

又$[R(\boldsymbol{A})]^{\perp}=K(\boldsymbol{A}^{\mathrm{H}})$,故 $\boldsymbol{X}=\boldsymbol{X}_0$ 是 $\boldsymbol{AX}=\boldsymbol{b}$ 的最小二乘解的充分必要条件为

$$\boldsymbol{AX}_0-\boldsymbol{b}\in K(\boldsymbol{A}^{\mathrm{H}})\Leftrightarrow \boldsymbol{A}^{\mathrm{H}}\boldsymbol{AX}_0=\boldsymbol{A}^{\mathrm{H}}\boldsymbol{b}.$$

证毕.

请读者注意,虽然方程组 $\boldsymbol{AX}=\boldsymbol{b}$ 可能是不相容的,由于 $\boldsymbol{A}^{\mathrm{H}}\boldsymbol{b}$ 属于 $R(\boldsymbol{A}^{\mathrm{H}})=R(\boldsymbol{A}^{\mathrm{H}}\boldsymbol{A})$,所以 $\boldsymbol{A}^{\mathrm{H}}\boldsymbol{AX}=\boldsymbol{A}^{\mathrm{H}}\boldsymbol{b}$ 一定是相容的.

定理 6.3.2 设 $\boldsymbol{A}\in C^{s\times n}$,则 $\boldsymbol{AX}=\boldsymbol{b}$ 的最小二乘解之通解为

$$\boldsymbol{X}=\boldsymbol{A}^{+}\boldsymbol{b}+(\boldsymbol{I}-\boldsymbol{A}^{+}\boldsymbol{A})\boldsymbol{Y}\quad(\forall \boldsymbol{Y}\in C^n), \tag{6.3.2}$$

且 $\boldsymbol{AX}=\boldsymbol{b}$ 的极小最小二乘解唯一,为 $\boldsymbol{X}=\boldsymbol{A}^{+}\boldsymbol{b}$.

证明 根据定理 6.3.1,只要找出 $\boldsymbol{A}^{\mathrm{H}}\boldsymbol{AX}=\boldsymbol{A}^{\mathrm{H}}\boldsymbol{b}$ 的通解.

由于 $\boldsymbol{A}^{\mathrm{H}}\boldsymbol{AA}^{+}=\boldsymbol{A}^{\mathrm{H}}$(定理 6.1.2 之 5°),于是 $\boldsymbol{A}^{\mathrm{H}}\boldsymbol{AA}^{+}\boldsymbol{b}=\boldsymbol{A}^{\mathrm{H}}\boldsymbol{b}$,故 $\boldsymbol{A}^{+}\boldsymbol{b}$ 是 $\boldsymbol{A}^{\mathrm{H}}\boldsymbol{AX}=\boldsymbol{A}^{\mathrm{H}}\boldsymbol{b}$ 的一个解.

又根据定理 6.1.3 知 $K(\boldsymbol{A}^{\mathrm{H}}\boldsymbol{A})=R(\boldsymbol{I}-\boldsymbol{A}^{+}\boldsymbol{A})$,故 $\boldsymbol{A}^{\mathrm{H}}\boldsymbol{AX}=\boldsymbol{0}$的通解为 $(\boldsymbol{I}-\boldsymbol{A}^{+}\boldsymbol{A})\boldsymbol{Y}$,其中 $\boldsymbol{Y}$ 为任一 C^n 中向量. 所以 $\boldsymbol{A}^{\mathrm{H}}\boldsymbol{AX}=\boldsymbol{A}^{\mathrm{H}}\boldsymbol{b}$ 的通解即为式(6.3.2).

最后,因为 $\boldsymbol{A}^{+}\boldsymbol{b}\in R(\boldsymbol{A}^{+})$,又

$$(\boldsymbol{I}-\boldsymbol{A}^{+}\boldsymbol{A})\boldsymbol{Y}\in R(\boldsymbol{I}-\boldsymbol{A}^{+}\boldsymbol{A})=[R(\boldsymbol{A}^{+})]^{\perp},$$

故

$$\|A^{+}b+(I-A^{+}A)Y\|_2^2=\|A^{+}b\|_2^2+\|(I-A^{+}A)Y\|_2^2\geqslant\|A^{+}b\|_2^2,$$

且等号成立当且仅当$(I-A^{+}A)Y=0$，所以 $AX=b$ 的极小最小二乘解唯一，为 $X=A^{+}b$.

证毕.

由于当方程组相容时，它的解与最小二乘解完全是相同的，所以式(6.3.2)也就是相容方程组 $AX=b$ 的通解公式.

习 题 6

1. 试证：$\begin{bmatrix}A\\O\end{bmatrix}^{+}=(A^{+},O)$，$(A,O)^{+}=\begin{bmatrix}A^{+}\\O\end{bmatrix}$.

2. 试证：$\begin{bmatrix}A & O\\O & B\end{bmatrix}^{+}=\begin{bmatrix}A^{+} & O\\O & B^{+}\end{bmatrix}$，$\begin{bmatrix}O & A^{+}\\B & O\end{bmatrix}^{+}=\begin{bmatrix}O & B^{+}\\A^{+} & O\end{bmatrix}$.

3. 试问：$(AB)^{+}=B^{+}A^{+}$是否成立？

4. 试证：若 $A^2=A=A^{H}$，则 $A^{+}=A$.

5. 设 α,β 为已知的 n 维非零列向量，$A=\alpha\beta^{H}$，求 A^{+}.

6. 设 $A\in C^{s\times n}$，$r(A)=1$，试证：$A^{+}=(\mathrm{tr}A^{H}A)^{-1}A^{H}$.

7. 试证：若 $AB^{H}=O$，$B^{H}A=O$，则$(A+B)^{+}=A^{+}+B^{+}$.

8. 完善定理 6.1.2 的证明.

9. 用适当的方法求下列矩阵的广义逆 A^{+}：

(1) $A=\begin{bmatrix}0 & c\\a & 0\\b & 0\end{bmatrix}$，其中复数 a,b,c 满足 $c\neq0$，$|a|^2+|b|^2\neq0$；

(2) $A=\begin{bmatrix}1 & 0 & -1\\2 & 0 & -2\end{bmatrix}$；

(3) $\boldsymbol{A}=\begin{bmatrix}1 & 1 & 2\\ 1 & 0 & 3\end{bmatrix}^{\mathrm{T}}$;

(4) $\boldsymbol{A}=\begin{bmatrix}\mathrm{i} & -1 & 0\\ 0 & \mathrm{i} & 1\end{bmatrix}$.

10. 证明:线性方程组 $\boldsymbol{Ax}=\boldsymbol{b}$ 有解当且仅当 $\boldsymbol{AA}^{+}\boldsymbol{b}=\boldsymbol{b}$.

11. 用 $A\{1\}$ 表示满足 Penrose 第一个方程 $\boldsymbol{AGA}=\boldsymbol{A}$ 的 $\boldsymbol{G}$ 之集合,试证:$\boldsymbol{A}^{-}\in A\{1\}\Leftrightarrow\boldsymbol{A}^{-}\boldsymbol{b}$ 是方程组 $\boldsymbol{AX}=\boldsymbol{b}$ 的解,$\forall\,\boldsymbol{b}\in R(\boldsymbol{A})$.

12. 设 $\boldsymbol{A}\in C^{s\times n}$,试证:

(1) 若 $r(\boldsymbol{A})=n$,则 $\forall\,\boldsymbol{A}^{-}\in A\{1\}$,$\boldsymbol{A}^{-}\boldsymbol{A}=\boldsymbol{I}_n$;

(2) 若 $r(\boldsymbol{A})=s$,则 $\forall\,\boldsymbol{A}^{-}\in A\{1\}$,$\boldsymbol{AA}^{-}=\boldsymbol{I}_s$.

13. $\boldsymbol{A}^{-}$ 意义如第 11 题,试证:

(1) $r(\boldsymbol{A}^{-})\geqslant r(\boldsymbol{A})=r(\boldsymbol{AA}^{-})=r(\boldsymbol{A}^{-}\boldsymbol{A})$;

(2) $\boldsymbol{AA}^{-}$ 与 $\boldsymbol{A}^{-}\boldsymbol{A}$ 均为幂等阵.

14. 设 $\boldsymbol{A}\in C^{s\times n}$,记 $A\{1,2\}$ 为满足 $\boldsymbol{AGA}=\boldsymbol{A}$ 与 $\boldsymbol{GAG}=\boldsymbol{G}$ 之 $\boldsymbol{G}$ 的集合,试证:$C^n=K(\boldsymbol{A})\oplus R(\boldsymbol{G})$,其中 $\boldsymbol{G}\in A\{1,2\}$.

15. 若 $\boldsymbol{G}$ 满足 $\boldsymbol{AGA}=\boldsymbol{A}$,$(\boldsymbol{AG})^{\mathrm{H}}=\boldsymbol{AG}$,则记 $\boldsymbol{G}\in A\{1,3\}$,试证:$\forall\,\boldsymbol{b}\in C^s$,$\boldsymbol{Gb}$ 是 $\boldsymbol{AX}=\boldsymbol{b}$ 的最小二乘解,其中 $\boldsymbol{G}\in A\{1,3\}$.

16. 若 $\boldsymbol{G}$ 满足 $\boldsymbol{AGA}=\boldsymbol{A}$,$(\boldsymbol{GA})^{\mathrm{H}}=\boldsymbol{GA}$,试证:$\forall\,\boldsymbol{b}\in R(\boldsymbol{A})$,$\boldsymbol{Gb}=\boldsymbol{A}^{+}\boldsymbol{b}$,故 $\boldsymbol{Gb}$ 是 $\boldsymbol{AX}=\boldsymbol{b}$ 的极小最小二乘解.

17. 设 $\boldsymbol{A}\in C^{s\times n}$,若存在 $\boldsymbol{B}\in C^{n\times s}$ 使 $\boldsymbol{BA}=\boldsymbol{I}_n$,则称 $\boldsymbol{A}$ 左可逆,$\boldsymbol{B}$ 为 $\boldsymbol{A}$ 的左逆.试证:若 $\boldsymbol{A}\in C^{s\times n}$,则下列命题等价:

(1) $\boldsymbol{A}$ 左可逆;

(2) $s\geqslant n=\boldsymbol{A}$ 的秩;

(3) $\boldsymbol{A}$ 的列向量组线性无关;

(4) $\boldsymbol{A}$ 的核是零子空间.

18. 设 $\boldsymbol{A}\in C^{s\times n}$,$\boldsymbol{B}$ 为 $\boldsymbol{A}$ 的左逆,试证:

(1) $(\boldsymbol{AB})^2=\boldsymbol{AB}$;

(2) $\boldsymbol{ABX}=\boldsymbol{X}$, $\forall \boldsymbol{X}\in R(\boldsymbol{A})$;

(3) $\dim R(\boldsymbol{A})+\dim K(\boldsymbol{B})=s$;

(4) 方程组 $\boldsymbol{AX}=\boldsymbol{b}$ 有解$\Leftrightarrow(\boldsymbol{I}_s-\boldsymbol{AB})\boldsymbol{b}=\boldsymbol{0}$,且有解时,解唯一为 $\boldsymbol{X}=\boldsymbol{Bb}$.

部分习题答案

习题 0

1. 当 $\prod_{j=2}^{n} c_j \neq 0$ 时，$d = \left(a_1 + \sum_{i=2}^{n} \frac{a_i b_i}{c_i}\right) \prod_{j=2}^{n} c_j$；

   当 $c_k = 0$ 时，$d = c_2 \cdots c_{k-1} a_k b_k c_{k+1} \cdots c_n$.

2. 当 $\prod_{j=1}^{n} x_j \neq 0$ 时，$d = \left(1 + \sum_{i=1}^{n} \frac{a_i}{x_i}\right) \prod_{j=1}^{n} x_j$；

   当 $x_k = 0$ 时，$d = x_1 \cdots x_{k-1} a_k x_{k+1} \cdots x_n$.

3. $\left(1 + \sum_{i=1}^{n} \frac{a_i}{i}\right) n!$.

4. $(-1)^{n+1}(n-1)2^{n-2}$.

5. $d_n = \begin{cases} \dfrac{a^{n+1} - b^{n+1}}{a-b}, & a \neq b; \\ (n+1)a^n, & a = b. \end{cases}$

6. $\boldsymbol{A}\boldsymbol{A}^{\mathrm{T}} = (a^2+b^2+c^2+d^2)\boldsymbol{I}_4$，$\det\boldsymbol{A} = (a^2+b^2+c^2+d^2)^2$.

7. $\boldsymbol{C} = \begin{bmatrix} 0 & 1 & 0 & 0 \\ 0 & 0 & 0 & 1 \end{bmatrix}$，$\boldsymbol{D} = \begin{bmatrix} 1 & 0 & 0 & 0 & 0 & 0 & 0 \\ 0 & 0 & 0 & 1 & 0 & 0 & 0 \\ 0 & 0 & 0 & 0 & 0 & 1 & 0 \end{bmatrix}^{\mathrm{T}}$.

10. (1) 提示：先求 $F\boldsymbol{e}_1, \cdots, F^n\boldsymbol{e}_1$；再证 $\boldsymbol{B}\boldsymbol{e}_1 = \boldsymbol{0}$；利用 $\boldsymbol{B}\boldsymbol{e}_{k-1} = \boldsymbol{0}$ 证 $\boldsymbol{B}\boldsymbol{e}_k = \boldsymbol{0}$.

    (2) 提示：两矩阵 $\boldsymbol{M}$ 与 $\boldsymbol{A}$ 相等 $\Leftrightarrow \boldsymbol{M}\boldsymbol{e}_j = \boldsymbol{A}\boldsymbol{e}_j (j = 1, 2, \cdots, n)$.

11. 提示：将循环阵表示成第 8 题中矩阵 $\boldsymbol{A}$ 的多项式.

13. (1) $\boldsymbol{B} - \boldsymbol{I}$；　(2) $-\frac{1}{2}(\boldsymbol{A} + \boldsymbol{I})$.

14. $\frac{1}{10}(\boldsymbol{A}^2+3\boldsymbol{A}+4\boldsymbol{I})$.

17. 提示：利用 $\boldsymbol{A}=\boldsymbol{P}\begin{bmatrix}\boldsymbol{I}_r & \boldsymbol{O}\\ \boldsymbol{O} & \boldsymbol{O}\end{bmatrix}\boldsymbol{Q}$.

18. $\begin{bmatrix}1\\2\end{bmatrix}[1\ 2\ 3]$(不唯一)；$\begin{bmatrix}1 & 2\\ 0 & 1\\ 1 & 1\end{bmatrix}\begin{bmatrix}1 & 0 & 1 & 4\\ 0 & 1 & 1 & 0\end{bmatrix}$(不唯一)；

$\begin{bmatrix}1 & 0\\ 3 & 2\\ 4 & 3\end{bmatrix}\begin{bmatrix}1 & 1 & 0 & -1\\ 0 & -1 & 1 & 2\end{bmatrix}$(不唯一).

22. 提示：利用 $\boldsymbol{A}$ 的满秩分解及第 19 题的第(2)问.

习题 1

1. (1) 不是；(2) 不是；(3) 是；(4) 是.

4. (1) $\frac{n(n+1)}{2}$维，基为$\{\boldsymbol{E}_{ij}+\boldsymbol{E}_{ji}\mid 1\leqslant i\leqslant j\leqslant n\}$；

(2) $\frac{n(n+1)}{2}$维，基为$\{\boldsymbol{E}_{ij}\mid 1\leqslant i\leqslant j\leqslant n\}$；

(3) $(n+1)$维，基为$\{\boldsymbol{e}_1^{\mathrm{T}},\boldsymbol{e}_3^{\mathrm{T}},\cdots,\boldsymbol{e}_{2n-1}^{\mathrm{T}},(\boldsymbol{e}_2+\cdots+\boldsymbol{e}_{2n})^{\mathrm{T}}\}$，其中 $\boldsymbol{e}_j$ 为 $\boldsymbol{I}_{2n}$ 的第 j 列；

(4) 3 维，基为 $\boldsymbol{I},\boldsymbol{A},\boldsymbol{A}^2$.

5. (2) $V=C^{n\times n}$；

(3) 基为$\{\boldsymbol{E}_{ii}\mid i=1,2,\cdots,n\}$；

(4) 基为 $\boldsymbol{E}_{11},\boldsymbol{E}_{22}+\boldsymbol{E}_{33},\boldsymbol{E}_{32}+\boldsymbol{E}_{33}$.

6. V_1+V_2 的基为$(1,0,0,0),(0,1,0,-1),(0,0,1,2)$或 $\boldsymbol{\alpha}_1,\boldsymbol{\alpha}_2,\boldsymbol{\beta}_1$ 等；$V_1\cap V_2$ 的基为$(5,-2,-3,-4)$.

7. $V_1 \cap V_2$ 的基为 $\begin{pmatrix} 1 & 1 \\ 1 & 1 \end{pmatrix}$;(不唯一)

V_1+V_2 的基为 $\begin{pmatrix} 1 & 0 \\ 0 & 1 \end{pmatrix}, \begin{pmatrix} 0 & 1 \\ 1 & 0 \end{pmatrix}, \begin{pmatrix} 1 & 0 \\ 1 & 0 \end{pmatrix}$.(不唯一)

12. $R(\boldsymbol{A})$的基为$(1,0,-1,0)^{\mathrm{T}},(1,1,2,1)^{\mathrm{T}}$;

$K(\boldsymbol{A})$的基为$(2,1,-1)^{\mathrm{T}}$.

13. $\begin{bmatrix} a & 0 & b & 0 \\ 0 & a & 0 & b \\ c & 0 & d & 0 \\ 0 & c & 0 & d \end{bmatrix}, \begin{bmatrix} a & b & 0 & 0 \\ c & d & 0 & 0 \\ 0 & 0 & a & b \\ 0 & 0 & c & d \end{bmatrix}$.

14. $\begin{bmatrix} a_{33} & a_{32} & a_{31} \\ a_{23} & a_{22} & a_{21} \\ a_{13} & a_{12} & a_{11} \end{bmatrix}$,

$$\begin{bmatrix} a_{11}+ka_{12} & a_{12} & a_{13} \\ a_{21}+ka_{22}-ka_{11}-k^2a_{12} & a_{22}-ka_{12} & a_{23}-ka_{13} \\ a_{31}+ka_{32} & a_{32} & a_{33} \end{bmatrix}.$$

15. (1) 在基偶$\{\boldsymbol{E}_{11},\boldsymbol{E}_{22},\cdots,\boldsymbol{E}_{nn},\boldsymbol{E}_{12},\cdots,\boldsymbol{E}_{n,n-1}\}$;$\{1\}$下矩阵为$(1,1,\cdots,1,0,\cdots,0)$,其中有 n 个 1,(n^2-n)个 0.

(2) 线性变换 f 在基 $1,x,x^2$ 下矩阵为 $\begin{bmatrix} 0 & 0 & 0 \\ 1/2 & 1/3 & 1/4 \\ 1 & 1/2 & 1/3 \end{bmatrix}$.

16. (1) $R(f)$的基为 1;核的基为

$$\{\boldsymbol{E}_{ij} \mid 1\leqslant i\neq j\leqslant n,\quad \boldsymbol{E}_{kk}-\boldsymbol{E}_{nn} \mid k=1,2,\cdots,n-1\},$$

$$\dim K(f)=n^2-1.$$

(2) $R(f)$的基为 x,x^2;核的基为 $6x^2-6x+1$.

习题 2

4. $\boldsymbol{A}=\begin{bmatrix}0 & 1/\sqrt{3} & 2/\sqrt{6}\\ -1/\sqrt{2} & 1/\sqrt{3} & -1/\sqrt{6}\\ 1/\sqrt{2} & 1/\sqrt{3} & -1/\sqrt{6}\end{bmatrix}\begin{bmatrix}\sqrt{2} & 0 & -\dfrac{3}{\sqrt{2}}\\ 0 & \sqrt{3} & \sqrt{3}\\ 0 & 0 & \dfrac{\sqrt{6}}{2}\end{bmatrix}$.

5. $\dfrac{1}{\sqrt{5}}(1,1,1,1,1)^{\mathrm{T}},\dfrac{1}{\sqrt{10}}(2,1,0,-1,-2)^{\mathrm{T}}$.

6. 提示:记 $\boldsymbol{\delta}=kf(\boldsymbol{\alpha})+lf(\boldsymbol{\beta})-f(k\boldsymbol{\alpha}+l\boldsymbol{\beta})$. 先证 $\forall\boldsymbol{\xi}\in V$ 有 $\langle\boldsymbol{\delta},f(\boldsymbol{\xi})\rangle=0$,再证 $\langle\boldsymbol{\delta},\boldsymbol{\delta}\rangle=0$.

7. $k=0$ 或 2.

习题 3

3. $0,\cdots,0,\boldsymbol{\beta}^{\mathrm{T}}\boldsymbol{A}^{-1}\boldsymbol{\alpha}$.

4. $C(\lambda)=(\lambda+1)(\lambda-1)^{n-1}$;$V_{-1}=L[\boldsymbol{\omega}]$,$V_1=(V_{-1})^{\perp}$.

5. $\begin{bmatrix}54 & -6 & 25\\ 50 & -2 & 25\\ -112 & 12 & -52\end{bmatrix}$.

7. $\boldsymbol{P}\begin{bmatrix}5\boldsymbol{I}_r & \boldsymbol{O}\\ \boldsymbol{O} & -4\boldsymbol{I}_{n-r}\end{bmatrix}\boldsymbol{P}^{-1}$,其中 $\boldsymbol{P}$ 为任一 n 阶可逆阵.

10. 提示:用反证法证充分性. 注意到 $\boldsymbol{B}^{\mathrm{T}}$ 与 $\boldsymbol{B}$ 有相同的特征值,利用 $\boldsymbol{A}$ 与 $\boldsymbol{B}^{\mathrm{T}}$ 公共特征值对应的特征向量来构造矩阵方程 $\boldsymbol{AX}=\boldsymbol{XB}$ 的非零解.

11. 提示:利用 $\boldsymbol{D}$ 的等价标准形 $\begin{bmatrix} \boldsymbol{I}_r & \boldsymbol{O} \\ \boldsymbol{O} & \boldsymbol{O} \end{bmatrix}_{s\times t}$ 及相似矩阵有相同的特征多项式.

19. $a\neq 0$ 时,$\boldsymbol{J}=\begin{bmatrix} a^2 & 1 & 0 & 0 \\ 0 & a^2 & 1 & 0 \\ 0 & 0 & a^2 & 1 \\ 0 & 0 & 0 & a^2 \end{bmatrix}$;$a=0$ 时,$\boldsymbol{J}=\begin{bmatrix} 0 & 1 & 0 & 0 \\ 0 & 0 & 0 & 0 \\ 0 & 0 & 0 & 1 \\ 0 & 0 & 0 & 0 \end{bmatrix}$.

20. $\boldsymbol{\beta}^{\mathrm{H}}\boldsymbol{\alpha}\neq 0$ 时,$\boldsymbol{J}=\begin{bmatrix} \boldsymbol{\beta}^{\mathrm{H}}\boldsymbol{\alpha} & \boldsymbol{O} \\ \boldsymbol{O} & \boldsymbol{O} \end{bmatrix}_{n\times n}$;

$\boldsymbol{\beta}^{\mathrm{H}}\boldsymbol{\alpha}=0$,但 $\boldsymbol{\alpha}\boldsymbol{\beta}^{\mathrm{H}}\neq\boldsymbol{O}$ 时,$\boldsymbol{J}=\begin{bmatrix} \boldsymbol{N}_2 & \boldsymbol{O} \\ \boldsymbol{O} & \boldsymbol{O} \end{bmatrix}_{n\times n}$,其中 $\boldsymbol{N}_2=\begin{bmatrix} 0 & 1 \\ 0 & 0 \end{bmatrix}$;

$\boldsymbol{\alpha}\boldsymbol{\beta}^{\mathrm{H}}=\boldsymbol{O}$ 时,$\boldsymbol{J}=\boldsymbol{O}$.

22. $a=b=1, d=5, c\neq 2$.

24. (1) $\begin{bmatrix} 0 & 0 & 0 \\ 0 & 0 & 1 \\ 0 & 0 & 0 \end{bmatrix}$,$\begin{bmatrix} 0 & 1 & 1 \\ 1 & -3 & 0 \\ 1 & -2 & 0 \end{bmatrix}$.

(2) $\begin{bmatrix} -1 & 0 & 0 \\ 0 & -1 & 1 \\ 0 & 0 & -1 \end{bmatrix}$,$\begin{bmatrix} 0 & 4 & 1 \\ 1 & 3 & 0 \\ 0 & -2 & 0 \end{bmatrix}$.

(3) $\begin{bmatrix} 0 & 0 & 0 \\ 0 & -1 & 1 \\ 0 & 0 & -1 \end{bmatrix}$,$\begin{bmatrix} 2 & 3 & 0 \\ 1 & 3 & -1 \\ -1 & -4 & 2 \end{bmatrix}$.

(4) $\begin{bmatrix} 1 & 1 & 0 & 0 \\ 0 & 1 & 1 & 0 \\ 0 & 0 & 1 & 1 \\ 0 & 0 & 0 & 1 \end{bmatrix}$,$\begin{bmatrix} 16 & 0 & 0 & 0 \\ 0 & 8 & -6 & 5 \\ 0 & 0 & 4 & -6 \\ 0 & 0 & 0 & 2 \end{bmatrix}$.

27. 提示:当 $\boldsymbol{A}$ 为列对角占优,考虑与原矩阵相似的矩阵 $\boldsymbol{I}-\boldsymbol{A}\boldsymbol{\Lambda}^{-1}$.

31. 提示:与定理 3.5.2 类似作矩阵 $\boldsymbol{A}(t)$,并利用 $\boldsymbol{A}(t)$ 的特征值是 t 的连续函数.

习题 4

5. (2) 提示:去证 $R(\boldsymbol{P}_k)$ 中非零向量为 $\boldsymbol{A}$ 的特征向量.

(3) 提示:注意到 $R(\boldsymbol{P}_k)\subset V_{\lambda_k}$,利用第 4 题的第(4)问及 $V_{\lambda_1}+\cdots+V_{\lambda_r}$ 是直和.

8. 提示:用特征多项式的系数公式及第 7 题来证充分性.

10. 提示:利用 $\boldsymbol{A}$ 的二阶主子式均大于 0 来证.

11. (2) 提示:注意到酉空间 C^n 上的 C-Б 不等式.

习题 5

18. $\boldsymbol{A}[(\boldsymbol{I}-\boldsymbol{A})^{-1}]^2$.

22. (1) $\begin{bmatrix} 2-e^{-t} & 0 & 2-2e^{-t} \\ 0 & 1 & 0 \\ e^{-t}-1 & 0 & 2e^{-t}-1 \end{bmatrix}$;

(2) $\dfrac{1}{7}\begin{bmatrix} 3e^{4t}+4e^{-3t} & 4(e^{4t}-e^{-3t}) \\ 3(e^{4t}-e^{-3t}) & 4e^{4t}+3e^{-3t} \end{bmatrix}$;

(3) $\begin{bmatrix} e^t & 2e^t(e^t-1) & \dfrac{3}{2}e^t-6e^{2t}+\dfrac{9}{2}e^{3t} \\ 0 & e^{2t} & 3e^{3t}-3e^{2t} \\ 0 & 0 & e^{3t} \end{bmatrix}$.

24. $\boldsymbol{A}$.

26. $2\boldsymbol{X}^{\mathrm{T}}, 2\boldsymbol{X}$.

习题 6

5. $\boldsymbol{\beta\alpha}^{\mathrm{H}}/\boldsymbol{\alpha}^{\mathrm{H}}\boldsymbol{\alpha\beta}^{\mathrm{H}}\boldsymbol{\beta}$.

7. 提示：先证 $\boldsymbol{AB}^{+}$，$\boldsymbol{A}^{+}\boldsymbol{B}$，$\boldsymbol{B}^{+}\boldsymbol{A}$，$\boldsymbol{BA}^{+}$ 为零矩阵.

9. (1) $\begin{bmatrix} 0 & \dfrac{\bar{a}}{|a|^2+|b|^2} & \dfrac{\bar{b}}{|a|^2+|b|^2} \\ \dfrac{1}{c} & 0 & 0 \end{bmatrix}$；　(2) $\dfrac{1}{10}\begin{bmatrix} 1 & 2 \\ 0 & 0 \\ -1 & -2 \end{bmatrix}$；

(3) $\dfrac{1}{11}\begin{bmatrix} 3 & 10 & -1 \\ -1 & -7 & 4 \end{bmatrix}$；　(4) $\dfrac{1}{3}\begin{bmatrix} -2\mathrm{i} & -1 \\ -1 & -\mathrm{i} \\ \mathrm{i} & 2 \end{bmatrix}$.

索　引

索　引

参考书目

[1] 戴昌国. 线性代数. 南京:南京工学院出版社,1987.
[2] 复旦大学数学系. 高等代数. 上海:上海科技出版社,1987.
[3] Serge Lang. Linear Algebra. Addison-Wesley Publishing Company,1987.
[4] 黄琳. 系统与控制理论中的线性代数. 北京:科学出版社,1984.
[5] Roger A. Horn. Matrix Analysis. Cambridge University Press,1985.
[6] 威尔金森. 代数特征值问题. 北京:科学出版社,1987.
[7] 何旭初,孙文瑜. 广义逆矩阵引论. 南京:江苏科技出版社,1990.